生生한

자동차정비산업기사 실기
답안지 작성법

임춘무 · 이정호 · 함성훈 공저

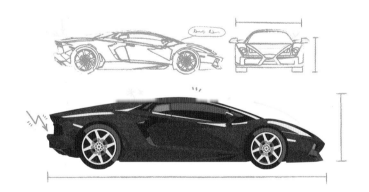

일진사

 **머 리 말**

자동차 관련 환경은 새로운 기술 혁신과 더불어 하루가 다르게 빠른 속도로 변화되고 있으며, 자동차 관련 국가기술자격 실기시험도 자동차의 발전 방향과 함께 꾸준히 변화되었음을 실감할 수 있습니다.

자동차정비산업기사 실기시험은 4파트(엔진1, 엔진2, 섀시, 전기)로 분류되어 진행되고 있지만, 실제로는 3파트(엔진, 섀시, 전기)로 분류되어 있습니다. 이에 따라 '답안지 작성법'은 파트별 문제에 따라 답안지를 작성하는 방법에 대하여 쉽고 명확한 방법을 제시하기 위해 꼭 필요한 내용을 정리하였습니다. 파트별로 핵심이 되는 문제의 답안지를 정리하여 제시하였으므로 수험생들이 편안한 마음으로 실기시험 답안지를 작성할 수 있을 것이라 확신합니다.

이 책은 자동차정비산업기사 실기시험을 준비하는 수험생들이 가장 많은 어려움을 겪는 답안지 작성을 위해 쉽고 명확한 방법을 제시하고자 다음과 같은 특징으로 구성하였습니다.

첫째, 출제 문제를 안별로 분류하여 원하는 문제를 쉽고 빠르게 확인할 수 있도록 하였습니다.

둘째, 파트별 문제 중 답안지 작성에 관련된 내용만 수록하여 실기시험 답안지 작성 방법을 구체적으로 예시하였습니다.

셋째, 판정과 정비 및 조치할 사항을 정확히 작성하여 출제 가능한 예시 답안을 수록하였습니다.

넷째, 차종별, 제작사별 규정값을 시험장 출제 가능 차량으로 다루었으며, 스캐너를 활용하여 기준값을 확인할 수 있도록 하였습니다.

다섯째, 자동차관리법 시행규칙, 자동차 검사기준과 방법, 대기환경보전법에 따른 최신 기준을 적용하여 답안지를 작성할 수 있도록 하였습니다.

여섯째, 답안지 작성에 필요한 컬러사진을 다양하게 수록하여 시험장 분위기를 최대한 느낄 수 있도록 하였습니다.

이 책이 자동차정비산업기사를 준비하는 수험생들에게 체계적이고 효과적인 학습을 통해 답안지를 바르게 작성하고, 모두 합격할 수 있는 좋은 지침서가 되기를 기대하며, 내용의 오류를 지적해주시면 겸허한 마음으로 수정·보완하여 더 나은 책이 되도록 심혈을 기울이겠습니다.

끝으로 이 책이 출간될 수 있도록 열정과 사랑으로 지원해주신 **일진사** 대표님과 편집부 직원들께 감사의 마음을 전합니다.

저자 일동

한국산업인력공단 시행 자동차정비산업기사 실기 안별 출제 문제

파트별	안별 문제	1	2	3	4	5	6	7
엔진	엔진 분해 조립/ 측정	엔진 분해 조립/ 크랭크축 메인 저널 오일 간극 측정	엔진 분해 조립/ 캠축 휨 측정	엔진 분해 조립/ 크랭크축 축방향 유격 측정	엔진 분해 조립/ 피스톤 링 이음 간극 측정	엔진 분해 조립/ 오일펌프 사이드 간극 측정	엔진 분해 조립/ 캠축 양정 측정	엔진 분해 조립/ 실린더 헤드 변형도 측정
엔진	엔진 시동/ 작업	17가지 부품 탈·부착/ 엔진 시동(시동, 점화, 연료)	17가지 부품 탈·부착/ 엔진 시동(시동, 점화, 연료)	17가지 부품 탈·부착/ 엔진 시동(시동, 점화, 연료)	17가지 부품 탈·부착/ 엔진 시동(시동, 점화, 연료)	17가지 부품 탈·부착/ 엔진 시동(시동, 점화, 연료)	17가지 부품 탈·부착/ 엔진 시동(시동, 점화, 연료)	17가지 부품 탈·부착/ 엔진 시동(시동, 점화, 연료)
엔진	엔진 작동상태/ 측정	공회전 속도 점검/ 배기가스 측정	공회전 속도 점검/ 배기가스 분석 점검	공회전 속도 점검/ 배기가스 분석	공회전 속도 점검/ 인젝터 파형 분석	공회전 속도 점검/ 배기가스 측정	공회전 속도 점검/ 연료압력 점검	공회전 속도 측정/ 배기가스 측정
엔진	파형 점검	맵 센서 파형 분석 (급가감속 시)	맵 센서 파형 분석 (급가속 시)	산소 센서 파형 분석 (공회전상태)	스텝 모터 파형 분석 (공회전상태)	점화 1차 파형 분석 (공회전상태)	점화 1차 파형 분석 (공회전상태)	AFS 파형 분석 (공회전상태)
엔진	부품 교환/ 측정	CRDI 인젝터 탈·부착/ 연료압력 점검	CRDI 연료압력 조절기 탈·부착/ 사동/ 메인/ 측정	CRDI 연료압력 조절기 탈·부착/ 사동/ 연료압력 점검	CRDI 연료압력 센서 탈·부착/ 사동/ 메인 측정	CRDI 연료압력 센서 탈·부착/ 사동/ 메인/ 백리크 점검	CRDI 연료압력 조절기 탈·부착/ 사동/ 메인 측정	CRDI 연료압력 조절기 탈·부착/ 사동/ 백리크 측정
새시	부품 탈·부착/ 작업	전륜 속업소버 탈·부착 작업	후륜 속업소버 스프링 탈·부착 확인	전륜 속업소버 코일 스프링 탈·부착 확인	드라이브 액슬축 탈기/ 부트 탈·부착	클러치 마스터 실린더 탈·부착	SCSV, 오일펌프, 필터 탈·부착	클러치, 어셈블리 탈·부착
새시	장치별 측정/ 부품 교환 조정	링 기어 백래시, 런아웃 측정	타이로드 엔드 탈·부착/ 최소회전반지름 측정	휠 얼라인먼트 시험기 (캠버, 토, 측정)/ 타이로드 엔드 교환	타이로드 엔드 탈·부착/ 휠 얼라인먼트 시험기 셋백, 토(toe) 값 측정	휠 얼라인먼트 시험기 (캐스터, 토) 측정/ 타이로드 엔드 교환	브레이크 페달 높이/ 자유 간극과 페달 높이 측정	타이로드 엔드 탈·부착/ 최소회전반지름 측정
새시	브레이크 부품 교환/작동상태 점검	ABS 브레이크 패드 교환/브레이크 작동상태 확인	ABS 브레이크 패드 교환/브레이크 작동상태 확인	후륜 휠 실린더(캘리퍼) 탈·부착/브레이크 작동상태 확인	브레이크 라이닝 슈(패드) 교환/브레이크 작동상태 확인	휠 실린더 탈·부착/ 브레이크, 하브 베어링 작동상태 확인	캘리퍼 탈·부착/ 브레이크 작동상태 확인	마스터 실린더 탈·부착/ 브레이크 작동상태 확인
새시	제동력 측정	전륜 또는 후륜 제동력 측정	전륜 또는 후륜 제동력 측정	전륜 또는 후륜 제동력 측정	전륜 또는 후륜 제동력 측정	전륜 또는 후륜 제동력 측정	전륜 또는 후륜 제동력 측정	전륜 또는 후륜 제동력 측정
새시	부품 탈·부착/ 이상 부위 측정	자동변속기 자기진단	ABS 자기진단	자동변속기 자기진단	ABS 자기진단	자동변속기 자기진단	ABS 자기진단	자동변속기 자기진단
전기	부품 탈·부착/ 작업/ 측정	시동모터 탈·부착/ 전류 소모, 전압 강하 점검	발전기 탈·부착/ 충전 전류 전압 점검	시동모터 탈·부착/ 전압 강하 점검	발전기 분해 조립/ 다이오드, 로터 코일 점검	에어컨 벨트, 블로어 모터 탈·부착/에어컨라인 압력 확인 점검	기동모터 분해 조립/ 솔레노이드 코일 점검	발전기 분해 조립/ 다이오드, 브러시 상태 점검
전기	전조등 점검	전조등 시험기 점검/ 광도, 광축	전조등 시험기 점검/ 광도, 광축	전조등 시험기 점검/ 광도, 광축	전조등 시험기 점검/ 광도, 광축	전조등 시험기 점검/ 광도, 광축	전조등 시험기 점검/ 광도, 광축	전조등 시험기 점검/ 광도, 광축
전기	편의 안전장치 점검	감광식 룸램프 자동 시 출력 전압 측정	도어 중앙 잠금장치 신호 (전압 측정)	에어컨 외기 온도 입력 신호값 점검	열선 스위치 입력 신호 점검	와이퍼 간헐 시간 조정 스위치 입력 신호(전압) 점검	점화장치 홀 조명 자동 시 출력 전압(전압) 점검	에어컨 이배퍼레이터 온도 센서 출력값 점검
전기	전기 회로 점검	와이퍼 회로 점검	에어컨 회로 점검	전조등 회로 점검	파워윈도 회로 점검	미등, 제동등 회로 점검	경음기 회로 점검	방향 지시등 회로 점검

※ 자동차정비산업기사 실기시험은 1~14안에서 엔진, 새시, 전기 중 세부 항목을 조합하여 출제되며, 일부 내용이 변경될 수 있음.

파트별	안별 문제	8	9	10	11	12	13	14
엔진 1	엔진 분해 조립/측정	엔진 분해 조립/실린더 마모량 측정	엔진 분해 조립/크랭크축 대인 저널 마모량 측정	엔진 분해 조립/크랭크축 축방향 유격 측정	엔진 분해 조립/크랭크축 핀 저널 오일 간극 측정	엔진 분해 조립/크랭크축 메인 저널 오일 간극 측정	엔진 분해 조립/크랭크축 메인 오일 간극 측정	엔진 분해 조립/캠축 휨 측정
엔진 2	엔진 시동/작업	17가지 부품 탈·부착/엔진 시동(시동, 점화, 연료)	17가지 부품탈·부착/엔진 시동-(시동, 점화, 연료)	17가지 부품 탈·부착/엔진 시동(시동, 점화, 연료)	17가지 부품 탈·부착/엔진 시동(시동, 점화, 연료)	17가지 부품 탈·부착/엔진 시동(시동, 점화, 연료)	17가지 부품 탈·부착/엔진 시동(시동, 점화, 연료)	17가지 부품 탈·부착/엔진 시동(시동, 점화, 연료)
엔진 3	엔진 작동상태/측정	증발 가스 제어 장치 PCSV 점검	공회전 속도 점검/배기가스 점검	공회전 속도 점검/연료압력 점검	공회전 속도 점검/인젝터 파형 분석 점검	공회전 속도 점검/배기가스 측정	공회전 속도 점검/인젝터 파형 분석 점검	공회전 속도 점검/배기가스 측정
엔진 4	파형 점검	점화 1차 파형 분석 (공회전상태)	스텝 모터 파형 분석 (공회전상태)	TDC(캠) 센서 파형 분석 (공회전상태)	AFS 파형 분석 (공회전상태)	점화 1차 파형 분석 (공회전상태)	캠 센서 파형 분석 (급가감속 시)	산소 센서 파형 분석 (공회전상태)
엔진 5	부품 교환/측정	CRDI 인젝터 탈·부착 시동/매연 측정	CRDI 연료온데 센서 탈·부착/공회전 속도 점검	CRDI 인젝터 탈·부착 시동/매연 측정	CRDI 인젝터 탈·부착 시동/매연 측정	CRDI 연료압력 조절기 탈·부착 시동/연료압력 점검	연료압력 탈·부착 시동/매연 측정	CRDI 연료압력 조절기 탈·부착/매연 측정
섀시 1	부품 탈·부착 작업	파워스티어링 오일펌프, 벨트 탈·부착 후 공기빼기 작업/작동/작동상태 확인	파워스티어링 오일펌프, 벨트 탈·부착 후 공기빼기 작업/작동/작동상태 확인	전륜 허브 및 너클 탈·부착/작동상태 확인	종감속 기어(어셈블리 시임 교환)/링 기어 런아웃, 접촉면 상태 점검	후륜 속업소버 스프링 탈·부착 확인	전륜 속업소버 코일 스프링 탈·부착 확인	드라이브 액슬축 탈거/부트 탈·부착
섀시 2	장치별 측정/부품 교환 조정	링 기어 백래시, 런아웃 측정	링 기어 백래시, 런아웃 측정	휠 얼라인먼트 시험기 (캠버, 토) 측정/타이로드 엔드 교환	타이로드 엔드 탈·부착/휠 얼라인먼트 시험기 셋백, 토(toe) 값 측정	휠 얼라이먼트 시험기 (캐스터, 토) 측정/타이로드 엔드 교환	브레이크 페달 높이/자유 간극과 페달 높이 측정	타이로드 엔드 탈·부착/최소회전반지름 측정
섀시 3	브레이크 부품 교환/작동상태 점검	주차 브레이크 케이블 탈·부착, 브레이크 케이블 슈 교환/브레이크 작동상태 확인	캘리퍼 탈·부착/브레이크 작동상태 확인	브레이크 휠 실린더 탈·부착/브레이크 작동상태 확인	캘리퍼 탈·부착/브레이크 작동상태 확인	ABS 브레이크 패드 교환/브레이크 작동상태 확인	후륜 휠 실린더(캘리퍼) 탈·부착/브레이크 작동상태 확인	브레이크 라이닝 슈(패드) 교환/브레이크 작동상태 확인
섀시 4	제동력 측정	전륜 또는 후륜 제동력 측정	전륜 또는 후륜 제동력 측정	전륜 또는 후륜 제동력 측정	전륜 또는 후륜 제동력 측정	전륜 또는 후륜 제동력 측정	전륜 또는 후륜 제동력 측정	전륜 또는 후륜 제동력 측정
섀시 5	부품 탈·부착/이상 부위 측정	ABS 자기진단	자동변속기 자기진단	ABS 자기진단	자동변속기 자기진단	ABS 자기진단	자동변속기 자기진단	ABS 자기진단
전기 1	부품 탈·부착 작업/측정	와이퍼 모터 탈·부착 작동상태 확인/소모 전류 점검	다기능 스위치 탈·부착/경음기 음량 점검	파워윈도 레귤레이터 탈·부착/작동 전류 소모 시험 점검	에어컨 벨트, 블로어 모터 탈·부착/에어컨라인 압력 확인 점검	시동모터 탈·부착/전류 소모, 전압 강하 점검	발전기 분해 조립/다이오드, 로터 코일 점검	시동모터 탈·부착/전류 소모, 전압 강하 점검
전기 2	전조등 점검	전조등 시험기 점검/광도, 광축	전조등 시험기 점검/광도, 광축	전조등 시험기 점검/광도, 광축	전조등 시험기 점검/광도, 광축	전조등 시험기 점검/광도, 광축	전조등 시험기 점검/광도, 광축	전조등 시험기 점검/광도, 광축
전기 3	편의 안전장치 신호값 점검	에어컨 외기 온도 입력 신호값 점검	도어 중앙 잠근장치 스위치 입력 신호 점검	자동차 편의장치 컨트롤 유닛 기본 입력 전압 점검	와이퍼 간헐 시간 조정 스위치 입력 신호 점검	열선 스위치 입력 신호 점검	열선 스위치 입력 신호 점검	와이퍼 간헐 시간 조정 스위치 입력 신호 점검
전기 4	전기 회로 점검	미등, 번호등 회로 점검	와이퍼 회로 점검	실내등, 도어 오픈 경고등 회로 점검	파워윈도 회로 점검	전조등 회로 점검	방향지시등 회로 점검	미등, 제동등 회로 점검

※ 자동차정비산업기사 실기시험은 1~14안에서 안별 1문제씩 출제되며, 엔진, 섀시, 전기 중 세부 항목을 조합하여 출제되며, 일부 내용이 변경될 수 있음.

자동차정비산업기사 실기시험장 파트별 배치도 예시

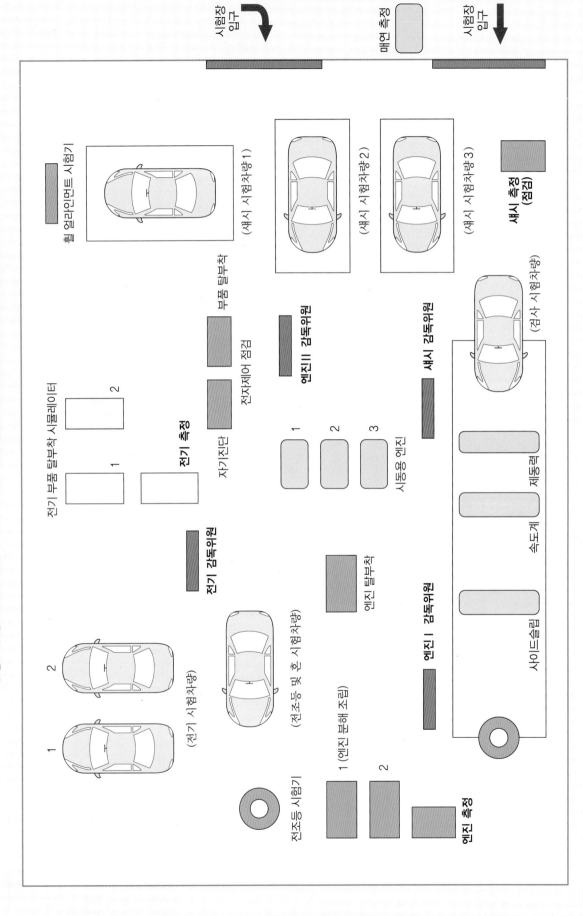

차종별 자동차 분류기준

자동차관리법 시행규칙 [별표 1] 자동차의 종류
〈2018. 11. 23〉

승용자동차		
소형	중형	대형
• 배기량 1600 cc 미만 • 길이 4.7 m, 너비 1.7 m, 높이 2.0 m 이하	• 배기량 1600 cc 이상 2000 cc 미만 • 길이, 너비, 높이 중 하나라도 소형을 초과	• 배기량 2000 cc 이상 • 길이, 너비, 높이 모두 소형을 초과
엑센트, 아베오, 프라이드, 아반떼 포르테	쏘나타, K5, SM5	K7, K9, 모하비, 카니발, 쏠라티, 그랜저, SM7, 코란도 투스리모, 스팅어 2.2디젤과 3.3 터보, G70, G80, EQ900

승합자동차		
소형	중형	대형
• 승차정원 15인 이하 • 길이 4.7 m, 너비 1.7 m, 높이 2.0 m 이하	• 승차정원 16인 이상 35인 이하 • 길이, 너비, 높이 중 하나가 소형을 초과하고 길이가 9 m 미만	• 승차정원 36인 이상 • 길이, 너비, 높이 모두 소형을 초과하고 길이가 9 m 이상
쏠라티, 봉고, 그레이스, 뉴카운티, 이스타나	에어로타운버스, 카운티, 그랜드 스타렉스	그린시티, 유니버스, 그랜버드, 자일대우버스

화물자동차		
소형	중형	대형
• 최대적재량 1톤 이하 • 총중량 3.5톤 이하	• 최대적재량 1톤 이상 5톤 미만 • 총중량 3.5톤 초과 10톤 미만	• 최대적재량 5톤 이상 • 총중량 10톤 이상
봉고3트럭, 봉고프런티어, 와이드봉고, 타이탄, 포터, 포터2, 리베로, 카고(2.5톤)	카고(3.5~5톤)	트라고 엑시언트, 카고(11톤 이상)

차례 CONTENTS

차례 CONTENTS

⑬ 안

자동차정비산업기사 실기시험문제

⑭ 안

1안

답안지 작성법

파트별		안별 문제	1안
엔진	1	엔진 분해 조립/측정	엔진 분해 조립/크랭크축 메인 저널 오일 간극 측정
	2	엔진 시동/작업	1가지 부품 탈 · 부착/ 엔진 시동(시동, 점화, 연료)
	3	엔진 작동상태/측정	공회전 속도 점검/배기가스 측정
	4	파형 점검	맵 센서 파형 분석(급가감속 시)
	5	부품 교환/측정	CRDI 인젝터 탈 · 부착 시동/연료압력 점검
새시	1	부품 탈 · 부착 작업	전륜 쇽업소버 탈 · 부착
	2	장치별 측정/부품 교환 조정	링 기어 백래시, 런아웃 측정
	3	브레이크 부품 교환/ 작동상태 점검	ABS 브레이크 패드 교환/ 브레이크 작동상태 확인
	4	제동력 측정	전륜 또는 후륜 제동력 측정
	5	부품 탈 · 부착/이상 부위 측정	자동변속기 자기진단
전기	1	부품 탈 · 부착 작업/측정	시동모터 탈 · 부착/ 전류 소모, 전압 강하 점검
	2	전조등 점검	전조등 시험기 점검/광도, 광축
	3	편의 안전장치 점검	감광식 룸램프 작동 시 출력 전압 측정
	4	전기 회로 점검	와이퍼 회로 점검

크랭크축 오일 간극 점검

엔진 1 주어진 엔진을 기록표의 측정 항목까지 분해하여 기록표의 요구사항을 측정 및 점검하고 본래 상태로 조립하시오.

1 크랭크축 메인 저널 오일 간극(유막 간극)이 규정값 범위 내에 있을 경우

측정 항목	① 엔진 번호 :		② 비번호		③ 감독위원 확 인	
	측정(또는 점검)		판정 및 정비(또는 조치) 사항			⑧ 득점
	④ 측정값	⑤ 규정(정비한계)값	⑥ 판정(□에 'ⅴ'표)	⑦ 정비 및 조치할 사항		
크랭크축 메인 저널 오일 간극	0.038 mm	0.024~0.042 mm	☑ 양호 □ 불량	정비 및 조치할 사항 없음		

① 엔진 번호 : 측정하는 엔진 번호를 기록한다(측정 엔진이 1대인 경우 생략할 수 있다).

② 비번호 : 책임관리위원(공단 본부)이 배부한 등번호(비번호)를 기록한다.

③ 감독위원 확인 : 시험 전 또는 시험 후 감독위원이 채점 후 확인한다(날인).

④ 측정값 : 크랭크축 메인 저널 오일 간극을 측정한 값을 기록한다.

　　　• 측정값 : 0.038 mm

⑤ 규정(정비한계)값 : 감독위원이 제시한 값이나 정비지침서를 보고 규정값을 기록한다.

　　　• 규정값 : 0.024~0.042 mm

⑥ 판정 : 측정값이 규정값 범위 내에 있으므로 ☑ 양호에 표시한다.

⑦ 정비 및 조치할 사항 : 판정이 양호이므로 정비 및 조치할 사항 없음을 기록한다.

⑧ 득점 : 감독위원이 해당 문항을 채점하고 점수를 기록한다.

2 크랭크축 메인 저널 오일 간극이 규정값보다 클 경우

측정 항목	엔진 번호 :		비번호		감독위원 확 인	
	측정(또는 점검)		판정 및 정비(또는 조치) 사항			득점
	측정값	규정(정비한계)값	판정(□에 'ⅴ'표)	정비 및 조치할 사항		
크랭크축 메인 저널 오일 간극	0.090 mm	0.024~0.042 mm	□ 양호 ☑ 불량	메인 베어링 교체 후 재점검		

※ 판정 : 크랭크축 메인 저널 오일 간극이 규정값 범위를 벗어났으므로 ☑ 불량에 표시하고, 메인 베어링 교체 후 재점검한다.

3 크랭크축 메인 저널 오일 간극 규정값

차 종		규정값
아반떼 XD(1.5 D)	3번	0.028~0.046 mm
	그 외	0.022~0.040 mm
베르나(1.5)	3번	0.34~0.52 mm
	그 외	0.28~0.46 mm
EF 쏘나타(2.0)	3번	0.024~0.042 mm
쏘나타 Ⅱ·Ⅲ		0.020~0.050 mm
그랜저 XG		0.004~0.022 mm
레간자		0.015~0.040 mm
아반떼 1.5 D		0.028~0.046 mm

4 크랭크축 메인 저널 오일 간극 측정(플라스틱 게이지 측정)

1. 플라스틱 게이지를 준비한다. 일회용 소모성 측정 게이지로 1회 측정 후 버린다.

2. 메인 저널 위에 플라스틱 게이지를 놓고 규정 토크로 조인다.

3. 크랭크축에 압착된 플라스틱 게이지를 측정한다(0.038 mm).

> **크랭크축 오일 간극 측정 시 유의사항**
> ❶ 일회용 소모성 측정 게이지인 플라스틱 게이지로 측정하며, 수험자 한 사람씩 측정하도록 게이지가 주어진다.
> ❷ 플라스틱 게이지는 크랭크축 위에 놓고 저널 베어링 캡을 규정 토크로 조립한 후, 다시 분해하여 압착된 게이지 폭이 외관 게이지 수치에 가장 근접한 것을 측정값으로 한다.
> ❸ 시험장에 따라 실납으로 측정하는 경우도 있으며, 실납으로 측정 시 압착된 실납 두께를 마이크로미터로 측정한다.

1안 배기가스 측정

엔진 3 2항의 시동된 엔진에서 공회전 속도를 확인하고 감독위원의 지시에 따라 배기가스를 측정하여 기록표에 기록하시오(단, 시동이 정상적으로 되지 않은 경우 본 항의 작업은 할 수 없다).

1 CO와 HC 배출량이 기준값 범위 내에 있을 경우

측정 항목	① 자동차 번호 :		② 비번호		③ 감독위원 확 인	
	측정(또는 점검)			⑥ 판정(□에 'ᵛ'표)		⑦ 득점
	④ 측정값	⑤ 기준값				
CO	0.4%	1.2% 이하		☑ 양호		
HC	163 ppm	220 ppm 이하		□ 불량		

① **자동차 번호** : 측정하는 자동차 번호를 기록한다(측정 차량이 1대인 경우 생략할 수 있다).
② **비번호** : 책임관리위원(공단 본부)이 배부한 등번호(비번호)를 기록한다.
③ **감독위원 확인** : 시험 전 또는 시험 후 감독위원이 채점 후 확인한다(날인).
④ **측정값** : 배기가스를 측정한 값을 기록한다.
      • CO : 0.4%   • HC : 163 ppm
⑤ **기준값** : 운행 차량의 배출 허용 기준값을 기록한다.
      KMHFV41CPYA068147(차대번호 3번째 자리 : H ➡ 승용차, 10번째 자리 : Y ➡ 2000년식)
      • CO : 1.2% 이하   • HC : 220 ppm 이하
⑥ **판정** : 측정값이 기준값 범위 내에 있으므로 ☑ 양호에 표시한다.
⑦ **득점** : 감독위원이 해당 문항을 채점하고 점수를 기록한다.

※ 감독위원이 제시한 자동차등록증(또는 차대번호)을 활용하여 차종 및 연식을 적용한다.
※ HC 측정값은 소수 첫째 자리 이하를 버림하여 기입한다.   ※ CO 측정값은 소수 둘째 자리 이하를 버림하여 기입한다.
※ 자동차 검사기준 및 방법에 의하여 기록 · 판정한다.

2 CO와 HC 배출량이 기준값보다 높게 측정될 경우

측정 항목	자동차 번호 :		비번호		감독위원 확 인	
	측정(또는 점검)			판정(□에 'ᵛ'표)		득점
	측정값	기준값				
CO	2.0%	1.2% 이하		□ 양호		
HC	350 ppm	220 ppm 이하		☑ 불량		

3 배기가스 배출 허용 기준값(CO, HC) [개정 2015.7.21.]

차 종		제작일자	일산화탄소	탄화수소	공기 과잉률
경자동차		1997년 12월 31일 이전	4.5% 이하	1200 ppm 이하	1±0.1 이내 기화기식 연료 공급장치 부착 자동차는 1±0.15 이내 촉매 미부착 자동차는 1±0.20 이내
		1998년 1월 1일부터 2000년 12월 31일까지	2.5% 이하	400 ppm 이하	
		2001년 1월 1일부터 2003년 12월 31일까지	1.2% 이하	220 ppm 이하	
		2004년 1월 1일 이후	1.0% 이하	150 ppm 이하	
승용자동차		1987년 12월 31일 이전	4.5% 이하	1200 ppm 이하	
		1988년 1월 1일부터 2000년 12월 31일까지	**1.2% 이하**	**220 ppm 이하** (휘발유·알코올 자동차) 400 ppm 이하 (가스자동차)	
		2001년 1월 1일부터 2005년 12월 31일까지	1.2% 이하	220 ppm 이하	
		2006년 1월 1일 이후	1.0% 이하	120 ppm 이하	
승합·화물·특수 자동차	소형	1989년 12월 31일 이전	4.5% 이하	1200 ppm 이하	
		1990년 1월 1일부터 2003년 12월 31일까지	2.5% 이하	400 ppm 이하	
		2004년 1월 1일 이후	1.2% 이하	220 ppm 이하	
	중형·대형	2003년 12월 31일 이전	4.5% 이하	1200 ppm 이하	
		2004년 1월 1일 이후	2.5% 이하	400 ppm 이하	

4 배기가스 측정

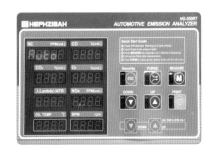

1. MEASURE(측정) : M(측정) 버튼을 누른나.

2. 측정한 배기가스를 확인한다.
   HC : 163 ppm, CO : 0.4 %

3. 배기가스 측정 결과를 출력한다.

자 동 차 등 록 증

제2000 - 3260호			최초등록일 : 2000년 08월 05일	
① 자동차 등록번호	08다 1402	② 차종	승용(대형)	③ 용도	자가용
④ 차명	그랜저 XG	⑤ 형식 및 연식	2000		
⑥ 차대번호	KMHFV41CPYA068147	⑦ 원동기형식			
⑧ 사용자 본거지	서울특별시 영등포구 번영로				
소 유 자	⑨ 성명(상호)	기동찬	⑩ 주민(사업자)등록번호	******-******	
	⑪ 주소	서울특별시 영등포구 번영로			

자동차관리법 제8조 규정에 의하여 위와 같이 등록하였음을 증명합니다.

2000년 08월 05일

서울특별시장

● **차대번호 식별방법**

차대번호는 총 17자리로 구성되어 있다.

KMHFV41CPYA068147

① 첫 번째 자리는 제작국가(K=대한민국)
② 두 번째 자리는 제작회사(M=현대, N=기아, P=쌍용, L=GM 대우)
③ 세 번째 자리는 자동차 종별(H=**승용차**, J=승합차, F=화물차)
④ 네 번째 자리는 차종 구분(B=쏘나타, C=베르나, D=아반떼, E=EF 쏘나타, F=그랜저)
⑤ 다섯 번째 자리는 세부 차종 및 등급(L=기본, M(V)=고급, N=최고급)
⑥ 여섯 번째 자리는 차체 형상(3=3도어세단, 4=4도어세단, 5=5도어세단)
⑦ 일곱 번째 자리는 안전장치(1=액티브 벨트(운전석+조수석), 2=패시브 벨트(운전석+조수석))
⑧ 여덟 번째 자리는 엔진 형식(B=1500 cc DOHC, C=2500 cc, D=1769 cc, G=1500 cc SOHC)
⑨ 아홉 번째 자리는 운전석 위치(P=왼쪽, R=오른쪽)
⑩ 열 번째 자리는 제작연도(영문 I, O, Q, U, Z 제외) ~Y(2000), 1(2001)~9(2009), A(2010)~L(2020)~
⑪ 열한 번째 자리는 제작 공장(A=아산, C=전주, M=인도, U=울산, Z=터키)
⑫ 열두 번째~열일곱 번째 자리는 차량 제작 일련번호

1안   맵 센서 파형 분석

엔진 4 엔진 4   주어진 자동차 엔진에서 맵 센서 파형을 분석하여 결과를 기록표에 기록하시오(측정 조건 : 급가감속 시).

● **맵 센서 파형**

측정 항목	자동차 번호 :		비번호		감독위원 확 인	
	파형 상태					**득점**
파형 측정	요구사항 조건에 맞는 파형을 프린트하여 아래 사항을 분석 후 뒷면에 첨부 • 출력된 파형에 불량 요소가 있는 경우에는 반드시 표기 및 설명되어야 함 • 파형의 주요 특징에 대하여 표기 및 설명되어야 함					

1 맵 센서 정상 파형

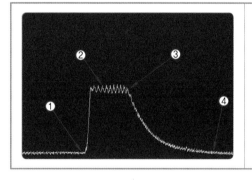

(1) ① 지점 : 1 V 이하 출력(엔진 공회전상태)
(2) ② 지점 : 흡입되는 공기의 맥동 변화가 나타나며 서징현상으로 인한 파형 변화가 나타난다.
(3) ③ 지점 : 스로틀 밸브의 닫힘 지점으로, 감속 속도에 따라 파형 이 하강 변화한다.
(4) ④ 지점 : 0.5 V 이하 출력(엔진 공회전상태)

2 맵 센서 측정 파형 분석

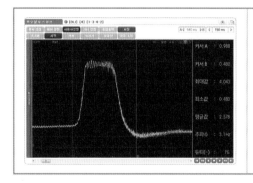

(1) 공전상태 : 0.988 V(규정값 : 1 V 이하)
(2) 흡입 맥동 파형 : 가속 시 출력 전압은 4.043 V(규정값 : 4~5 V 이하)이다.
(3) 스로틀 밸브 닫힘 : 감속 속도에 따라 파형이 변화되며 전압이 낮아지기 시작한다.
(4) 공회전상태 : 0.48 V(규정값 : 0.5 V 이하)로 안정된 전압을 나 타내고 있다.

3 분석 결과 및 판정

흡입되는 공기의 맥동 변화에 따라 발생되는 공전상태는 0.988 V(규정값 : 1 V 이하), 가속 시 출력 전압은 4.043 V (규정값 : 4~5 V 이하), 공회전 전압은 0.48 V(0.5 V 이하)로 안정된 상태이므로 맵 센서 출력 파형은 **양호**이다.

1안 디젤 엔진 연료압력 점검

엔진 5 주어진 전자제어 디젤 엔진에서 인젝터를 탈거한 후(감독위원에게 확인) 다시 부착하여 시동을 걸고, 공회전 시 연료압력을 점검하여 기록표에 기록하시오.

1 연료압력이 규정값 범위 내에 있을 경우

① 엔진 번호 :			② 비번호		③ 감독위원 확 인	
측정 항목	**측정(또는 점검)**		**판정 및 정비(또는 조치) 사항**			**⑧ 득점**
	④ 측정값	⑤ 규정(정비한계)값	⑥ 판정(□에 'ㅇ'표)	⑦ 정비 및 조치할 사항		
디젤 엔진 연료압력	280 bar	220~320 bar	☑ 양호 □ 불량	정비 및 조치할 사항 없음		

① **엔진 번호** : 측정하는 엔진 번호를 기록한다(측정 엔진이 1대인 경우 생략할 수 있다).
② **비번호** : 책임관리위원(공단 본부)이 배부한 등번호(비번호)를 기록한다.
③ **감독위원 확인** : 시험 전 또는 시험 후 감독위원이 채점 후 확인한다(날인).
④ **측정값** : 연료압력 측정값을 기록한다.
　　　　• 측정값 : 280 bar
⑤ **규정(정비한계)값** : 스캐너 내 기준값을 기록하거나 감독위원이 제시한 규정값을 기록한다.
　　　　• 규정값 : 220~320 bar
⑥ **판정** : 측정값이 규정값 범위 내에 있으므로 ☑ **양호**에 표시한다.
⑦ **정비 및 조치할 사항** : 판정이 양호이므로 **정비 및 조치할 사항 없음**을 기록한다.
⑧ **득점** : 감독위원이 해당 문항을 채점하고 점수를 기록한다.

2 연료압력이 규정값보다 클 경우

엔진 번호 :			비번호		감독위원 확 인	
측정 항목	**측정(또는 점검)**		**판정 및 정비(또는 조치) 사항**			**득점**
	측정값	규정(정비한계)값	판정(□에 'ㅇ'표)	정비 및 조치할 사항		
디젤 엔진 연료압력	333.3 bar	220~320 bar	□ 양호 ☑ 불량	연료압력 조절기 교체 후 재점검		

※ 판정 : 연료압력 측정값이 규정값 범위를 벗어났으므로 ☑ **불량**에 표시하고, 연료압력 조절기 교체 후 재점검한다.

3 연료압력 규정값(엔진 공회전상태)

차 종	연료압력	차 종	연료압력
아반떼 XD	270 bar	싼타페	220~320 bar
카렌스	220~320 bar	테라칸	220~320 bar

4 디젤 엔진 연료압력 측정

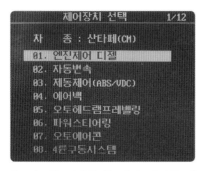

1. 차종을 선택한 후 해당 엔진을 선택한다.

2. 엔진 사양(종류)을 선택한다.

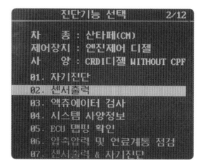

3. 센서 출력을 선택한다.

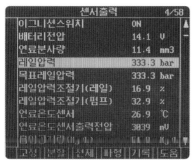

4. 센서 출력에서 레일압력을 측정한다(333.3 bar).

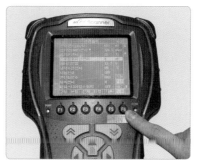

5. 차종에 따른 기준값을 확인한다.

6. 연료압력 측정이 끝나면 엔진 시동을 OFF시킨다.

연료압력이 규정값 범위를 벗어난 경우 정비 및 조치할 사항

❶ 연료압력 조절기 고장 → 연료압력 조절기 교체
❷ 연료 리턴 파이프 막힘 → 연료 리턴 파이프 교체
❸ 레일압력 센서 커넥터 탈거 → 레일압력 센서 커넥터 체결
❹ 저압 라인 연료압력이 규정값보다 낮을 때 → 저압 펌프 교체
❺ 연료압력 조절 밸브 커넥터 탈거 → 연료압력 조절 밸브 커넥터 체결

링 기어 백래시, 런아웃 측정

섀시 2 주어진 종감속 장치에서 링 기어의 백래시와 런아웃을 측정하여 기록표에 기록한 후 백래시가 규정값이 되도록 조정하시오.

1 백래시, 런아웃 측정값이 규정값 범위 내에 있을 경우

① 엔진 번호 :			② 비번호		③ 감독위원 확 인	
측정 항목	측정(또는 점검)		판정 및 정비(또는 조치) 사항			⑧ 득점
	④ 측정값	⑤ 규정(정비한계)값	⑥ 판정(□에 'V'표)	⑦ 정비 및 조치할 사항		
백래시	0.15 mm	0.11~0.16 mm	☑ 양호 □ 불량	정비 및 조치할 사항 없음		
런아웃	0.02 mm	0.05 mm 이하				

① **엔진 번호** : 측정하는 엔진 번호를 기록한다(측정 엔진이 1대인 경우 생략할 수 있다).
② **비번호** : 책임관리위원(공단 본부)이 배부한 등번호(비번호)를 기록한다.
③ **감독위원 확인** : 시험 전 또는 시험 후 감독위원이 채점 후 확인한다(날인).
④ **측정값** : 링 기어 백래시, 런아웃 측정값을 기록한다.
   • 백래시 : 0.15 mm   • 런아웃 : 0.02 mm
⑤ **규정(정비한계)값** : 감독위원이 제시한 값이나 정비지침서를 보고 규정값을 기록한다.
   • 백래시 : 0.11~0.16 mm   • 런아웃 : 0.05 mm 이하
⑥ **판정** : 백래시, 런아웃 측정값이 규정값 범위 내에 있으므로 ☑ 양호에 표시한다.
⑦ **정비 및 조치할 사항** : 판정이 양호이므로 정비 및 조치할 사항 없음을 기록한다.
⑧ **득점** : 감독위원이 해당 문항을 채점하고 점수를 기록한다.

2 백래시 측정값이 규정값보다 클 경우

엔진 번호 :			비번호		감독위원 확 인	
측정 항목	측정(또는 점검)		판정 및 정비(또는 조치) 사항			득점
	측정값	규정(정비한계)값	판정(□에 'V'표)	정비 및 조치할 사항		
백래시	0.28 mm	0.11~0.16 mm	□ 양호 ☑ 불량	조정 나사, 조정 심으로 조정 후 재점검(바깥쪽 나사는 풀고 안쪽 나사는 조여준다.)		
런아웃	0.02 mm	0.05 mm 이하				

※ **판정** : 백래시 측정값이 규정값 범위를 벗어났으므로 ☑ 불량에 표시하고, 조정나사나 조정 심으로 조정 후 재점검한다.

3 런아웃 측정값이 규정값보다 클 경우

엔진 번호 :			비번호		감독위원 확 인	
측정 항목	측정(또는 점검)		판정 및 정비(또는 조치) 사항			득점
	측정값	규정(정비한계)값	판정(□에 '∨'표)	정비 및 조치할 사항		
백래시	0.12 mm	0.11~0.16 mm	□ 양호 ☑ 불량	링 기어 교체 후 재점검		
런아웃	0.35 mm	0.05 mm 이하				

4 백래시 및 런아웃 규정값

차 종	링 기어	
	백래시	런아웃
스타렉스	0.11~0.16 mm	0.05 mm 이하
싼타페	0.08~0.13 mm	—
그레이스	0.11~0.16 mm	0.05 mm 이하

※ 감독위원이 규정값을 제시한 경우 감독위원이 제시한 규정값으로 판정한다.

5 링 기어 백래시 및 런아웃 측정

1. 다이얼 게이지 스핀들을 링 기어에 직각이 되도록 설치한 후 0점 조정한다.

2. 구동 피니언 기어를 고정한 후 기어를 움직여 백래시를 측정한다. (0.28 mm)

3. 링 기어 뒷면에 다이얼 게이지를 설치한 후 링 기어 런아웃을 측정한다(0.02 mm).

링 기어 백래시 조정 방법

❶ 백래시 조정은 심으로 조정하는 심 조정식과 조정 나사로 조정하는 조정 나사식이 있다.

❷ 심으로 조정할 경우 바깥쪽 심을 빼고 안쪽 심을 넣어 백래시를 조정한다.

❸ 링 기어를 안쪽으로 밀고 피니언 기어를 바깥쪽으로 밀면 백래시가 작아지고, 반대로 하면 백래시가 커진다.

1안 제동력 측정

3항의 작업 자동차에서 감독위원 지시에 따라 전(앞) 또는 후(뒤) 제동력을 측정하여 기록표에 기록하시오.

1 제동력 편차는 기준값보다 크고 합은 기준값보다 작을 경우(앞바퀴)

① 자동차 번호 :				② 비번호		③ 감독위원 확 인	
측정(또는 점검)				산출 근거 및 판정			⑨ 득점
④ 항목	구분	⑤ 측정값 (kgf)	⑥ 기준값 (□에 'V'표)	⑦ 산출 근거		⑧ 판정 (□에 'V'표)	
제동력 위치 (□에 'V'표) ☑ 앞 □ 뒤	좌	180 kgf	☑ 앞 축중의 □ 뒤	편차	$\dfrac{180-80}{630} \times 100 = 15.87$	□ 양호 ☑ 불량	
	우	80 kgf	편차 8.0% 이하	합	$\dfrac{180+80}{630} \times 100 = 41.26$		
			합 50% 이상				

① **자동차 번호** : 측정하는 자동차 번호를 기록한다(측정 차량이 1대인 경우 생략할 수 있다).

② **비번호** : 책임관리위원(공단 본부)이 배부한 등번호(비번호)를 기록한다.

③ **감독위원 확인** : 시험 전 또는 시험 후 감독위원이 채점 후 확인한다(날인).

④ **항목** : 감독위원이 지정하는 축에 ☑ 표시를 한다.   • 위치 : ☑ 앞

⑤ **측정값** : 제동력을 측정한 값을 기록한다.   • 좌 : 180 kgf   • 우 : 80 kgf

⑥ **기준값** : 검사 기준에 따라 제동력 편차와 합의 기준값을 기록한다.

         • 편차 : 앞 축중의 **8.0% 이하**   • 합 : 앞 축중의 **50% 이상**

⑦ **산출 근거** : 공식에 대입하여 산출한 계산식을 기록한다.

         • 편차 : $\dfrac{180-80}{630} \times 100 = 15.87$ • 합 : $\dfrac{180+80}{630} \times 100 = 41.26$

⑧ **판정** : 앞바퀴 제동력의 편차와 합이 기준값 범위를 벗어났으므로 ☑ 불량에 표시한다.

⑨ **득점** : 감독위원이 해당 문항을 채점하고 점수를 기록한다.

※ 측정 차량 크루즈 1.5DOHC A/T의 공차 중량(1130 kgf)의 앞(전) 축중(630 kgf)으로 산출하였다.

■ **제동력 계산**

• 앞바퀴 제동력의 편차 $= \dfrac{\text{큰 쪽 제동력} - \text{작은 쪽 제동력}}{\text{해당 축중}} \times 100$ ➡ 앞 축중의 8.0% 이하이면 양호

• 앞바퀴 제동력의 총합 $= \dfrac{\text{좌우 제동력의 합}}{\text{해당 축중}} \times 100$ ➡ 앞 축중의 50% 이상이면 양호

※ 측정 위치는 감독위원이 지정하는 위치의 □에 'V'표시한다.   ※ 자동차 검사 기준 및 방법에 의하여 기록 · 판정한다.

※ 측정값의 단위는 시험장비 기준으로 기록한다.   ※ 산출 근거에는 단위를 기록하지 않아도 된다.

1
안

섀시

2 제동력 편차가 기준값보다 클 경우(앞바퀴)

자동차 번호 :					비번호			감독위원 확 인	
측정(또는 점검)					산출 근거 및 판정				득점
항목	구분	측정값 (kgf)	기준값 (□에 'V'표)		산출 근거			판정 (□에 'V'표)	
제동력 위치 (□에 'V'표) ☑ 앞 □ 뒤	좌	280 kgf	☑ 앞 □ 뒤	축중의	편차	$\dfrac{280-200}{630} \times 100 = 12.69$		□ 양호 ☑ 불량	
			편차	8.0% 이하					
	우	200 kgf	합	50% 이상	합	$\dfrac{280+200}{630} \times 100 = 76.19$			

■ 제동력 계산

- 앞바퀴 제동력의 편차 $= \dfrac{280-200}{630} \times 100 = 12.69\% > 8\%$ ➡ 불량

- 앞바퀴 제동력의 합 $= \dfrac{280+200}{630} \times 100 = 76.19\% \geq 50\%$ ➡ 양호

3 제동력 측정

제동력 측정

측정값(좌 : 180 kgf, 우 : 80 kgf)

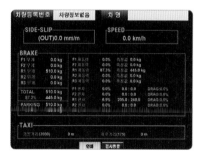

결과 출력

제동력 측정 시 유의사항

❶ 시험장 여건에 따라 감독위원이 임의의 측정값을 제시한 후 제동력 편차와 합을 계산하기도 한다.

❷ 제동력 측정 시 브레이크 페달 압력을 최대한 유지한 상태에서 측정값을 확인한다.

❸ 앞 축중 또는 뒤 축중 측정 시 측정 상태를 정확하게 확인한 후 제동력 시험기의 모니터 출력값을 확인한다.

❹ 측정이 끝나면 편차와 합을 계산하고 기록표를 작성한 후 감독위원에게 제출한다.

자동변속기 자기진단

1안

섀시 5 주어진 자동차의 자동변속기에서 자기진단기(스캐너)를 이용하여 각종 센서 및 시스템 작동상태를 점검하고 기록표에 기록하시오.

1 A/T 릴레이 단선, TC 솔레노이드 커넥터가 탈거된 경우

① 자동차 번호 :			② 비번호		③ 감독위원 확 인	
측정 항목	측정(또는 점검)		⑥ 정비 및 조치할 사항			⑦ 득점
	④ 고장 부분	⑤ 내용 및 상태				
자기진단	A/T 릴레이	릴레이 단선	A/T 릴레이 교체(체결), TC 솔레노이드 커넥터 체결, ECU 과거 기억 소거 후 재점검			
	TC 솔레노이드	커넥터 탈거				

① **자동차 번호** : 측정하는 자동차 번호를 기록한다(측정 차량이 1대인 경우 생략할 수 있다).
② **비번호** : 책임관리위원(공단 본부)이 배부한 등번호(비번호)를 기록한다.
③ **감독위원 확인** : 시험 전 또는 시험 후 감독위원이 채점 후 확인한다(날인).
④ **고장 부분** : 스캐너 자기진단으로 확인된 고장 부분을 기록한다.
　　　　　　• 고장 부분 : A/T 릴레이, TC 솔레노이드
⑤ **내용 및 상태** : 고장 부분으로 확인된 내용 및 상태를 기록한다.
　　　　　　• 내용 및 상태 : 릴레이 단선, 커넥터 탈거
⑥ **정비 및 조치할 사항** : A/T 릴레이가 단선되고 TC 솔레노이드 커넥터가 탈거되었으므로 A/T 릴레이 교체(체결), TC 솔레노이드 커넥터 체결, ECU 과거 기억 소거 후 재점검을 기록한다.
⑦ **득점** : 감독위원이 해당 문항을 채점하고 점수를 기록한다.

2 입력축, 출력축 속도 센서 커넥터가 탈거된 경우

자동차 번호 :			비번호		감독위원 확 인	
측정 항목	측정(또는 점검)		정비 및 조치할 사항			득점
	고장 부분	내용 및 상태				
자기진단	입력축 속도 센서(PG-A)	커넥터 탈거	입력축 및 출력축 속도 센서 커넥터 체결, ECU 과거 기억 소거 후 재점검			
	출력축 속도 센서(PG-B)	커넥터 탈거				

※ **판정** : 입력축 및 출력축 속도 센서 커넥터가 탈거되었으므로 입력축 및 출력축 속도 센서 커넥터 체결, ECU 과거 기억 소거 후 재점검한다.

③ 입력축 속도 센서, 브레이크 스위치 커넥터가 탈거된 경우

자동차 번호 :			비번호	감독위원 확 인	
측정 항목	측정(또는 점검)		정비 및 조치할 사항		득점
	고장 부분	내용 및 상태			
자기진단	입력축 속도 센서	커넥터 탈거	입력축 속도 센서 및 브레이크 스위치 커넥터 체결, ECU 과거 기억 소거 후 재점검		
	브레이크 스위치	커넥터 탈거			

④ 자동변속기 센서 및 시스템 점검

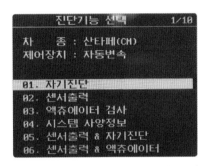

1. 점화스위치 ON 상태에서 차종 선택 후 A/T 자기진단을 실시한다.

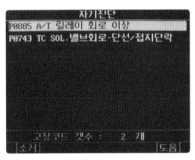

2. 고장 부분을 확인한다.

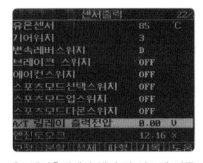

3. 센서출력에서 센서 및 시스템 작동 상태를 확인한다.

4. 센서출력에서 확인된 부품을 점검하거나 커넥터 및 단선상태를 확인한다.

5. A/T 릴레이 퓨즈 상태를 확인한다. (단선, 탈거)

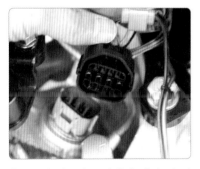

6. TC 솔레노이드 커넥터 탈거 및 단선상태를 확인한다.

자동변속기 자기진단 결과 고장 부분이 발견된 경우 정비 및 조치할 사항

❶ A/T 릴레이 단선 → A/T 릴레이 체결
❷ TC 솔레노이드 커넥터 탈거 → TC 솔레노이드 커넥터 체결
❸ 인히비터 스위치 커넥터 탈거 → 인히비터 스위치 커넥터 체결
❹ 입력축, 출력축 속도 센서 커넥터 탈거 → 입력축, 출력축 속도 센서 커넥터 체결

시동모터 점검

전기 1　주어진 자동차에서 시동모터를 탈거한 후(감독위원에게 확인) 다시 부착하여 작동상태를 확인하고 크랭킹 시 전류 소모 및 전압 강하 시험을 하여 기록표에 기록하시오.

1 전압 강하 및 전류 소모 측정값이 규정값 범위 내에 있을 경우

① 자동차 번호 :			② 비번호		③ 감독위원 확 인	
측정 항목	측정(또는 점검)		판정 및 정비(또는 조치) 사항			⑧ 득점
	④ 측정값	⑤ 규정(정비한계)값	⑥ 판정(□에 '∨'표)	⑦ 정비 및 조치할 사항		
전압 강하	11.02 V	9.6 V 이상	☑ 양호 □ 불량	정비 및 조치할 사항 없음		
전류 소모	109.8 A	180 A 이하 (규정값 제시)				

① **자동차 번호** : 측정하는 자동차 번호를 기록한다(측정 차량이 1대인 경우 생략할 수 있다).
② **비번호** : 책임관리위원(공단 본부)이 배부한 등번호(비번호)를 기록한다.
③ **감독위원 확인** : 시험 전 또는 시험 후 감독위원이 채점 후 확인한다(날인).
④ **측정값** : • 전압 강하 : 11.02 V　　• 전류 소모 : 109.8 A
⑤ **규정(정비한계)값** : 감독위원이 제시한 값이나 정비지침서를 보고 규정값을 기록한다.
　　　　　　　• 전압 강하 : **9.6 V 이상** (축전지 전압 12V의 80% (12 V × 0.8 = 9.6 V) 이상)
　　　　　　　• 전류 소모 : **180 A 이하** (규정값 제시)
⑥ **판정** : 측정값이 규정값 범위 내에 있으므로 ☑ **양호**에 표시한다.
⑦ **정비 및 조치할 사항** : 판정이 양호이므로 **정비 및 조치할 사항 없음**을 기록한다.
⑧ **득점** : 감독위원이 해당 문항을 채점하고 점수를 기록한다.

※ 규정값은 감독위원이 제시한 값으로 작성하고 측정 · 판정한다.

2 전압 강하 측정값이 규정값보다 작을 경우

자동차 번호 :			비번호		감독위원 확 인	
측정 항목	측정(또는 점검)		판정 및 정비(또는 조치) 사항			득점
	측정값	규정(정비한계)값	판정(□에 '∨'표)	정비 및 조치할 사항		
전압 강하	8.7 V	9.6 V 이상	□ 양호 ☑ 불량	기동전동기 교체 후 재점검		
전류 소모	120 A	180 A 이하				

※ 규정값은 감독위원이 제시한 값으로 작성하고 측정 · 판정한다.

3 크랭킹 전압 강하, 전류 소모 규정값

항 목	전압 강하(V)	전류 소모(A)
일반적인 규정값	축전지 전압의 80% 이상	축전지 용량의 3배 이하
예 (12 V, 60 AH) (측정 축전지 참고)	9.6 V 이상	180 A 이하 (감독위원이 제시할 수 있다.)

4 크랭킹 전압 강하, 전류 소모 측정

1. 축전지 전압과 용량을 확인한다.
   (12 V, 60 AH)

2. 축전지 전압을 측정한다.

3. 기동전동기 B단자에 전류계를 설치한 후 0점 조정한다(DCA 선택).

4. 점화스위치를 ST로 작동하여 크랭킹시키는데 4~6회 작동 시 측정값으로 홀드시킨 후 측정한다.
   (109.8 A)

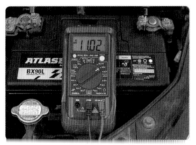

5. 엔진을 크랭킹시키며 축전지 전압을 측정한다(11.02 V).

6. 측정이 끝나면 전류계를 정리한다.

전압 강하, 전류 소모 측정값이 규정값 범위를 벗어난 경우 정비 및 조치할 사항

1. 축전지 불량 → 축전지 교체
2. 기동전동기 불량 → 기동전동기 교체
3. 전기자 축 휨 → 전기자 코일 교체
4. 전기자 코일 단락 → 전기자 코일 교체
5. 계자 코일 단락 → 계자 코일 교체
6. 전기자 축 베어링 파손 → 베어링 교체

전조등 점검

전기 2   주어진 자동차에서 전조등 시험기로 전조등을 점검하여 기록표에 기록하시오.

1 광축이 기준값 범위를 벗어난 경우(우측 전조등, 4등식)

① 자동차 번호 :			② 비번호		③ 감독위원 확 인	
측정(또는 점검)					⑦ 판정 (□에 'V'표)	⑧ 득점
④ 구분	항목	⑤ 측정값		⑥ 기준값		
(□에 'V'표) 위치 : □ 좌 ☑ 우 등식 : □ 2등식 ☑ 4등식	광도	16000 cd		<u>12000 cd 이상</u>	☑ 양호 □ 불량	
	광축	☑ 상 □ 하 (□에 'V'표)	8 cm	10 cm 이하	☑ 양호 □ 불량	
		□ 좌 ☑ 우 (□에 'V'표)	35 cm	30 cm 이하	□ 양호 ☑ 불량	

① **자동차 번호** : 측정하는 자동차 번호를 기록한다(측정 차량이 1대인 경우 생략할 수 있다).
② **비번호** : 책임관리위원(공단 본부)이 배부한 등번호(비번호)를 기록한다.
③ **감독위원 확인** : 시험 전 또는 시험 후 감독위원이 채점 후 확인한다(날인).
④ **구분** : 감독위원이 지정한 위치와 등식에 ☑ 표시를 한다(운전석 착석 시 좌우 기준).
       • 위치 : ☑ 우   • 등식 : ☑ 4등식
⑤ **측정값** : 광도와 광축을 측정한 값을 기록한다.
       • 광도 : 16000 cd   • 광축 : 상 – 8 cm, 우 – 35 cm
⑥ **기준값** : 검사 기준값을 수험자가 암기하여 기록한다.
       • 광도 : 12000 cd 이상   • 광축 : 상 – 10 cm 이하, 우 – 30 cm 이하
⑦ **판정** : 광도는 ☑ **양호**, 광축에서 상, 하는 ☑ **양호**, 좌, 우는 ☑ **불량**에 표시한다.
⑧ **득점** : 감독위원이 해당 문항을 채점하고 점수를 기록한다.

※ 측정 위치는 감독위원이 지정하는 위치의 □에 'V' 표시한다.   ※ 자동차 검사기준 및 방법에 의하여 기록 · 판정한다.

> 전조등에서 좌 · 우측등이 상향과 하향으로 분리되어 작동되는 것은 4등식이며, 상향과 하향이 하나의 등에서 회로 구성이 되어 작동되는 것은 2등식이다(차종별 정비지침서, 전기 회로도 참고).

② 광도와 광축이 기준값 범위 내에 있을 경우(우측 전조등, 4등식)

자동차 번호 :				비번호			감독위원 확 인	
측정(또는 점검)						판정 (□에 'V'표)		득점
구분	항목	측정값			기준값			
(□에 'V'표) 위치 : □ 좌 ☑ 우 등식 : □ 2등식 ☑ 4등식	광도	33000 cd			12000 cd 이상		☑ 양호 □ 불량	
	광축	☑ 상 □ 하 (□에 'V'표)	7 cm		10 cm 이하		☑ 양호 □ 불량	
		□ 좌 ☑ 우 (□에 'V'표)	15 cm		30 cm 이하		☑ 양호 □ 불량	

③ 전조등 광도, 광축 기준값

[자동차관리법 시행규칙 별표 15 적용]

구 분			기준값
광도	2등식		15000 cd 이상
	4등식		12000 cd 이상
광축	좌·우측등	상향 진폭	10 cm 이하
	좌·우측등	하향 진폭	30 cm 이하
	좌측등	좌진폭	15 cm 이하
		우진폭	30 cm 이하
	우측등	좌진폭	30 cm 이하
		우진폭	30 cm 이하

④ 전조등 광도, 광축 측정

전조등 시험기 준비

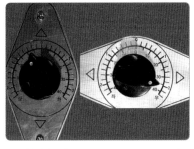
광축 측정(상 : 8 cm, 우 : 35 cm)

광도 측정(16000 cd)

감광식 룸램프 출력 전압 측정

전기 3 주어진 자동차에서 감광식 룸램프 기능 작동 시 편의장치(ETACS 또는 ISU) 커넥터에서 작동 전압의 변화를 측정하고 이상 여부를 확인하여 기록표에 기록하시오.

1 감광식 룸램프 측정값이 규정값 범위 내에 있을 경우

① 자동차 번호 :			② 비번호		③ 감독위원 확 인	
점검 항목	측정(또는 점검)		판정 및 정비(또는 조치) 사항			⑧ 득점
	④ 감광 시간	⑤ 전압(V) 변화	⑥ 판정(□에 'V'표)	⑦ 정비 및 조치할 사항		
작동 변화	5.2초	0.2 V → 12.4 V	☑ 양호 □ 불량	정비 및 조치할 사항 없음		

① **자동차 번호** : 측정하는 자동차 번호를 기록한다(측정 차량이 1대인 경우 생략할 수 있다).
② **비번호** : 책임관리위원(공단 본부)이 배부한 등번호(비번호)를 기록한다.
③ **감독위원 확인** : 시험 전 또는 시험 후 감독위원이 채점 후 확인한다(날인).
④ **감광 시간** : 감광 시간을 측정한 값을 기록한다.
  • 감광 시간 : 5.2초
⑤ **전압 변화** : 도어 닫힘 시 작동 전압 변화를 측정하여 기록한다.
  • 전압 변화 : 0.2 V → 12.4 V
⑥ **판정** : 측정값이 규정값 범위 내에 있으므로 ☑ **양호**에 표시한다.
⑦ **정비 및 조치할 사항** : 판정이 양호이므로 **정비 및 조치할 사항 없음**을 기록한다.
⑧ **득점** : 감독위원이 해당 문항을 채점하고 점수를 기록한다.

2 감광식 룸램프 측정값이 출력되지 않을 경우

자동차 번호 :			비번호		감독위원 확 인	
점검 항목	측정(또는 점검)		판정 및 정비(또는 조치) 사항			득점
	감광 시간	전압(V) 변화	판정(□에 'V'표)	정비 및 조치할 사항		
작동 변화	0초	0 V	□ 양호 ☑ 불량	에탁스 교체 후 재점검		

※ 판정 : 감광식 룸램프 측정값이 출력되지 않을 경우 ☑ 불량에 표시하고, 에탁스 교체 후 재점검한다.

3 감광식 룸램프 작동 제어 시간 규정값

차 종	제어 시간	소모 전류(A)
EF 쏘나타/옵티마/오피러스	5.5 ± 0.5초	• 리모컨 언록 시 10~30초간 점등 • 룸램프 점등 40분 후 자동 소등

4 컨트롤 유닛 기본 입력 전압 규정값

입출력 요소		전압 수준	
입력	전도어 스위치	도어 열림상태	0 V
		도어 닫힘상태	12 V(축전지 전압)
출력	룸램프	점등상태	0 V(접지시킴)
		소등상태	12 V(접지 해제)

5 감광식 룸램프 출력 전압 측정

1. 점화스위치를 OFF시킨다.

2. 실내등 도어 스위치를 중앙에 놓는다.

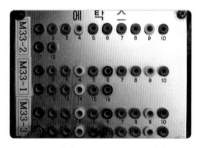

3. 스캐너 (+) 프로브를 11번, (−) 프로브는 차체 11번 단자에 접지한다.

4. 운전석 도어를 열었다가 닫는다.

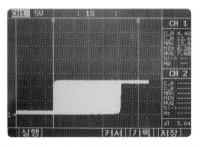

5. 커서 A, B를 작동 듀티에 설정한다.

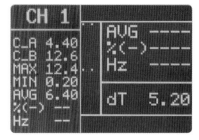

6. 시간 5.2초, 전압 0.2 V → 12.4 V

감광식 룸램프 출력 전압 측정 시 유의사항

출력 전압 측정 시 커넥터를 분리할 때는 배선을 당기지 말고 반드시 커넥터 몸체를 잡고 분리한다.

자동차정비산업기사 실기

2안

답안지 작성법

파트별	안별 문제		2안
엔진	1	엔진 분해 조립/측정	엔진 분해 조립/캠축 휨 측정
	2	엔진 시동/작업	1가지 부품 탈·부착/엔진 시동(시동, 점화, 연료)
	3	엔진 작동상태/측정	공회전 속도 점검/인젝터 파형 분석 점검
	4	파형 점검	맵 센서 파형 분석(급가감속 시)
	5	부품 교환/측정	CRDI 연료압력 조절기 탈·부착 시동/매연 측정
섀시	1	부품 탈·부착 작업	후륜 쇽업소버 스프링 탈·부착 확인
	2	장치별 측정/부품 교환 조정	타이로드 엔드 탈·부착/최소회전반지름 측정
	3	브레이크 부품 교환/작동상태 점검	ABS 브레이크 패드 교환/브레이크 작동상태 확인
	4	제동력 측정	전륜 또는 후륜 제동력 측정
	5	부품 탈·부착/이상 부위 측정	ABS 자기진단
전기	1	부품 탈·부착 작업/측정	발전기 탈·부착/충전 전류 전압 점검
	2	전조등 점검	전조등 시험기 점검/광도, 광축
	3	편의 안전장치 점검	도어 중앙 잠금장치 신호(전압 측정)
	4	전기 회로 점검	에어컨 회로 점검

캠축 점검

엔진 1 주어진 엔진을 기록표의 측정 항목까지 분해하여 기록표의 요구사항을 측정 및 점검하고 본래 상태로 조립하시오.

1 캠축 휨 측정값이 규정값보다 클 경우

측정 항목	① 엔진 번호 :		② 비번호		③ 감독위원 확 인	
	측정(또는 점검)		판정 및 정비(또는 조치) 사항			⑧ 득점
	④ 측정값	⑤ 규정(정비한계)값	⑥ 판정(□에 '∨'표)	⑦ 정비 및 조치할 사항		
캠축 휨	0.03 mm	0.02 mm 이하	□ 양호 ☑ 불량	캠축 교체		

① **엔진 번호** : 측정하는 엔진 번호를 기록한다(측정 엔진이 1대인 경우 생략할 수 있다).
② **비번호** : 책임관리위원(공단 본부)이 배부한 등번호(비번호)를 기록한다.
③ **감독위원 확인** : 시험 전 또는 시험 후 감독위원이 채점 후 확인한다(날인).
④ **측정값** : 캠축 휨 측정값을 기록한다.
　　　　• 측정값 : 0.03 mm
⑤ **규정(정비한계)값** : 감독위원이 제시한 값이나 정비지침서를 보고 규정값을 기록한다.
　　　　　• 규정값 : 0.02 mm 이하
⑥ **판정** : 측정값이 규정값 범위를 벗어났으므로 ☑ **불량**에 표시한다.
⑦ **정비 및 조치할 사항** : 판정이 불량이므로 **캠축 교체**를 기록한다.
⑧ **득점** : 감독위원이 해당 문항을 채점하고 점수를 기록한다.

2 캠축 휨 측정값이 규정값 범위 내에 있을 경우

측정 항목	엔진 번호 :		비번호		감독위원 확 인	
	측정(또는 점검)		판정 및 정비(또는 조치) 사항			득점
	측정값	규정(정비한계)값	판정(□에 '∨'표)	정비 및 조치할 사항		
캠축 휨	0.01 mm	0.02 mm 이하	☑ 양호 □ 불량	정비 및 조치할 사항 없음		

※ 판정 : 캠축 휨 측정값이 규정값 범위 내에 있으므로 ☑ 양호에 표시하고, 정비 및 조치할 사항 없음을 기록한다.

3 캠축 휨 측정값이 0 mm(휨 없음)인 경우

측정 항목	측정(또는 점검)		판정 및 정비(또는 조치) 사항		득점
	측정값	규정(정비한계)값	판정(□에 'V'표)	정비 및 조치할 사항	
캠축 휨	0.0 mm	0.02 mm 이하	☑ 양호 □ 불량	정비 및 조치할 사항 없음	

엔진 번호 : / 비번호 / 감독위원 확 인

※ 판정 : 캠축 휨 측정값이 0 mm인 경우 측정값이 규정값 범위 내에 있으므로 ☑ 양호에 표시하고, 정비 및 조치할 사항 없음을 기록한다.

4 캠축 휨 규정값

차 종	규정값	차 종	규정값
그랜저	0.02 mm 이하	세피아	0.03 mm 이하
쏘나타	0.02 mm 이하	프라이드	0.03 mm 이하
엑센트	0.02 mm 이하	크레도스	0.03 mm 이하

5 캠축 휨 측정

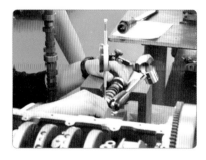

1. V 블록의 캠축 중앙에 다이얼 게이지를 설치한다.

2. 다이얼 게이지를 직각으로 설치하고 0점 조정 후 캠축을 1회전시킨다.

3. 측정값 0.06 mm를 확인한다. 측정값의 1/2인 0.03 mm가 실제 측정값이다.

캠축 휨 측정

❶ 캠축 측정 시 다이얼 게이지 스핀들을 캠축 중앙에 직각이 되도록 설치하고 측정한다.

❷ 캠축을 회전시킬 때 축이 측정부에서 이탈하지 않도록 천천히 회전시키며 측정한다.

❸ 캠축 휨 측정값은 다이얼 게이지 전체 측정값의 1/2이다.

인젝터 파형 점검

엔진 3 2항의 시동된 엔진에서 공회전 속도를 확인하고 감독위원의 지시에 따라 인젝터 파형을 측정 및 분석하여 기록표에 기록하시오(단, 시동이 정상적으로 되지 않은 경우 본 항의 작업은 할 수 없다).

1 분사 시간과 서지 전압이 규정값 범위 내에 있을 경우

	① 엔진 번호 :		② 비번호		③ 감독위원 확 인	
측정 항목	측정(또는 점검)		판정 및 정비(또는 조치) 사항			⑧ 득점
	④ 측정값	⑤ 규정(정비한계)값	⑥ 판정(□에 'V'표)	⑦ 정비 및 조치할 사항		
분사 시간	2.9 ms	2.2~2.9 ms	☑ 양호 □ 불량	정비 및 조치할 사항 없음		
서지 전압	68.95 V	60~80 V				

① **엔진 번호** : 측정하는 엔진 번호를 기록한다(측정 엔진이 1대인 경우 생략할 수 있다).

② **비번호** : 책임관리위원(공단 본부)이 배부한 등번호(비번호)를 기록한다.

③ **감독위원 확인** : 시험 전 또는 시험 후 감독위원이 채점 후 확인한다(날인).

④ **측정값** : 인젝터 분사 시간과 서지 전압을 측정한 값을 기록한다.
  • 분사 시간 : 2.9 ms • 서지 전압 : 68.95 V

⑤ **규정(정비한계)값** : 감독위원이 제시한 값이나 정비지침서를 보고 규정값을 기록한다.
  • 분사 시간 : 2.2~2.9 ms • 서지 전압 : 60~80 V

⑥ **판정** : 측정값이 규정값 범위 내에 있으므로 ☑ **양호**에 표시한다.

⑦ **정비 및 조치할 사항** : 판정이 양호이므로 **정비 및 조치할 사항 없음**을 기록한다.

⑧ **득점** : 감독위원이 해당 문항을 채점하고 점수를 기록한다.

※ 공회전상태에서 측정하고 기준값은 정비지침서를 찾아 판정한다.

2 분사 시간이 규정값보다 클 경우

	엔진 번호 :		비번호		감독위원 확 인	
측정 항목	측정(또는 점검)		판정 및 정비(또는 조치) 사항			득점
	측정값	규정(정비한계)값	판정(□에 'V'표)	정비 및 조치할 사항		
분사 시간	3.8 ms	2.2~2.9 ms	□ 양호 ☑ 불량	전자제어 입력 센서 재점검		
서지 전압	68.95 V	60~80 V				

※ 판정 : 분사 시간이 규정값 범위를 벗어났으므로 ☑ 불량에 표시하고, 전자제어 입력 센서를 재점검한다.

3 분사 시간 및 서지 전압 규정값

차 종	분사 시간	서지 전압
쏘나타	2.5~4 ms(700±100 rpm)	
EF 쏘나타	3~5 ms(700±100 rpm)	60~80 V (일반적인 규정값)
아반떼 XD	3~5 ms(700±100 rpm)	

※ 규정값은 일반적으로 분사 시간 2.2~2.9 ms, 서지 전압 60~80 V를 적용하거나 감독위원이 제시한 규정값을 적용한다.

4 인젝터 파형 점검부위

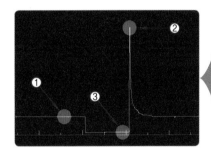

① 전원 전압 : 발전기에서 발생되는 전압(12~13.5 V 정도)
② 서지 전압 : 70 V 정도 예 아반떼 : 68 V
③ 접지 전압 : 연료가 분사되는 구간(0.8 V 이하)

5 인젝터 파형 측정

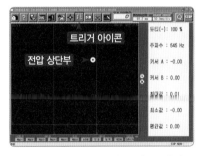

트리거 아이콘, 전압 상단부 선택

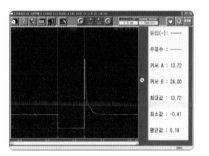

분사 시간 측정(2.9 ms)

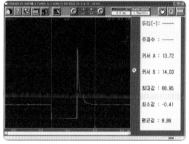

서지 전압 측정(68.95 V)

인젝터 파형 점검 시 유의사항

시험장에서는 인젝터 파형을 출력(모니터)한 후 파형 측정값을 확인하여 분석·판정하는 경우도 있다.

분사 시간과 서지 전압이 규정값 범위를 벗어난 경우 정비 및 조치할 사항

❶ 분사 시간이 규정값을 벗어난 경우 → 전자제어 입력 센서 및 회로 재점검
❷ 서지 전압이 규정값을 벗어난 경우 → 인젝터 배선 및 ECU 배선 접지상태 재점검

맵 센서 파형 분석

엔진 4 주어진 자동차 엔진에서 맵 센서 파형을 분석하여 결과를 기록표에 기록하시오(측정 조건 : 급가감속 시).

● 맵 센서 파형

측정 항목	파형 상태	득점
자동차 번호 :	비번호 감독위원 확 인	
파형 측정	요구사항 조건에 맞는 파형을 프린트하여 아래 사항을 분석 후 뒷면에 첨부 • 출력된 파형에 불량 요소가 있는 경우에는 반드시 표기 및 설명되어야 함 • 파형의 주요 특징에 대하여 표기 및 설명되어야 함	

1 맵 센서 정상 파형

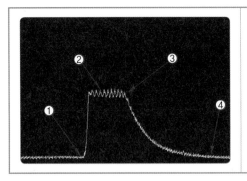

(1) ① 지점 : 1 V 이하 출력(엔진 공회전상태)
(2) ② 지점 : 흡입되는 공기의 맥동 변화가 나타나며 서징현상으로 인한 파형 변화가 나타난다.
(3) ③ 지점 : 스로틀 밸브의 닫힘 지점으로, 감속 속도에 따라 파형이 하강 변화한다.
(4) ④ 지점 : 0.5 V 이하 출력(엔진 공회전상태)

2 맵 센서 측정 파형 분석

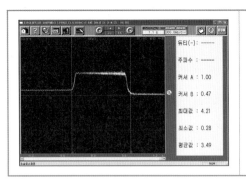

(1) 공전상태 : 1.00 V(규정값 : 1 V 이하)
(2) 흡입 맥동 파형 : 가속 시 출력 전압은 4.21 V(규정값 : 4~5 V 이하)이다.
(3) 스로틀 밸브 닫힘 : 감속 속도에 따라 파형이 변화되며 전압이 낮아지기 시작한다.
(4) 공회전상태 : 0.28 V(규정값 : 0.5 V 이하)로 안정된 전압을 나타내고 있다.

3 분석 결과 및 판정

흡입되는 공기의 맥동 변화에 따라 발생되는 공전상태는 1.00 V(규정값 : 1 V 이하), 가속 시 출력 전압은 4.21 V(규정값 : 4~5 V 이하), 공회전 전압은 0.28 V(0.5 V 이하)로 안정된 상태이므로 맵 센서 출력 파형은 **양호**이다.

2안 디젤 엔진 매연 측정

엔진 5 주어진 전자제어 디젤 엔진에서 연료압력 센서를 탈거한 후(감독위원에게 확인) 다시 부착하여 시동을 걸고, 매연을 측정하여 기록표에 기록하시오.

1 매연 측정값이 기준값 범위 내에 있을 경우(터보차량, 5% 가산)

① 자동차 번호 :					② 비번호		③ 감독위원 확 인	
측정(또는 점검)					산출 근거 및 판정			⑪ 득점
④ 차종	⑤ 연식	⑥ 기준값	⑦ 측정값	⑧ 측정	⑨ 산출 근거(계산) 기록		⑩ 판정 (□에 '∨'표)	
승용차	2007	45% 이하 (터보차량)	37%	1회 : 34.1% 2회 : 35.6% 3회 : 41.4%	$\dfrac{34.1 + 35.6 + 41.4}{3} = 37.03$		☑ 양호 □ 불량	

① **자동차 번호** : 측정하는 자동차 번호를 기록한다(측정 차량이 1대인 경우 생략할 수 있다).
② **비번호** : 책임관리위원(공단 본부)이 배부한 등번호(비번호)를 기록한다.
③ **감독위원 확인** : 시험 전 또는 시험 후 감독위원이 채점 후 확인한다(날인).
④ **차종** : KM**H**SH81WP7U100168(차대번호 3번째 자리 : H) ➡ 차종 : 승용차
⑤ **연식** : KMHSH81WP**7**U100168(차대번호 10번째 자리 : 7) ➡ 연식 : 2007
⑥ **기준값** : 자동차등록증 차대번호의 연식을 확인하고, 터보차량이므로 기준값 40%에 5%를 가산하여 기록한다.
　　　• 기준값 : 45% 이하
⑦ **측정값** : 3회 산출한 값의 평균값을 기록한다(소수점 이하는 버림).
　　　• 측정값 : 37%
⑧ **측정** : 1회부터 3회까지 측정한 값을 기록한다.
　　　• 1회 : 34.1%　　• 2회 : 35.6%　　• 3회 : 41.4%
⑨ **산출 근거(계산) 기록** : $\dfrac{34.1 + 35.6 + 41.4}{3} = 37.03$
⑩ **판정** : 측정값이 기준값 범위 내에 있으므로 ☑ 양호에 표시한다.
⑪ **득점** : 감독위원이 해당 문항을 채점하고 점수를 기록한다.

※ 감독위원이 제시한 자동차등록증(또는 차대번호)을 활용하여 차종 및 연식을 적용한다.　※ 측정 및 판정은 무부하 조건으로 한다.
※ 측정값은 매연 농도를 산술평균하여 소수점 이하는 버린 값으로 기입한다.　※ 자동차 검사 기준 및 방법에 의하여 기록 · 판정한다.

매연 측정 시 유의사항

엔진을 충분히 워밍업시킨 후 매연 측정을 한다(정상온도 70~80℃).

2 매연 측정값이 기준값보다 클 경우(터보차량, 5% 가산)

자동차 번호 :					비번호			감독위원 확 인	
측정(또는 점검)					산출 근거 및 판정				득점
차종	연식	기준값	측정값	측정	산출 근거(계산) 기록		판정 (□에 'V'표)		
승용차	2007	45% 이하 (터보차량)	46%	1회 : 45.5% 2회 : 44.7% 3회 : 48.6%	$\frac{45.5+44.7+48.6}{3}=46.26$		□ 양호 ☑ 불량		

3 매연 기준값(자동차등록증 차대번호 확인)

차 종		제 작 일 자	매 연
경자동차 및 승용자동차		1995년 12월 31일 이전	60% 이하
		1996년 1월 1일부터 2000년 12월 31일까지	55% 이하
		2001년 1월 1일부터 2003년 12월 31일까지	45% 이하
		2004년 1월 1일부터 2007년 12월 31일까지	**40% 이하**
		2008년 1월 1일 이후	20% 이하
승합· 화물· 특수자동차	소형	1995년 12월 31일까지	60% 이하
		1996년 1월 1일부터 2000년 12월 31일까지	55% 이하
		2001년 1월 1일부터 2003년 12월 31일까지	45% 이하
		2004년 1월 1일부터 2007년 12월 31일까지	40% 이하
		2008년 1월 1일 이후	20% 이하

4 매연 측정

1회 측정값(34.1%)

2회 측정값(35.6%)

3회 측정값(41.4%)

자 동 차 등 록 증

제2007 – 03260호 　　　　　　　　　　　　　　　　　　최초등록일 : 2007년 10월 05일

① 자동차 등록번호	08다 1402	② 차종		승용(대형)	③ 용도	자가용
④ 차명	싼타페	⑤ 형식 및 연식		2007		
⑥ 차대번호	KMHSH81WP7U100168			⑦ 원동기형식		
⑧ 사용자 본거지	서울특별시 영등포구 당산로					

소유자	⑨ 성명(상호)	기동찬	⑩ 주민(사업자)등록번호	******-******
	⑪ 주소	서울특별시 영등포구 당산로		

자동차관리법 제8조 규정에 의하여 위와 같이 등록하였음을 증명합니다.

2007년 10월 05일

서울특별시장

● **차대번호 식별방법**

차대번호는 총 17자리로 구성되어 있다.

KMHSH81WP7U100168

① 첫 번째 자리는 제작국가(K = 대한민국)
② 두 번째 자리는 제작회사(M = 현대, N = 기아, P = 쌍용, L = GM 대우)
③ 세 번째 자리는 자동차 종별(H = **승용차**, J = 승합차, F = 화물차)
④ 네 번째 자리는 차종 구분(S = 싼타페, D = 아반떼, V = 엑센트)
⑤ 다섯 번째 자리는 세부 차종(H = 슈퍼 디럭스, G = 디럭스, F = 스탠다드, J = 그랜드살롱)
⑥ 여섯 번째 자리는 차체 형상(1 = 리무진, 2~5 = 도어 수, 6 = 쿠페, 8 = 왜건)
⑦ 일곱 번째 자리는 안전벨트 안전장치(1 = 액티브 벨트, 2 = 패시브 벨트)
⑧ 여덟 번째 자리는 엔진 형식(배기량)(W = 2200 cc, A = 1800 cc, B = 2000 cc, G = 2500 cc)
⑨ 아홉 번째 자리는 기타 사항 용도 구분(P = 왼쪽 운전석, R = 오른쪽 운전석)
⑩ 열 번째 자리는 제작연도(영문 I, O, Q, U, Z 제외) ~7(2007) ~ A(2010) ~ L(2020) ~
⑪ 열한 번째 자리는 제작공장(A = 아산, C = 전주, U = 울산)
⑫ 열두 번째 ~ 열일곱 번째 자리는 차량 생산(제작) 일련번호

2안   최소 회전 반지름(반경) 측정

섀시 2   주어진 자동차에서 최소회전반경을 측정하여 기록표에 기록하고, 타이로드 엔드를 탈거한 후(감독위원에 게 확인) 다시 부착하여 토(toe)가 규정값이 되도록 조정하시오.

1 **최소 회전 반지름이 기준값 범위 내에 있을 경우**(우회전, $r=0.3$ m일 때)

④ 항목	⑤ 측정값			⑥ 기준값 (최소 회전 반지름)	⑦ 산출 근거	⑧ 판정 (□에 'ㄇ'표)	⑨ 득점
	① 자동차 번호 :				② 비번호	③ 감독위원 확 인	
	측정(또는 점검)				산출 근거 및 판정		
회전 방향 (□에 'ㄇ'표) □ 좌 ☑ 우	r		30 cm	12m 이하	$\dfrac{2.8}{\sin 30^\circ} + 0.3$ $= 5.9$	☑ 양호 □ 불량	
	축거		2.8m				
	최대 조향 시 각도	좌(바퀴)	30°				
		우(바퀴)	36°				
	최소 회전 반지름		5.9m				

① **자동차 번호** : 측정하는 자동차 번호를 기록한다(측정 차량이 1대인 경우 생략할 수 있다).

② **비번호** : 책임관리위원(공단 본부)이 배부한 등번호(비번호)를 기록한다.

③ **감독위원 확인** : 시험 전 또는 시험 후 감독위원이 채점 후 확인한다(날인).

④ **항목** : 감독위원이 제시하는 회전 방향에 ☑ 표시를 한다(운전석 착석 시 좌우 기준). ☑ 우

⑤ **측정값** : • r : 30 cm   • 조향각도 : 좌 − 30°,   우 − 36°
              • 축거 : 2.8 m   • 최소 회전 반지름 : 5.9 m

⑥ **기준값** : 최소 회전 반지름의 기준값 12 m 이하를 기록한다.

⑦ **산출 근거** : $R = \dfrac{L}{\sin\alpha} + r$ ∴ $R = \dfrac{2.8}{\sin 30^\circ} + 0.3 = 5.9$
         • R : 최소 회전 반지름(m)   • $\sin\alpha$: 바깥쪽 앞바퀴의 조향각도($\sin 30^\circ = 0.5$)
         • L : 축거(m)   • r : 바퀴 접지면 중심과 킹핀과의 거리(0.3 m)

⑧ **판정** : 측정값이 기준값 범위 내에 있으므로 ☑ 양호에 표시한다.

⑨ **득점** : 감독위원이 해당 문항을 채점하고 점수를 기록한다.

■ 시험 차량은 대부분 승용차로, 최소 회전 반지름 기준값 12 m 이내에 측정되므로 일반적으로 판정은 양호이다.

※ 회전 방향 및 바퀴의 접지면 중심과 킹핀과의 거리(r)는 감독위원이 제시한다.

※ 자동차 검사기준 및 방법에 의하여 기록 · 판정한다.   ※ 산출 근거에는 단위를 기록하지 않아도 된다.

2 축거(축간거리) 및 조향각도 기준값

차 종	축거	조향각도		회전 반지름
		내측	외측	
그랜저	2745 mm	37°	30°30′	5700 mm
쏘나타	2700 mm	39°67′	32°21′	−
EF 쏘나타	2700 mm	39.70°±2°	32.40°±2°	5000 mm
아반떼	2550 mm	39°17′	32°27′	5100 mm
아반떼 XD	2610 mm	40.1°±2°	32°45′	4550 mm
베르나	2440 mm	33.37°±1°30′	35.51°	4900 mm
오피러스	2800 mm	37°	30°	5600 mm

3 최소 회전 반지름 측정(우회전 시)

최소 회전 반지름 측정(축거)

1. 차량을 턴테이블 위에 실시한 후 턴테이블 고정 핀을 탈거한다.

2. 앞바퀴 축 중심에서 뒷바퀴 축 중심 까지 축거를 측정한다(2.8 m).

3. 핸들을 회전 방향(우)으로 돌아가 지 않을 때까지 유지하여 바깥쪽 (좌측) 바퀴의 조향각도를 확인한다. (30°)

4. 안쪽(우측) 바퀴의 조향각도를 확 인한다(36°).

제동력 측정

섀시 4　3항의 작업 자동차에서 감독위원 지시에 따라 전(앞) 또는 후(뒤) 제동력을 측정하여 기록표에 기록하시오.

1 제동력 편차가 기준값보다 클 경우(뒷바퀴)

① 자동차 번호 :				② 비번호		③ 감독위원 확 인		
측정(또는 점검)				산출 근거 및 판정				⑨ 득점
④ 항목	구분	⑤ 측정값 (kgf)	⑥ 기준값 (□에 'V'표)	⑦ 산출 근거		⑧ 판정 (□에 'V'표)		
제동력 위치 (□에 'V'표) □ 앞 ☑ 뒤	좌	280 kgf	□ 앞 ☑ 뒤 축중의	편차	$\dfrac{280-220}{500} \times 100 = 12$	□ 양호 ☑ 불량		
			편차　8.0% 이하					
	우	220 kgf	합　20% 이상	합	$\dfrac{280+220}{500} \times 100 = 100$			

① **자동차 번호** : 측정하는 자동차 번호를 기록한다(측정 차량이 1대인 경우 생략할 수 있다).

② **비번호** : 책임관리위원(공단 본부)이 배부한 등번호(비번호)를 기록한다.

③ **감독위원 확인** : 시험 전 또는 시험 후 감독위원이 채점 후 확인한다(날인).

④ **항목** : 감독위원이 지정하는 축에 ☑ 표시를 한다.　　• 위치 : ☑ 뒤

⑤ **측정값** : 제동력을 측정한 값을 기록한다.　　• 좌 : 280 kgf　　• 우 : 220 kgf

⑥ **기준값** : 검사 기준에 따라 제동력 편차와 합의 기준값을 기록한다.

　　　　• 편차 : 뒤 축중의 8.0% 이하　　• 합 : 뒤 축중의 20% 이상

⑦ **산출 근거** : 공식에 대입하여 산출한 계산식을 기록한다.

　　　　• 편차 : $\dfrac{280-220}{500} \times 100 = 12$　　• 합 : $\dfrac{280+220}{500} \times 100 = 100$

⑧ **판정** : 뒷바퀴 제동력의 편차가 기준값 범위를 벗어났으므로 ☑ 불량에 표시한다.

⑨ **득점** : 감독위원이 해당 문항을 채점하고 점수를 기록한다.

※ 측정 차량은 크루즈 1.5DOHC A/T의 공차 중량(1130 kgf)의 뒤(후) 축중(500 kgf)으로 산출하였다.

■ 제동력 계산

• 뒷바퀴 제동력의 편차 $= \dfrac{\text{큰 쪽 제동력} - \text{작은 쪽 제동력}}{\text{해당 축중}} \times 100$ ➡ 뒤 축중의 8.0% 이하이면 양호

• 뒷바퀴 제동력의 총합 $= \dfrac{\text{좌우 제동력의 합}}{\text{해당 축중}} \times 100$ ➡ 뒤 축중의 20% 이상이면 양호

※ 측정 위치는 감독위원이 지정하는 위치의 □에 'V' 표시한다.　※ 자동차 검사 기준 및 방법에 의하여 기록 · 판정한다.

※ 측정값의 단위는 시험장비 기준으로 기록한다.　　　　　※ 산출 근거에는 단위를 기록하지 않아도 된다.

2 제동력 편차와 합이 기준값 범위 내에 있을 경우(뒷바퀴)

자동차 번호 :				비번호		감독위원 확 인		
측정(또는 점검)				산출 근거 및 판정				득점
항목	구분	측정값 (kgf)	기준값 (□에 'v'표)	산출 근거		판정 (□에 'v'표)		
제동력 위치 (□에 'v'표) □ 앞 ☑ 뒤	좌	200 kgf	□ 앞 축중의 ☑ 뒤	편차	$\dfrac{220-200}{500} \times 100 = 4$	☑ 양호 □ 불량		
			편차	8.0% 이하	합	$\dfrac{220+200}{500} \times 100 = 84$		
	우	220 kgf	합	20% 이상				

■ 제동력 계산

• 뒷바퀴 제동력의 편차 $= \dfrac{220-200}{500} \times 100 = 4\% \leq 8.0\% \Rightarrow$ 양호

• 뒷바퀴 제동력의 총합 $= \dfrac{220+200}{500} \times 100 = 84\% \geq 20\% \Rightarrow$ 양호

3 제동력 측정

제동력 측정

측정값(좌 : 280 kgf, 우 : 220 kgf)

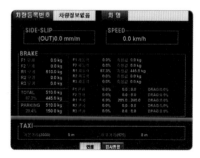

결과 출력

제동력 측정 시 유의사항

❶ 시험장 여건에 따라 감독위원이 임의의 측정값을 제시한 후 제동력 편차와 합을 계산하기도 한다.

❷ 제동력 측정 시 브레이크 페달 압력을 최대한 유지한 상태에서 측정값을 확인한다.

❸ 앞 축중 또는 뒤 축중 측정 시 측정 상태를 정확하게 확인한 후 제동력 시험기의 모니터 출력값을 확인한다.

❹ 측정이 끝나면 편차와 합을 계산하고 기록표를 작성한 후 감독위원에게 제출한다.

ABS 자기진단

섀시 5 주어진 자동차의 ABS에서 자기진단기(스캐너)를 이용하여 각종 센서 및 시스템의 작동상태를 점검하고 기록표에 기록하시오.

1 앞 좌측, 앞 우측 휠 스피드 센서 커넥터가 탈거된 경우

① 자동차 번호 :			② 비번호		③ 감독위원 확 인	
항목	측정(또는 점검)		⑥ 정비 및 조치할 사항			⑦ 득점
	④ 고장 부분	⑤ 내용 및 상태				
ABS 자기진단	앞 좌측(L) 휠 스피드 센서	커넥터 탈거	앞 좌측 및 앞 우측 휠 스피드 센서 커넥터 체결, ECU 과거 기억 소거 후 재점검			
	앞 우측(R) 휠 스피드 센서	커넥터 탈거				

① **자동차 번호** : 측정하는 자동차 번호를 기록한다(측정 차량이 1대인 경우 생략할 수 있다).
② **비번호** : 책임관리위원(공단 본부)이 배부한 등번호(비번호)를 기록한다.
③ **감독위원 확인** : 시험 전 또는 시험 후 감독위원이 채점 후 확인한다(날인).
④ **고장 부분** : 스캐너 자기진단으로 확인된 고장 부분을 기록한다.
   • 고장 부분 : 앞 좌측 휠 스피드 센서, 앞 우측 휠 스피드 센서
⑤ **내용 및 상태** : 고장 부분으로 확인된 내용 및 상태로 커넥터 탈거를 기록한다.
⑥ **정비 및 조치할 사항** : 앞 좌측, 앞 우측 휠 스피드 센서 커넥터가 탈거되었으므로 앞 좌측 및 앞 우측 휠 스피드 센서 커넥터 체결, ECU 과거 기억 소거 후 재점검을 기록한다.
⑦ **득점** : 감독위원이 해당 문항을 채점하고 점수를 기록한다.

2 뒤 좌측, 뒤 우측 휠 스피드 센서 커넥터가 탈거된 경우

자동차 번호 :			비번호		감독위원 확 인	
항목	측정(또는 점검)		정비 및 조치할 사항			득점
	고장 부분	내용 및 상태				
ABS 자기진단	뒤 좌측(L) 휠 스피드 센서	커넥터 탈거	뒤 좌측 및 뒤 우측 휠 스피드 센서 커넥터 체결, ECU 과거 기억 소거 후 재점검			
	뒤 우측(R) 휠 스피드 센서	커넥터 탈거				

3 전자제어 ABS 시스템 점검

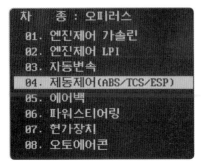

1. 시스템 제동제어를 선택한다.

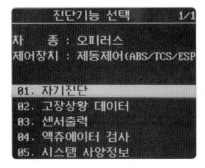

2. 자기진단을 선택한다.

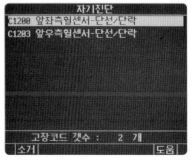

3. 출력된 고장 부위 2군데를 확인한다.

4. 휠 스피드 센서(FL) 커넥터 탈거 상태를 확인한다.

5. 휠 스피드 센서(FR) 커넥터 탈거 상태를 확인한다.

6. 점화스위치를 OFF시킨다.

4 전자제어 ABS 시스템 고장 현상

현상	고장 현상에 대한 설명
시스템 점검 소리	시동을 걸 때 '쿵'하고 엔진 내부에서 들리는 소리는 시스템 작동 점검이 이루어지고 있음을 나타낸다.
ABS 작동 소리	① 브레이크 페달의 진동(긁힘)과 함께 발생한다. ② 차량의 섀시 부위에 브레이크 작동 및 해제의 반복에 의해 발생한다. 　('탁' 때리는 소리 : 서스펜션, '끽' 소리 : 타이어) ③ 브레이크를 밟았다가 놓는 동작의 반복으로 인해 차체 섀시로부터 발생한다.
ABS 작동 시 긴 제동거리	눈길이나 자갈길과 같은 노면에서는 ABS 장착 차량이 다른 차량보다 제동거리가 길 수 있으므로 차속을 줄이고 안전운행을 하도록 한다.

ABS 장착 차량에서 휠 스피드 센서는 각 바퀴마다 설치되어 있으며, 바퀴의 회전 속도를 톤 휠과 센서의 자력선 변화로 감지하여 컴퓨터로 입력시킨다.

발전기 점검

전기 1 주어진 자동차에서 발전기를 탈거한 후(감독위원에게 확인) 다시 부착하여 작동상태를 확인하고 출력 전압 및 출력 전류를 점검하여 기록표에 기록하시오.

1 출력 전류와 출력 전압이 규정값 범위 내에 있을 경우

측정 항목	① 자동차 번호 :		② 비번호	③ 감독위원 확 인	
	측정(또는 점검)		판정 및 정비(또는 조치) 사항		⑧ 득점
	④ 측정값	⑤ 규정(정비한계)값	⑥ 판정(□에 'V'표)	⑦ 정비 및 조치할 사항	
출력 전류	56.7 A(2500 rpm)		☑ 양호 □ 불량	정비 및 조치할 사항 없음	
출력 전압	14.32 V(2500 rpm)	13.5~14.8 V(2500 rpm)			

① **자동차 번호** : 측정하는 자동차 번호를 기록한다(측정 차량이 1대인 경우 생략할 수 있다).
② **비번호** : 책임관리위원(공단 본부)이 배부한 등번호(비번호)를 기록한다.
③ **감독위원 확인** : 시험 전 또는 시험 후 감독위원이 채점 후 확인한다(날인).
④ **측정값** : • 출력 전류 : 56.7A(2500 rpm)   • 출력 전압 : 14.32 V(2500 rpm)
⑤ **규정(정비한계)값** : 정비지침서 또는 발전기에 표기된 규정값을 기록한다.
　　　　　　• 출력 전류 : 엔진 부하가 작동된 상태에서 점검한다.
　　　　　　• 출력 전압 : 13.5~14.8 V(2500 rpm)
⑥ **판정** : 측정값이 규정값 범위 내에 있으므로 ☑ 양호에 표시한다.
⑦ **정비 및 조치할 사항** : 판정이 양호이므로 **정비 및 조치할 사항 없음**을 기록한다.
⑧ **득점** : 감독위원이 해당 문항을 채점하고 점수를 기록한다.

■ 출력 전류는 정격 전류의 70% 이상이면 양호이다.
　정격 전류(80 A)의 70% : 80 A × 0.7 = 56 A ➡ 정격 전류가 80 A일 때 56 A 이상이면 양호이다.

2 출력 전압이 규정값보다 작을 경우

측정 항목	자동차 번호 :		비번호	감독위원 확 인	
	측정(또는 점검)		판정 및 정비(또는 조치) 사항		득점
	측정값	규정(정비한계)값	판정(□에 'V'표)	정비 및 조치할 사항	
출력 전류	15 A(2500 rpm)		□ 양호 ☑ 불량	팬 벨트 장력 조절 후 재점검	
출력 전압	12.8 V(2500 rpm)	13.5~14.8 V(2500 rpm)			

3 **출력 전류와 출력 전압이 규정값 범위를 벗어난 경우**

측정 항목	측정(또는 점검)		판정 및 정비(또는 조치) 사항		득점
자동차 번호 :			비번호	감독위원 확 인	
	측정값	규정(정비한계)값	판정(□에 'ν'표)	정비 및 조치할 사항	
출력 전류	0 A(2500 rpm)		□ 양호 ☑ 불량	발전기 교체 후 재점검	
출력 전압	20.5 V(2500 rpm)	13.5~14.8 V(2500 rpm)			

4 **출력 전류, 출력 전압의 규정값**

차 종	출력 전류	출력 전압	회전수
엑셀	65 A	13.5 V	2500 rpm
EF 쏘나타	80 A	13.5 V	2500 rpm
아반떼	90 A	13.5 V	1000~18000 rpm

※ 출력 전압의 규정값은 13.5~14.8 V(2500 rpm)의 일반적인 값을 적용하거나 감독위원이 제시한 값을 적용한다.

5 **출력 전류 및 출력 전압 측정**

1. 발전기 뒤의 전류와 전압(12 V, 80 A) 확인 후 2500 rpm으로 가속한다.

2. 발전기 출력 단자의 출력 전압을 측정한다(14.32 V).

3. 발전기 출력 단자에 전류계를 설치하고 전류를 확인한다(56.7 A).

> **발전기 출력 전류, 출력 전압 측정 시 유의사항**
>
> 시험장에서는 엔진 시뮬레이터로 측정되는 경우가 많으며, 이때는 전기 부하상태를 유지할 수 없다.
>
> **출력 전류, 출력 전압이 규정값 범위를 벗어난 경우 정비 및 조치할 사항**
>
> ❶ 퓨즈의 단선 → 퓨즈 교체   ❷ 팬 벨트 헐거움 → 팬 벨트 장력 조절
> ❸ 팬 벨트 단선 → 팬 벨트 교체   ❹ 로터 코일, 스테이터 코일의 단락 → 발전기 교체

전조등 점검

2안

전기 2 주어진 자동차에서 전조등 시험기로 전조등을 점검하여 기록표에 기록하시오.

1 광축이 기준값 범위를 벗어난 경우(좌측 전조등, 2등식)

① 자동차 번호 :			② 비번호		③ 감독위원 확 인	
측정(또는 점검)					⑦ 판정 (□에 'V'표)	⑧ 득점
④ 구분	항목	⑤ 측정값		⑥ 기준값		
(□에 'V'표) 위치 : ☑ 좌 □ 우 등식 : ☑ 2등식 □ 4등식	광도	42000 cd		15000 cd 이상	☑ 양호 □ 불량	
	광축	☑ 상 □ 하 (□에 'V'표)	0 cm	10 cm 이하	☑ 양호 □ 불량	
		□ 좌 ☑ 우 (□에 'V'표)	45 cm	30 cm 이하	□ 양호 ☑ 불량	

① **자동차 번호** : 측정하는 자동차 번호를 기록한다(측정 차량이 1대인 경우 생략할 수 있다).

② **비번호** : 책임관리위원(공단 본부)이 배부한 등번호(비번호)를 기록한다.

③ **감독위원 확인** : 시험 전 또는 시험 후 감독위원이 채점 후 확인한다(날인).

④ **구분** : 감독위원이 지정한 위치와 등식에 ☑ 표시를 한다(운전석 착석 시 좌우 기준).

　　　　　• 위치 : ☑ 좌　　　• 등식 : ☑ 2등식

⑤ **측정값** : 광도와 광축을 측정한 값을 기록한다.

　　　　　• 광도 : 42000 cd　　• 광축 : 상 – 0 cm, 우 – 45 cm

⑥ **기준값** : 검사 기준값을 수험자가 암기하여 기록한다.

　　　　　• 광도 : 15000 cd 이상　• 광축 : 상 – 10 cm 이하, 우 – 30 cm 이하

⑦ **판정** : 광도는 ☑ 양호, 광축에서 상, 하는 ☑ 양호, 좌, 우는 ☑ 불량에 표시한다.

⑧ **득점** : 감독위원이 해당 문항을 채점하고 점수를 기록한다.

※ 측정 위치는 감독위원이 지정하는 위치의 □에 'V' 표시한다.　　※ 자동차 검사기준 및 방법에 의하여 기록 · 판정한다.

전조등 광도 측정 시 유의사항

❶ 시험용 차량은 공회전상태(광도 측정 시 2000 rpm), 공차상태, 운전자(관리원) 1인이 승차하여 전조등 상향등(주행)을 점등시킨다.

❷ 시험장 여건에 따라 엔진 시동 OFF 후, DC 컨버터를 축전지에 연결한 다음 측정하기도 한다.

2 전조등 광도, 광축 기준값

[자동차관리법 시행규칙 별표 15 적용]

구 분			기준값
광도	2등식		15000 cd 이상
	4등식		12000 cd 이상
광축	좌·우측등	상향 진폭	10 cm 이하
	좌·우측등	하향 진폭	30 cm 이하
	좌측등	좌진폭	15 cm 이하
		우진폭	30 cm 이하
	우측등	좌진폭	30 cm 이하
		우진폭	30 cm 이하

※ 전조등에서 좌·우측등이 상향과 하향으로 분리되어 작동되는 것은 4등식이며, 상향과 하향이 하나의 등에서 회로 구성이 되어 작동 되는 것은 2등식이다(차종별 정비지침서, 전기 회로도 참고).

3 전조등 광도, 광축 측정

1. 전조등 시험기(좌우, 상하), 다이얼 눈금을 모두 0으로 맞춘다.

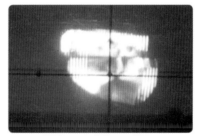

2. 전조등 시험기 몸체를 상하로 움 직여 십자의 중심에 오도록 조정 한다.

3. 전조등 시험기의 기둥 눈금을 읽는다. (하향 진폭 = 전조등 높이 × $\frac{3}{10}$)

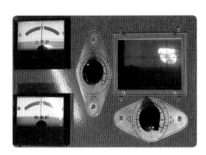

4. 좌우 지침이 중앙(0)에 오도록 시 험기 몸체를 이동한다.

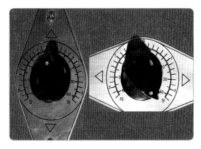

5. 다이얼 게이지 눈금을 전조등 중앙 에 오도록 조정한 후 측정값을 확 인한다(상 : 0 cm, 우 : 45 cm).

6. 엔진 rpm을 2000~2500 rpm으로 유지하고 광도를 측정한다. (상향 하이빔 : 42000 cd)

2안 · 센트롤 도어 록킹 작동신호 측정

전기 3 주어진 자동차에서 센트롤 도어 록킹(도어 중앙 잠금장치) 스위치 조작 시 편의장치(ETACS 또는 ISU) 및 운전석 도어 모듈(DDM) 커넥터에서 작동신호를 측정하고 이상 여부를 확인하여 기록표에 기록하시오.

1 센트롤 도어 록킹 신호 측정값이 규정값 범위 내에 있을 경우

① 자동차 번호 :				② 비번호		③ 감독위원 확 인	
점검 항목	측정(또는 점검)			판정 및 정비(또는 조치) 사항			⑧ 득점
		④ 측정값	⑤ 규정(정비한계)값	⑥ 판정(□에 'ㅇ'표)		⑦ 정비 및 조치할 사항	
도어 중앙 잠금장치 신호 (전압)	잠김	ON : 0.243 V	ON : 0 V	☑ 양호 □ 불량		정비 및 조치할 사항 없음	
		OFF : 12.57 V	OFF : 축전지 전압				
	풀림	ON : 0.103 V	ON : 0 V				
		OFF : 12.55 V	OFF : 축전지 전압				

① **자동차 번호** : 측정하는 자동차 번호를 기록한다(측정 차량이 1대인 경우 생략할 수 있다).
② **비번호** : 책임관리위원(공단 본부)이 배부한 등번호(비번호)를 기록한다.
③ **감독위원 확인** : 시험 전 또는 시험 후 감독위원이 채점 후 확인한다(날인).
④ **측정값** : ・잠김 : ON − 0.243 V, OFF − 12.57 V   ・풀림 : ON − 0.103 V, OFF − 12.55 V
⑤ **규정(정비한계)값** : ・잠김 : ON − 0 V, OFF − 축전지 전압   ・풀림 : ON − 0 V, OFF − 축전지 전압
⑥ **판정** : 측정값이 규정값 범위 내에 있으므로 ☑ 양호에 표시한다.
⑦ **정비 및 조치할 사항** : 판정이 양호이므로 정비 및 조치할 사항 없음을 기록한다.
⑧ **득점** : 감독위원이 해당 문항을 채점하고 점수를 기록한다.

2 센트롤 도어 록킹 신호 측정값이 규정값 범위를 벗어날 경우

자동차 번호 :				비번호		감독위원 확 인	
점검 항목	측정(또는 점검)			판정 및 정비(또는 조치) 사항			득점
		측정값	규정(정비한계)값	판정(□에 'ㅇ'표)		정비 및 조치할 사항	
도어 중앙 잠금장치 신호 (전압)	잠김	ON : 0.243 V	ON : 0 V	□ 양호 ☑ 불량		에탁스 교체 후 재점검	
		OFF : 0 V	OFF : 축전지 전압				
	풀림	ON : 0.103 V	ON : 0 V				
		OFF : 0 V	OFF : 축전지 전압				

2안
전기

③ 컨트롤 유닛(에탁스) 전압 규정값

입출력 요소		전압	
입력	운전석, 조수석 도어 록 스위치	도어 닫힘상태	5 V
		도어 열림상태	0 V
출력	도어 록 릴레이	작동되지 않을 때(OFF 시)	12 V(접지 해제)
		도어 록 작동(ON 시)	0 V(접지시킴)
	도어 언록 릴레이	작동되지 않을 때(OFF 시)	12 V(접지 해제)
		도어 언록 작동(ON 시)	0 V(접지시킴)

※ 12 V는 축전지 전압을 의미하며, 컨트롤 유닛(에탁스) 출력 전압이다.

④ 센트롤 도어 록킹 스위치 전압 측정

센트롤 도어 록킹 스위치와 에탁스 위치 확인

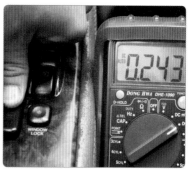

1. 센트롤 도어 록킹 스위치를 누른 상태(잠김 ON)에서 측정값을 확인한다(0.243 V).

2. 센트롤 도어 록킹 스위치를 누르지 않은 상태(잠김 OFF)에서 측정값을 확인한다(12.57 V).

3. 센트롤 도어 록킹 스위치를 누르지 않은 상태(잠김 OFF)에서 측정값을 확인한다(12.55 V).

4. 센트롤 도어 록킹 스위치를 누른 상태(잠김 ON)에서 측정값을 확인한다(0.103 V).

운전석 도어 모듈의 도어 록/언록 스위치에 의하여 도난 방지 시스템 적용 차량/미적용 차량에 관계없이 모두 록/언록된다.

답안지 작성법

파트별		안별 문제	3안
엔진	1	엔진 분해 조립/측정	엔진 분해 조립/ 크랭크축 축방향 유격 측정
	2	엔진 시동/작업	1가지 부품 탈 · 부착/ 엔진 시동(시동, 점화, 연료)
	3	엔진 작동상태/측정	공회전 속도 점검/배기가스 측정
	4	파형 점검	산소 센서 파형 분석(공회전상태)
	5	부품 교환/측정	CRDI 연료압력 조절기 탈 · 부착 시동/연료압력 점검
섀시	1	부품 탈 · 부착 작업	전륜 쇽업소버 코일 스프링 탈 · 부착 확인
	2	장치별 측정/부품 교환 조정	휠 얼라이먼트 시험기 (캠버, 토) 측정/ 타이로드 엔드 교환
	3	브레이크 부품 교환/ 작동상태 점검	후륜 휠 실린더(캘리퍼) 교환/ 브레이크 작동상태 확인
	4	제동력 측정	전륜 또는 후륜 제동력 측정
	5	부품 탈 · 부착/ 이상 부위 측정	자동변속기 자기진단
전기	1	부품 탈 · 부착 작업/측정	시동모터 탈 · 부착/ 전압 강하 점검
	2	전조등 점검	전조등 시험기 점검/광도, 광축
	3	편의 안전장치 점검	에어컨 외기 온도 입력 신호값 점검
	4	전기 회로 점검	전조등 회로 점검

엔진 1 주어진 엔진을 기록표의 측정 항목까지 분해하여 기록표의 요구사항을 측정 및 점검하고 본래 상태로 조립하시오.

1 크랭크축 축방향 유격(간극)이 규정값 범위 내에 있을 경우

측정 항목	① 엔진 번호 :		② 비번호		③ 감독위원 확 인	
	측정(또는 점검)		판정 및 정비(또는 조치) 사항			⑧ 득점
	④ 측정값	⑤ 규정(정비한계)값	⑥ 판정(□에 'V'표)	⑦ 정비 및 조치할 사항		
크랭크축 축방향 유격	0.07 mm	0.05~0.18 mm (한계값 0.25 mm)	☑ 양호 □ 불량	정비 및 조치할 사항 없음		

① **엔진 번호** : 측정하는 엔진 번호를 기록한다(측정 엔진이 1대인 경우 생략할 수 있다).
② **비번호** : 책임관리위원(공단 본부)이 배부한 등번호(비번호)를 기록한다.
③ **감독위원 확인** : 시험 전 또는 시험 후 감독위원이 채점 후 확인한다(날인).
④ **측정값** : 크랭크축 축방향 유격을 측정한 값을 기록한다.
     • 측정값 : 0.07 mm
⑤ **규정(정비한계)값** : 감독위원이 제시한 값이나 정비지침서를 보고 규정값을 기록한다.
     • 규정값 : 0.05~0.18 mm(한계값 0.25 mm)
⑥ **판정** : 측정값이 규정값 범위 내에 있으므로 ☑ **양호**에 표시한다.
⑦ **정비 및 조치할 사항** : 판정이 양호이므로 **정비 및 조치할 사항 없음**을 기록한다.
⑧ **득점** : 감독위원이 해당 문항을 채점하고 점수를 기록한다.

2 크랭크축 축방향 유격이 규정(정비한계)값보다 클 경우

측정 항목	엔진 번호 :		비번호		감독위원 확 인	
	측정(또는 점검)		판정 및 정비(또는 조치) 사항			득점
	측정값	규정(정비한계)값	판정(□에 'V'표)	정비 및 조치할 사항		
크랭크축 축방향 유격	0.28 mm	0.05~0.18 mm (한계값 0.25 mm)	□ 양호 ☑ 불량	스러스트 베어링 교체 후 재점검		

※ **판정** : 크랭크축 축방향 유격이 한계값보다 크므로 ☑ **불량**에 표시하고, 스러스트 베어링 교체 후 재점검한다.

3 크랭크축 축방향 유격이 규정(정비한계)값 범위 내에 있을 경우

항목	측정(또는 점검)		판정 및 정비(또는 조치) 사항		득점
	엔진 번호 :		비번호	감독위원 확 인	
	측정값	규정(정비한계)값	판정(□에 'ㅇ'표)	정비 및 조치할 사항	
크랭크축 축방향 유격	0.22 mm	0.05~0.18 mm (한계값 0.25 mm)	☑ 양호 □ 불량	정비 및 조치할 사항 없음	

※ 판정 : 크랭크축 축방향 유격이 한계값 이내에 있으므로 ☑ 양호에 표시하고, 정비 및 조치할 사항 없음을 기록한다.

4 크랭크축 축방향 유격 규정값

차 종		규정값	한계값
EF 쏘나타		0.05~0.25 mm	–
쏘나타, 엑셀		0.05~0.18 mm	0.25 mm
세피아		0.08~0.28 mm	0.3 mm
아반떼	1.5 DOHC	0.05~0.175 mm	–
	1.8 DOHC	0.06~0.260 mm	–

5 크랭크축 축방향 유격 측정

1. 측정할 크랭크축에 다이얼 게이지를 설치하고, 크랭크축을 엔진 앞쪽으로 최대한 민다.

2. 다이얼 게이지 0점 조정 후 앞쪽으로 최대한 밀어 눈금을 확인한다. (0.03mm)

3. 다시 반대로 크랭크축을 최대한 밀고 측정값을 확인한다(0.04 mm). 측정값 : 0.03 + 0.04 = 0.07 mm

크랭크축 축방향 유격이 규정값 범위를 벗어난 경우 정비 및 조치할 사항

❶ 크랭크축 축방향 유격이 규정값보다 클 경우 → 스러스트 베어링 교체

❷ 크랭크축 축방향 유격이 규정값보다 작을 경우 → 스러스트 베어링 연마

3안 배기가스 측정

엔진 3 2항의 시동된 엔진에서 공회전 속도를 확인하고 감독위원의 지시에 따라 공회전 시 배기가스를 측정하여 기록표에 기록하시오(단, 시동이 정상적으로 되지 않은 경우 본 항의 작업은 할 수 없다).

1 CO와 HC 배출량이 기준값 범위 내에 있을 경우

측정 항목	① 자동차 번호 :		② 비번호		③ 감독위원 확 인	
	측정(또는 점검)				⑥ 판정(□에 'V'표)	⑦ 득점
	④ 측정값	⑤ 기준값				
CO	0.8%	1.0% 이하			☑ 양호	
HC	100 ppm	120 ppm 이하			□ 불량	

① **자동차 번호** : 측정하는 자동차 번호를 기록한다(측정 차량이 1대인 경우 생략할 수 있다).
② **비번호** : 책임관리위원(공단 본부)이 배부한 등번호(비번호)를 기록한다.
③ **감독위원 확인** : 시험 전 또는 시험 후 감독위원이 채점 후 확인한다(날인).
④ **측정값** : 배기가스를 측정한 값을 기록한다.
    • CO : 0.8%   • HC : 100 ppm
⑤ **기준값** : 운행 차량의 배기가스 배출 허용 기준값을 기록한다.
    KMHVF41APCU753159(차대번호 3번째 자리 : H ➡ 승용차, 10번째 자리 : C ➡ 2012년식)
    • CO : 1.0% 이하   • HC : 120 ppm 이하
⑥ **판정** : 측정값이 기준값 범위 내에 있으므로 ☑ 양호에 표시한다.
⑦ **득점** : 감독위원이 해당 문항을 채점하고 점수를 기록한다.

※ 감독위원이 제시한 자동차등록증(또는 차대번호)을 활용하여 차종 및 연식을 적용한다.
※ HC 측정값은 소수 첫째 자리 이하를 버림하여 기입한다.   ※ CO 측정값은 소수 둘째 자리 이하를 버림하여 기입한다.
※ 자동차 검사기준 및 방법에 의하여 기록 · 판정한다.

2 CO와 HC 배출량이 기준값보다 높게 측정될 경우

측정 항목	자동차 번호 :		비번호		감독위원 확 인	
	측정(또는 점검)				판정(□에 'V'표)	득점
	측정값	기준값				
CO	1.5%	1.0% 이하			□ 양호	
HC	320 ppm	120 ppm 이하			☑ 불량	

3　배기가스 배출 허용 기준값(CO, HC)

[개정 2015.7.21.]

차 종		제작일자	일산화탄소	탄화수소	공기 과잉률
경자동차		1997년 12월 31일 이전	4.5% 이하	1200 ppm 이하	1±0.1 이내 기화기식 연료 공급장치 부착 자동차는 1±0.15 이내 촉매 미부착 자동차는 1±0.20 이내
		1998년 1월 1일부터 2000년 12월 31일까지	2.5% 이하	400 ppm 이하	
		2001년 1월 1일부터 2003년 12월 31일까지	1.2% 이하	220 ppm 이하	
		2004년 1월 1일 이후	1.0% 이하	150 ppm 이하	
승용자동차		1987년 12월 31일 이전	4.5% 이하	1200 ppm 이하	
		1988년 1월 1일부터 2000년 12월 31일까지	1.2% 이하	220 ppm 이하 (휘발유·알코올 자동차) 400 ppm 이하 (가스자동차)	
		2001년 1월 1일부터 2005년 12월 31일까지	1.2% 이하	220 ppm 이하	
		2006년 1월 1일 이후	1.0% 이하	120 ppm 이하	
승합·화물·특수 자동차	소형	1989년 12월 31일 이전	4.5% 이하	1200 ppm 이하	
		1990년 1월 1일부터 2003년 12월 31일까지	2.5% 이하	400 ppm 이하	
		2004년 1월 1일 이후	1.2% 이하	220 ppm 이하	
	중형·대형	2003년 12월 31일 이전	4.5% 이하	1200 ppm 이하	
		2004년 1월 1일 이후	2.5% 이하	400 ppm 이하	

4　배기가스 측정

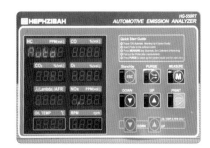

1. MEASURE(측정) : M(측정) 버튼을 누른다.

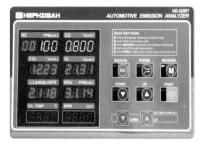

2. 측정한 배기가스를 확인한다.
   HC : 100 ppm, CO : 0.8%

3. 배기가스 측정 결과를 출력한다.

산소 센서 파형 분석

엔진 4 주어진 자동차의 엔진에서 산소 센서의 파형을 출력 · 분석하여 그 결과를 기록표에 기록하시오(측정 조건 : 공회전상태).

● 지르코니아 산소 센서

자동차 번호 :		비번호		감독위원 확 인	
측정 항목		**파형 상태**			**득점**
파형 측정	요구사항 조건에 맞는 파형을 프린트하여 아래 사항을 분석 후 뒷면에 첨부 • 출력된 파형에 불량 요소가 있는 경우에는 반드시 표기 및 설명되어야 함 • 파형의 주요 특징에 대하여 표기 및 설명되어야 함				

※ 공회전상태에서 측정하고 기준값은 정비지침서를 찾아 판정한다.

1 지르코니아 산소 센서 측정 파형 분석

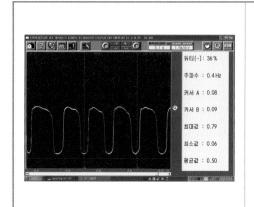

(1) 출력 전압
  ① 최솟값 : 0.06 V   ② 최댓값 : 0.79 V
(2) 배기가스 농후, 희박상태 판정
  ① 농후(오르막) 구간 전압(0.2~0.6 V)의 시간 : 60 ms
     (규정값 : 100 ms 이내)
  ② 희박(내리막) 구간 전압(0.6~0.2 V)의 시간 : 160 ms
     (규정값 : 300 ms 이내)
(3) 지르코니아 산소 센서 공연비 판정
  ① 희박 : 0~0.45 V   ② 농후 : 0.45~0.9 V

※ 농후, 희박 구간이 산소 센서 피드백 상태로 출력 전압이 작동되고 있는 파형이다.

2 분석 결과 및 판정

엔진 1500 rpm에서 측정된 지르코니아 산소 센서 출력 파형의 최솟값은 0.06 V이고 최댓값은 0.79 V이다. 오르막 파형에서 A와 B 투사간 전압 0.2~0.6 V에서의 측정값은 60 ms(규정값 : 100 ms 이내)로 양호하며, 내리막 파형에서 A와 B 투사간 전압 0.6~0.2 V에서의 측정값도 160 ms(규정값 : 300 ms 이내)로 양호하다. 따라서 측정된 지르코니아 산소 센서 파형은 **양호**이다.

※ 불량일 경우 연료 및 흡기계통과 주요 센서(냉각수온 센서 및 흡입 공기 유량 센서)를 재점검한다.

● 티타니아(TiO₂) 산소 센서

자동차 번호 :		비번호		감독위원 확 인	
측정 항목	파형 상태				득점
파형 측정	요구사항 조건에 맞는 파형을 프린트하여 아래 사항을 분석 후 뒷면에 첨부 • 출력된 파형에 불량 요소가 있는 경우에는 반드시 표기 및 설명되어야 함 • 파형의 주요 특징에 대하여 표기 및 설명되어야 함				

※ 공회전상태에서 측정하고 기준값은 지침서를 찾아 판정한다.

1 티타니아 산소 센서 파형

(1) 티타니아 산소 센서는 세라믹 절연체의 끝에 티타니아가 설치되어 있다.
(2) 티타니아가 주위의 산소 분압에 대응해서 산화, 환원되어 전기 저항이 변화하는 것을 이용하여 배기가스 중 산소 농도를 검출한다.
(3) 티타니아 산소 센서는 산소 농도에 따라 저항값이 변하는데, 그 값이 ECU에서 전압으로 바뀌므로 ECU는 배기가스 중 산소 농도를 감지하여 이론 공연비로 연료 분사량을 제어한다.

2 티타니아 산소 센서 측정 파형 분석

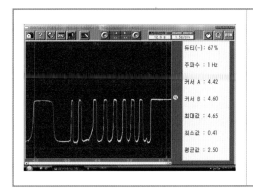

(1) 출력 전압
  ① 최솟값 : 0.41 V   ② 최댓값 : 4.65 V
(2) 규정값
  티타니아 산소 센서 출력 전압의 규정값은 0.2~4.5 V에서 주파수 약 1 Hz의 듀티 파형으로 출력된다.
(3) 티타니아 산소 센서 공연비 판정
  ① 희박 : 2.5 V 이하   ② 농후 : 2.5 V 이상

※ 공회전상태로 엔진을 약 3000 rpm으로 가속시킨 상태에서 출력 전압이 작동되고 있는 파형이다.

3 분석 결과 및 판정

엔진 3000 rpm에서 측정된 티타니아 산소 센서 출력 파형의 최솟값은 0.41 V이고 최댓값은 4.65 V이다. 측정된 파형은 희박(0.41 V), 농후(4.65 V), 주파수(1 Hz)가 정상 범위이므로 측정된 티타니아 산소 센서 파형은 **양호**이다.

※ 불량일 경우 연료 및 흡기계통과 주요 센서(냉각수온 센서 및 흡입 공기 유량 센서)를 재점검한다.

3안 디젤 엔진 연료압력 점검

엔진 5 주어진 전자제어 디젤 엔진에서 연료압력 조절 밸브를 탈거한 후(감독위원에게 확인) 다시 부착하여 시동을 걸고, 공회전 시 연료압력을 점검하여 기록표에 기록하시오.

1 연료압력이 규정값 범위 내에 있을 경우

① 엔진 번호 :			② 비번호		③ 감독위원 확 인		⑧ 득점
측정 항목	측정(또는 점검)		판정 및 정비(또는 조치) 사항				
	④ 측정값	⑤ 규정(정비한계)값	⑥ 판정(□에 'V'표)		⑦ 정비 및 조치할 사항		
연료압력	320 bar	220~320 bar	☑ 양호 □ 불량		정비 및 조치할 사항 없음		

① **엔진 번호** : 측정하는 엔진 번호를 기록한다(측정 엔진이 1대인 경우 생략할 수 있다).

② **비번호** : 책임관리위원(공단 본부)이 배부한 등번호(비번호)를 기록한다.

③ **감독위원 확인** : 시험 전 또는 시험 후 감독위원이 채점 후 확인한다(날인).

④ **측정값** : 연료압력 측정값을 기록한다.
   - 측정값 : 320 bar

⑤ **규정(정비한계)값** : 스캐너 내 기준값을 기록하거나 감독위원이 제시한 규정값을 기록한다.
   - 규정값 : 220~320 bar

⑥ **판정** : 측정값이 규정값 범위 내에 있으므로 ☑ **양호**에 표시한다.

⑦ **정비 및 조치할 사항** : 판정이 양호이므로 **정비 및 조치할 사항 없음**을 기록한다.

⑧ **득점** : 감독위원이 해당 문항을 채점하고 점수를 기록한다.

2 연료압력이 규정값보다 작을 경우

엔진 번호 :			비번호		감독위원 확 인		득점
측정 항목	측정(또는 점검)		판정 및 정비(또는 조치) 사항				
	측정값	규정(정비한계)값	판정(□에 'V'표)		정비 및 조치할 사항		
연료압력	110 bar	220~320 bar	□ 양호 ☑ 불량		저압 펌프 교체 후 재점검		

※ **판정** : 연료압력 측정값이 규정값 범위를 벗어났으므로 ☑ 불량에 표시하고, 저압 펌프 교체 후 재점검한다.

③ 연료압력 규정값(엔진 공회전상태)

차 종	연료압력	차 종	연료압력
아반떼 XD	270 bar	싼타페	220~320 bar
카렌스	220~320 bar	테라칸	220~320 bar

④ 디젤 엔진 연료압력 측정

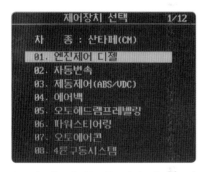

1. 차종을 선택한 후 해당 엔진을 선택한다.

2. 엔진 사양을 선택한다.

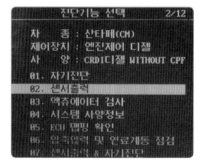

3. 센서 출력을 선택한다.

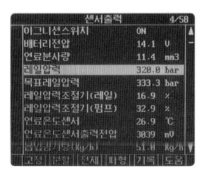

4. 센서 출력에서 레일 압력을 측정한다(320 bar).

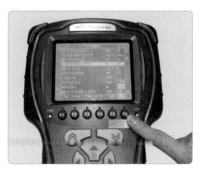

5. 차종에 따른 기준값을 확인한다.

6. 연료압력 측정이 끝나면 엔진 시동을 OFF시킨다.

연료압력 조절 밸브

❶ 레일압력 조절기는 커먼레일 끝단부에 설치되어 고압 펌프에서 송출된 고압 연료의 리턴 양으로 커먼레일 연료압력을 조절한다.

❷ 알맞은 연료압력으로 조절하기 위해 RPS, RPM, APS 정보를 입력받은 ECM을 이용하여 레일압력 조절기의 듀티를 제어한다.

❸ 레일압력 조절기는 100 bar의 스프링 장력에 의해 볼 밸브 시트를 막고 있는 구조로, 듀티 제어를 통해 고압 연료가 연료 리턴 양을 줄이게 되면서 연료압력이 상승한다.

3안   휠 얼라인먼트(캠버, 토) 측정

섀시 2   주어진 자동차에서 휠 얼라인먼트 시험기로 캠버와 토(toe) 값을 측정하여 기록표에 기록하고, 타이로드 엔드를 탈거한 후(감독위원에게 확인), 다시 부착하여 토(toe)가 규정값이 되도록 조정하시오.

1 캠버각이 규정값 범위를 벗어난 경우

측정 항목	① 자동차 번호 :		② 비번호		③ 감독위원 확 인	
	측정(또는 점검)		판정 및 정비(또는 조치) 사항			⑧ 득점
	④ 측정값	⑤ 규정(정비한계)값	⑥ 판정(□에 'V'표)	⑦ 정비 및 조치할 사항		
캠버각	0.44~-1°	0±0.5°	□ 양호 ☑ 불량	캠버각 조정 후 재점검		
토(toe)	0.8 mm	0±2 mm				

① **자동차 번호** : 측정하는 자동차 번호를 기록한다(측정 차량이 1대인 경우 생략할 수 있다).
② **비번호** : 책임관리위원(공단 본부)이 배부한 등번호(비번호)를 기록한다.
③ **감독위원 확인** : 시험 전 또는 시험 후 감독위원이 채점 후 확인한다(날인).
④ **측정값** : 캠버각과 토의 측정값을 기록한다.
       • 캠버각 : 0.44~-1°   • 토(toe) : 0.8 mm
⑤ **규정(정비한계)값** : 감독위원이 제시한 값이나 정비지침서를 보고 규정값을 기록한다.
       • 캠버각 : 0±0.5°   • 토(toe) : 0±2 mm
⑥ **판정** : 캠버각이 규정값 범위를 벗어났으므로 ☑ 불량에 표시한다.
⑦ **정비 및 조치할 사항** : 판정이 불량이므로 **캠버각 조정 후 재점검**을 기록한다.
⑧ **득점** : 감독위원이 해당 문항을 채점하고 점수를 기록한다.

2 캠버각과 토(toe)값이 규정값 범위를 벗어난 경우

측정 항목	자동차 번호 :		비번호		감독위원 확 인	
	측정(또는 점검)		판정 및 정비(또는 조치) 사항			득점
	측정값	규정(정비한계)값	판정(□에 'V'표)	정비 및 조치할 사항		
캠버각	1.5°	0±0.5°	□ 양호 ☑ 불량	캠버각과 토값 조정 후 재점검		
토	6 mm	0±2 mm				

※ 판정 : 캠버각과 토값이 규정값 범위를 벗어났으므로 ☑ 불량에 표시하고, 캠버각과 토값 조정 후 재점검한다.

3 토(toe)값이 규정값 범위를 벗어날 경우

측정 항목	측정(또는 점검)		판정 및 정비(또는 조치) 사항		득점
	측정값	규정(정비한계)값	판정(□에 'V'표)	정비 및 조치할 사항	
캠버각	0.5°	0±0.5°	□ 양호 ☑ 불량	토값 조정 후 재점검	
토	4 mm	0±2 mm			

자동차 번호 : / 비번호 / 감독위원 확 인

4 캠버각 및 토(toe) 규정값

차 종	구 분	캠버(°)	토(mm)	차 종	구 분	캠버(°)	토(mm)
싼타페	전	0±0.5	(−)2±2	아반떼	전	(−)0.25±0.75	0±3
	후	(−)0±0.5	0±2		후	(−)0.83±0.75	5−1, 5+3
NEW 싼타페	전	(−)0.5±0.5	0±2	아반떼 XD	전	0±0.5	0±2
	후	(−)1±0.5	4±2		후	0.92±0.5	1±2
그랜저 XG	전	0±0.5	0±2	에쿠스	전	0±0.5	0±3
	후	(−)0.5±0.5	2±2		후	(−)0.5±0.5	3±2
뉴그랜저	전	0±0.5	0±3	엑센트	전	0±0.5	0±3
	후	0±0.5	0−2, 0+3		후	(−)0.68±0.5	5−1, 5+3
라비타	전	0±0.5	0±2	EF 쏘나타	전	0±0.5	0±2
	후	(−)1±0.5	1±2		후	(−)0.5±0.5	2±2
베르나	전	0.17±0.5	0±3	투스카니	전	0.22±0.5	0±2
	후	(−)0.68±0.5	3±2		후	(−)1.18±0.5	1±2

※ 스캐너에 규정값(기준값)이 제시되지 않을 경우 감독위원이 제시한 값을 적용한다.

5 캠버각 및 토(toe) 측정

휠 얼라인먼트 측정(F1 선택)

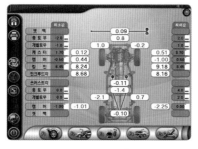

캠버각, 토값 측정

캠버 : 0.44~−1°, 토 : 0.8 mm

제동력 측정

3항의 작업 자동차에서 감독위원 지시에 따라 전(앞) 또는 후(뒤) 제동력을 측정하여 기록표에 기록하시오.

1 제동력 편차와 합이 기준값 범위 내에 있을 경우 (앞바퀴)

① 자동차 번호 :				② 비번호		③ 감독위원 확 인		
측정(또는 점검)				산출 근거 및 판정				⑨ 득점
④ 항목	구분	⑤ 측정값 (kgf)	⑥ 기준값 (□에 'ν'표)	⑦ 산출 근거		⑧ 판정 (□에 'ν'표)		
제동력 위치 (□에 'ν'표) ☑ 앞 □ 뒤	좌	240 kgf	☑ 앞 축중의 □ 뒤	편차	$\frac{260-240}{630} \times 100 = 3.17$	☑ 양호 □ 불량		
			편차 8.0% 이하					
	우	260 kgf	합 50% 이상	합	$\frac{260+240}{630} \times 100 = 79.36$			

① **자동차 번호** : 측정하는 자동차 번호를 기록한다(측정 차량이 1대인 경우 생략할 수 있다).

② **비번호** : 책임관리위원(공단 본부)이 배부한 등번호(비번호)를 기록한다.

③ **감독위원 확인** : 시험 전 또는 시험 후 감독위원이 채점 후 확인한다(날인).

④ **항목** : 감독위원이 지정하는 축에 ☑ 표시를 한다.   • 위치 : ☑ 앞

⑤ **측정값** : 제동력을 측정한 값을 기록한다.   • 좌 : 240 kgf   • 우 : 260 kgf

⑥ **기준값** : 검사 기준에 따라 제동력 편차와 합의 기준값을 기록한다.

　　　　• 편차 : 앞 축중의 **8.0% 이하**　　　• 합 : 앞 축중의 **50% 이상**

⑦ **산출 근거** : 공식에 대입하여 산출한 계산식을 기록한다.

　　　• 편차 : $\frac{260-240}{630} \times 100 = 3.17$　　• 합 : $\frac{260+240}{630} \times 100 = 79.36$

⑧ **판정** : 앞바퀴 제동력의 편차와 합이 기준값 범위 내에 있으므로 ☑ **양호**에 표시한다.

⑨ **득점** : 감독위원이 해당 문항을 채점하고 점수를 기록한다.

※ 측정 차량은 크루즈 1.5DOHC A/T의 공차 중량(1130 kgf)의 앞(전) 축중(630 kgf)으로 산출하였다.

■ **제동력 계산**

• 앞바퀴 제동력의 편차 $= \dfrac{\text{큰 쪽 제동력} - \text{작은 쪽 제동력}}{\text{해당 축중}} \times 100$ ➡ 앞 축중의 8.0% 이하이면 양호

• 앞바퀴 제동력의 총합 $= \dfrac{\text{좌우 제동력의 합}}{\text{해당 축중}} \times 100$ ➡ 앞 축중의 50% 이상이면 양호

※ 측정 위치는 감독위원이 지정하는 위치의 □에 'ν' 표시한다.　　※ 자동차 검사 기준 및 방법에 의하여 기록 · 판정한다.

※ 측정값의 단위는 시험 장비 기준으로 기록한다.　　　　　　※ 산출 근거에는 단위를 기록하지 않아도 된다.

2 제동력 편차가 기준값보다 클 경우(앞바퀴)

자동차 번호 :					비번호			감독위원 확 인	
측정(또는 점검)					산출 근거 및 판정				득점
항목	구분	측정값 (kgf)	기준값 (□에 'ᐯ'표)		산출 근거			판정 (□에 'ᐯ'표)	
제동력 위치 (□에 'ᐯ'표) ☑ 앞 □ 뒤	좌	280 kgf	☑ 앞 □ 뒤 축중의		편차	$\dfrac{280-180}{630}\times100=15.87$		□ 양호 ☑ 불량	
	우	180 kgf	편차	8.0% 이하	합	$\dfrac{280+180}{630}\times100=73.01$			
			합	50% 이상					

■ 제동력 계산

- 앞바퀴 제동력의 편차 $= \dfrac{280-180}{630} \times 100 = 15.87\% > 8.0\%$ ➡ 불량

- 앞바퀴 제동력의 총합 $= \dfrac{280+180}{630} \times 100 = 73.01\% \geq 50\%$ ➡ 양호

3 제동력 측정

제동력 측정

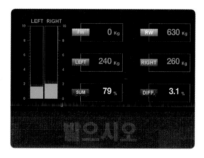

측정값(좌 : 240 kgf, 우 : 260 kgf)

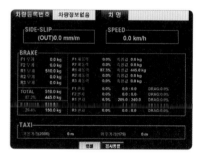

결과 출력

제동력 측정 시 유의사항

❶ 시험장 여건에 따라 감독위원이 임의 측정값을 제시한 후 제동력 편차와 합을 계산하기도 한다.

❷ 제동력 측정 시 브레이크 페달을 최대 압력으로 유지한 상태에서 측정값을 확인한다.

❸ 앞 축중 또는 뒤 축중 측정 시 측정 상태를 정확하게 확인한 후 제동력 시험기의 모니터 출력값을 확인한다.

❹ 측정이 끝나면 편차와 합을 계산하고 기록표를 작성한 후 감독위원에게 제출한다.

3안 자동변속기 자기진단

섀시 5 주어진 자동차의 자동변속기에서 자기진단기(스캐너)를 이용하여 각종 센서 및 시스템의 작동상태를 점검하고 기록표에 기록하시오.

1 브레이크 스위치, 인히비터 스위치 커넥터가 탈거된 경우

① 자동차 번호 :			② 비번호		③ 감독위원 확 인	
측정 항목	측정(또는 점검)		⑥ 정비 및 조치할 사항			⑦ 득점
	④ 고장 부분	⑤ 내용 및 상태				
자기진단	브레이크 스위치	커넥터 탈거	브레이크 및 인히비터 스위치 커넥터 체결, ECU 과거 기억 소거 후 재점검			
	인히비터 스위치	커넥터 탈거				

① **자동차 번호** : 측정하는 자동차 번호를 기록한다(측정 차량이 1대인 경우 생략할 수 있다).
② **비번호** : 책임관리위원이 시험 당일에 배부한 번호표(비번호)를 기록한다.
③ **감독위원 확인** : 시험 전 또는 시험 후 감독위원이 채점 후 확인한다(날인).
④ **고장 부분** : 스캐너 자기진단으로 확인된 고장 부분을 기록한다.
  • 고장 부분 : 브레이크 스위치, 인히비터 스위치
⑤ **내용 및 상태** : 고장 부분으로 확인된 내용 및 상태로 커넥터 탈거를 기록한다.
⑥ **정비 및 조치할 사항** : 브레이크 스위치와 인히비터 스위치 커넥터가 탈거되었으므로 브레이크 및 인히비터 스위치 커넥터 체결, ECU 과거 기억 소거 후 재점검을 기록한다.
⑦ **득점** : 감독위원이 해당 문항을 채점하고 점수를 기록한다.

2 A/T 릴레이 내부 코일 단선, TC 솔레노이드 커넥터가 탈거된 경우

자동차 번호 :			비번호		감독위원 확 인	
측정 항목	측정(또는 점검)		정비 및 조치할 사항			득점
	고장 부분	내용 및 상태				
자기진단	A/T 릴레이	내부 코일 단선	A/T 릴레이 교체(체결), TC 솔레노이드 커넥터 체결, ECU 과거 기억 소거 후 재점검			
	TC 솔레노이드	커넥터 탈거				

※ **판정** : A/T 릴레이 내부 코일이 단선되고 TC 솔레노이드 커넥터가 탈거되었으므로 A/T 릴레이 교체(체결), TC 솔레노이드 체결, ECU 과거 기억 소거 후 재점검한다.

3안 시동모터 점검

전기 1 주어진 자동차에서 시동모터를 탈거한 후(감독위원에게 확인) 다시 부착하여 작동상태를 확인하고, 크랭킹 시 전류 소모 및 전압 강하 시험을 하여 기록표에 기록하시오.

1 전압 강하 측정값이 규정값보다 작을 경우

① 자동차 번호 :			② 비번호		③ 감독위원 확 인	
측정 항목	측정(또는 점검)		판정 및 정비(또는 조치) 사항			⑧ 득점
	④ 측정값	⑤ 규정(정비한계)값	⑥ 판정(□에 'ν'표)	⑦ 정비 및 조치할 사항		
전압 강하	8 V	9.6 V 이상	□ 양호 ☑ 불량	축전지 교체 후 재점검		
전류 소모	108 A	180 A 이하 (규정값 제시)				

① **자동차 번호** : 측정하는 자동차 번호를 기록한다(측정 차량이 1대인 경우 생략할 수 있다).
② **비번호** : 책임관리위원(공단 본부)이 배부한 등번호(비번호)를 기록한다.
③ **감독위원 확인** : 시험 전 또는 시험 후 감독위원이 채점 후 확인한다(날인).
④ **측정값** : • 전압 강하 : 8 V   • 전류 소모 : 108 A
⑤ **규정(정비한계)값** : 감독위원이 제시한 값이나 정비지침서를 보고 규정값을 기록한다.
  • 전압 강하 : 9.6 V 이상(축전지 전압 12 V의 80%(12 V × 0.8 = 9.6 V) 이상)
  • 전류 소모 : 180 A 이하(규정값 제시)
⑥ **판정** : 전압 강하 측정값이 규정값 범위를 벗어났으므로 ☑ **불량**에 표시한다.
⑦ **정비 및 조치할 사항** : 판정이 불량이므로 **축전지 교체 후 재점검**을 기록한다.
⑧ **득점** : 감독위원이 해당 문항을 채점하고 점수를 기록한다.

※ 규정값은 감독위원이 제시한 값으로 작성하고 측정 · 판정한다.

2 전압 강하 측정값이 규정값보다 작을 경우

자동차 번호 :			비번호		감독위원 확 인	
측정 항목	측정(또는 점검)		판정 및 정비(또는 조치) 사항			득점
	측정값	규정(정비한계)값	판정(□에 'ν'표)	정비 및 조치할 사항		
전압 강하	9 V	9.6 V 이상	□ 양호 ☑ 불량	기동전동기 교체 후 재점검		
전류 소모	120 A	180 A 이하				

※ 규정값은 감독위원이 제시한 값으로 작성하고 측정 · 판정한다.

3 크랭킹 전압 강하, 전류 소모 규정값

항 목	전압 강하(V)	전류 소모(A)
일반적인 규정값	축전지 전압의 80% 이상	축전지 용량의 3배 이하
예 (12 V, 60 AH) (측정 축전지 참고)	9.6 V 이상	180 A 이하 (감독위원이 제시할 수 있다.)

4 크랭킹 전압 강하, 전류 소모 측정

1. 축전지 전압과 용량(12 V, 60 AH)을 확인한 후 축전지 전압을 측정한다.

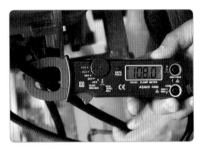

2. 점화스위치를 ST로 작동하여 크랭킹시키는데 4~6회 작동 시 측정값으로 홀드시킨 후 측정한다. (108 A)

3. 엔진을 크랭킹시키며 축전지 전압을 측정한다(8 V).

전압 강하, 전류 소모 측정값이 규정값 범위를 벗어난 경우 정비 및 조치할 사항

❶ 축전지 불량 → 축전지 교체
❷ 기동전동기 불량 → 기동전동기 교체
❸ 전기자 축 휨 → 전기자 코일 교체
❹ 전기자 코일 단락 → 전기자 코일 교체
❺ 계자 코일 단락 → 계자 코일 교체
❻ 전기자 축 베어링 파손 → 베어링 교체

크랭킹 전류 소모 점검 시 유의사항

❶ 전류 소모 측정 시 기동전동기와 축전지 (+), (−)의 접촉 저항이 발생하지 않도록 체결상태를 확인한다.
❷ 전류계 후크 타입으로 측정할 때 기동전동기로 입력되는 축전지 선 또는 축전지 접지선에 후크를 걸고, 엔진 시동이 걸리지 않는 상태에서 크랭킹시킨다.
❸ 엔진을 크랭킹시키고 측정값을 확인하므로 보조위원의 도움을 받아 측정한다.
❹ 측정이 끝나면 전류계를 정위치에 놓고 기록표에 측정값을 기록한다.

3안 전조등 점검

전기 2 주어진 자동차에서 전조등 시험기로 전조등을 점검하여 기록표에 기록하시오.

1 광축이 기준값 범위를 벗어난 경우(우측 전조등, 4등식)

① 자동차 번호 :				② 비번호		③ 감독위원 확 인	
측정(또는 점검)						⑦ 판정 (□에 'V'표)	⑧ 득점
④ 구분	항목	⑤ 측정값		⑥ 기준값			
(□에 'V'표) 위치 : □ 좌 ☑ 우 등식 : □ 2등식 ☑ 4등식	광도	14000 cd		<u>12000 cd 이상</u>		☑ 양호 □ 불량	
	광축	☑ 상 □ 하 (□에 'V'표)	15 cm	10 cm 이하		□ 양호 ☑ 불량	
		☑ 좌 □ 우 (□에 'V'표)	25 cm	30 cm 이하		☑ 양호 □ 불량	

① **자동차 번호** : 측정하는 자동차 번호를 기록한다(측정 차량이 1대인 경우 생략할 수 있다).

② **비번호** : 책임관리위원(공단 본부)이 배부한 등번호(비번호)를 기록한다.

③ **감독위원 확인** : 시험 전 또는 시험 후 감독위원이 채점 후 확인한다(날인).

④ **구분** : 감독위원이 지정한 위치와 등식에 ☑ 표시를 한다(운전석 착석 시 좌우 기준).
   • 위치 · ☑ 우   • 등식 ; ☑ 4등식

⑤ **측정값** : 광도와 광축을 측정한 값을 기록한다.
   • 광도 : 14000 cd   • 광축 : 상 – 15 cm, 좌 – 25 cm

⑥ **기준값** : 검사 기준값을 수험자가 암기하여 기록한다.
   • 광도 : 12000 cd 이상   • 광축 : 상 – 10 cm 이하, 좌 – 30 cm 이하

⑦ **판정** : 광도는 ☑ **양호**, 광축에서 상, 하는 ☑ **불량**, 좌, 우는 ☑ **양호**에 표시한다.

⑧ **득점** : 감독위원이 해당 문항을 채점하고 점수를 기록한다.

※ 측정 위치는 감독위원이 지정하는 위치의 □에 'V' 표시한다.   ※ 자동차 검사기준 및 방법에 의하여 기록 · 판정한다.

전조등에서 좌 · 우측등이 상향과 하향으로 분리되어 작동되는 것은 4등식이며, 상향과 하향이 하나의 등에서 회로 구성이
되어 작동되는 것은 2등식이다(차종별 정비지침서, 전기 회로도 참고).

2 광도와 광축이 기준값 범위 내에 있을 경우(우측 전조등, 4등식)

자동차 번호 :			비번호		감독위원 확 인	
측정(또는 점검)					판정 (□에 'V'표)	득점
구분	항목	측정값		기준값		
(□에 'V'표) 위치 : □ 좌 ☑ 우 등식 : □ 2등식 ☑ 4등식	광도	35000 cd		12000 cd 이상	☑ 양호 □ 불량	
	광축	☑ 상 □ 하 (□에 'V'표)	5 cm	10 cm 이하	☑ 양호 □ 불량	
		☑ 좌 □ 우 (□에 'V'표)	25 cm	30 cm 이하	☑ 양호 □ 불량	

3 전조등 광도, 광축 기준값

[자동차관리법 시행규칙 별표 15 적용]

구 분			기준값
광도	2등식		15000 cd 이상
	4등식		12000 cd 이상
광축	좌·우측등	상향 진폭	10 cm 이하
	좌·우측등	하향 진폭	30 cm 이하
	좌측등	좌진폭	15 cm 이하
		우진폭	30 cm 이하
	우측등	좌진폭	30 cm 이하
		우진폭	30 cm 이하

전조등 시험기 준비사항

❶ 측정 차량의 타이어 공기압, 축전지 충전상태, 헤드램프 고정상태 등이 유지되었는지 확인한다.

❷ 수준기를 보고 전조등 시험기가 수평으로 있는지 확인한다.

❸ 전조등이 시험기 렌즈면에 집중되는 위치까지 이동시키고, 측정하지 않는 램프는 빛 가리개로 가린다.

❹ 차량은 시험기와 3 m 거리를 유지하며 레일에 대하여 직각으로 진입한 후 정지한다.

❺ 시험기의 상하 높이는 조정핸들, 좌우 축선이 전조등의 중앙에 오도록 조정한 후 광도를 측정한다.

3안 외기온도 입력 신호값 점검

전기 3   주어진 자동차의 에어컨 회로에서 외기온도 입력 신호값을 점검하여 이상 여부를 확인하고 기록표에 기록하시오.

1 외기온도 센서 전압이 규정값보다 클 경우

측정 항목	① 자동차 번호 :		② 비번호		③ 감독위원 확 인	
	측정(또는 점검)		판정 및 정비(또는 조치) 사항			⑧ 득점
	④ 측정값	⑤ 규정(정비한계)값	⑥ 판정(□에 'ㄴ'표)	⑦ 정비 및 조치할 사항		
외기온도 입력 신호값	5 V (10℃)	4.0~4.4 V (10℃)	□ 양호 ☑ 불량	외기온도 센서 교체 후 재점검		

① **자동차 번호** : 측정하는 자동차 번호를 기록한다(측정 차량이 1대인 경우 생략할 수 있다).

② **비번호** : 책임관리위원(공단 본부)이 배부한 등번호(비번호)를 기록한다.

③ **감독위원 확인** : 시험 전 또는 시험 후 감독위원이 채점 후 확인한다(날인).

④ **측정값** : 외기온도 센서를 측정한 값을 기록한다.

       • 측정값 : 5 V(10℃)

⑤ **규정(정비한계)값** : 감독위원이 제시한 값이나 정비지침서를 보고 규정값을 기록한다.

       • 규정값 : 4.0~4.4 V(10℃)

⑥ **판정** : 측정값이 규정값 범위를 벗어났으므로 ☑ 불량에 표시한다.

⑦ **정비 및 조치할 사항** : 판정이 불량이므로 외기온도 센서 교체 후 재점검을 기록한다.

⑧ **득점** : 감독위원이 해당 문항을 채점하고 점수를 기록한다.

2 외기온도 센서 전압이 규정값 범위 내에 있을 경우

측정 항목	자동차 번호 :		비번호		감독위원 확 인	
	측정(또는 점검)		판정 및 정비(또는 조치) 사항			득점
	측정값	규정(정비한계)값	판정(□에 'ㄴ'표)	정비 및 조치할 사항		
외기온도 입력 신호값	4.2 V (10℃)	4.0~4.4 V (10℃)	☑ 양호 □ 불량	정비 및 조치할 사항 없음		

※ 판정 : 외기온도 센서 전압이 규정값 범위 내에 있으므로 ☑ 양호에 표시하고, 정비 및 조치할 사항 없음을 기록한다.

3 외기온도 센서 저항이 규정값보다 작을 경우

자동차 번호 :			비번호		감독위원 확 인	
측정 항목	측정(또는 점검)		판정 및 정비(또는 조치) 사항			득점
	측정값	규정(정비한계)값	판정(□에 'ㅇ'표)	정비 및 조치할 사항		
외기온도 입력 신호값	72 Ω (5℃)	74~76 Ω (5℃)	□ 양호 ☑ 불량	외기온도 센서 교체 후 재점검		

4 외기온도 센서 저항과 출력 전압의 규정값

온 도	저항	출력 전압	온 도	저항	출력 전압
−10℃	157.8 kΩ	4.20 V	10℃	58.8 kΩ	4.20 V
−5℃	122.0 kΩ	4.01 V	20℃	37.3 kΩ	4.01 V
0℃	95.0 kΩ	3.80 V	30℃	24.3 kΩ	3.80 V
5℃	74.5 kΩ	3.56 V	40℃	16.1 kΩ	3.56 V

※ 규정값은 감독위원이 제시하는 일반적인 규정값을 적용한다.

5 에어컨 외기온도 센서 전압 측정

1. 에어컨 시스템의 외기온도 센서 위치를 확인한 후, 엔진을 시동(공회전상태)한다.

2. 에어컨 컨트롤 유닛 6번 단자, 외기온도 센서 1번 단자에 멀티테스터 (+) 프로브를, (−) 프로브는 차체에 접지시킨다.

3. 멀티테스터 출력 전압을 확인한다. (4.2 V)

> **외기온도 입력 신호값 측정 시 유의사항**
> ❶ 외기온도 센서는 콘덴서의 전방부에 설치되어 있다.
> ❷ 측정 차량이 노후되었거나 가스가 없을 때는 외기온도 센서 전압을 측정하지 않고 저항을 측정하기도 한다.

4안

답안지 작성법

파트별		안별 문제	4안
엔진	1	엔진 분해 조립/측정	엔진 분해 조립/ 피스톤 링 이음 간극 측정
	2	엔진 시동/작업	1가지 부품 탈 · 부착/ 엔진 시동(시동, 점화, 연료)
	3	엔진 작동상태/측정	공회전 속도 점검/ 인젝터 파형 분석
	4	파형 점검	스텝 모터 파형 분석(공회전상태)
	5	부품 교환/측정	CRDI 연료압력 센서 탈 · 부착 시동/매연 측정
섀시	1	부품 탈 · 부착 작업	드라이브 액슬축 탈거/ 부트 탈 · 부착
	2	장치별 측정/부품 교환 조정	타이로드 엔드 탈 · 부착/ 휠 얼라인먼트 시험기 셋백, 토(toe)값 점검
	3	브레이크 부품 교환/ 작동상태 점검	브레이크 라이닝 슈(패드) 교환/ 브레이크 작동상태 확인
	4	제동력 측정	전륜 또는 후륜 제동력 측정
	5	부품 탈 · 부착/ 이상 부위 측정	ABS 자기진단
전기	1	부품 탈 · 부착 작업/측정	발전기 분해 조립/ 다이오드, 로터 코일 점검
	2	전조등 점검	전조등 시험기 점검/광도, 광축
	3	편의 안전장치 점검	열선 스위치 입력 신호 점검
	4	전기 회로 점검	파워윈도 회로 점검

엔진 1 주어진 엔진을 기록표의 측정 항목까지 분해하여 기록표의 요구사항을 측정 및 점검하고 본래 상태로 조립하시오.

1 피스톤 링 이음 간극이 규정값 범위 내에 있을 경우

항목	① 엔진 번호 :		② 비번호		③ 감독위원 확 인	
	측정(또는 점검)		판정 및 정비(또는 조치) 사항			⑧ 득점
	④ 측정값	⑤ 규정(정비한계)값	⑥ 판정(□에 'ㅇ'표)	⑦ 정비 및 조치할 사항		
피스톤 링 이음 간극	0.25 mm (1번 압축 링)	0.25~0.40 mm (한계값 0.80 mm)	☑ 양호 □ 불량	정비 및 조치할 사항 없음		

① **엔진 번호** : 측정하는 엔진 번호를 기록한다(측정 엔진이 1대인 경우 생략할 수 있다).
② **비번호** : 책임관리위원(공단 본부)이 배부한 등번호(비번호)를 기록한다.
③ **감독위원 확인** : 시험 전 또는 시험 후 감독위원이 채점 후 확인한다(날인).
④ **측정값** : 피스톤 링 이음 간극을 측정한 값을 기록한다.
  • 측정값 : 1번 압축 링 – 0.25 mm
⑤ **규정(정비한계)값** : 감독위원이 제시하거나 정비지침서를 보고 규정값을 기록한다.
    • 규정값 : 0.25~0.40 mm (한계값 0.80 mm)
⑥ **판정** : 측정값이 규정값 범위 내에 있으므로 ☑ 양호에 표시한다.
⑦ **정비 및 조치할 사항** : 판정이 양호이므로 **정비 및 조치할 사항 없음**을 기록한다.
⑧ **득점** : 감독위원이 해당 문항을 채점하고 점수를 기록한다.

※ 감독위원이 지정하는 실린더와 피스톤 링을 측정한다.

2 피스톤 링 이음 간극이 규정값보다 클 경우

항목	엔진 번호 :		비번호		감독위원 확 인	
	측정(또는 점검)		판정 및 정비(또는 조치) 사항			득점
	측정값	규정(정비한계)값	판정(□에 'ㅇ'표)	정비 및 조치할 사항		
피스톤 링 이음 간극	0.9 mm (1번 압축 링)	0.25~0.40 mm (한계값 0.80 mm)	□ 양호 ☑ 불량	피스톤 링 교체 후 재점검		

※ **판정** : 피스톤 링 이음 간극이 규정값 범위를 벗어났으므로 ☑ 불량에 표시하고, 피스톤 링 교체 후 재점검한다.

③ 피스톤 링 이음 간극 규정값

차 종	규정값	한계값	비 고

EF 쏘나타(1.8, 2.0)	1번 : 0.20~0.35 mm
	2번 : 0.40~0.55 mm
	오일 링 : 0.2~0.7 mm
		1.00 mm	• 1, 2번 링 : 압축 링
			• 피스톤 간극 측정 공구 :
			  텔레스코핑 게이지,
			  마이크로미터,
			  실린더 보어 게이지

쏘나타 Ⅰ, Ⅱ, Ⅲ	1번 : 0.25~0.40 mm 2번 : 0.35~0.5 mm 오일 링 : 0.2~0.7 mm	0.80 mm	
아반떼(1.5D)	1번 : 0.20~0.35 mm 2번 : 0.37~0.52 mm 오일 링 : 0.2~0.7 mm	1.00 mm	

※ 감독위원이 규정값을 제시한 경우 감독위원이 제시한 규정값으로 판정한다.

④ 피스톤 링 이음 간극 측정

1. 피스톤 링 이음 간극을 측정할 실린더를 확인하고 깨끗이 닦는다.

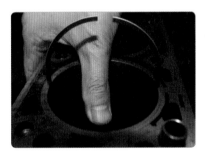

2. 측정할 피스톤 링을 세워 실린더에 삽입한다.

3. 실린더에 피스톤을 거꾸로 끼워 피스톤 링을 삽입한다.

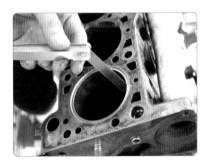

4. 실린더 최상단에서 디그니스 게이지로 피스톤 링 엔드 갭을 측정한다.

5. 측정이 끝나면 피스톤, 피스톤 링, 디그니스 게이지를 정리한다.

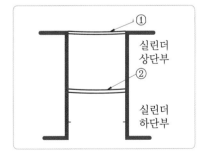

피스톤 링 엔드 갭 측정 부위

피스톤 링 이음 간극이 규정값 범위를 벗어난 경우 정비 및 조치할 사항

❶ 피스톤 링 이음 간극이 규정값보다 클 경우 → 피스톤 링 교체
❷ 피스톤 링 이음 간극이 규정값보다 작을 경우 → 피스톤 링 엔드 갭을 연마하여 조정

4안 인젝터 파형 점검

엔진 3 2항의 시동된 엔진에서 공회전상태를 확인하고 감독위원의 지시에 따라 인젝터 파형을 분석하여 기록표에 기록하시오(단, 시동이 정상적으로 되지 않은 경우 본 항의 작업은 할 수 없다).

1 분사 시간과 서지 전압이 규정값 범위 내에 있을 경우

측정 항목	① 엔진 번호 :		② 비번호		③ 감독위원 확 인		⑧ 득점
	측정(또는 점검)		판정 및 정비(또는 조치) 사항				
측정 항목	④ 측정값	⑤ 규정(정비한계)값	⑥ 판정(□에 'ᐯ'표)		⑦ 정비 및 조치할 사항		⑧ 득점
분사 시간	2.9 ms	2.2~2.9 ms	☑ 양호		정비 및 조치할 사항		
서지 전압	69.09 V	60~80 V	□ 불량		없음		

① **엔진 번호** : 측정하는 엔진 번호를 기록한다(측정 엔진이 1대인 경우 생략할 수 있다).
② **비번호** : 책임관리위원(공단 본부)이 배부한 등번호(비번호)를 기록한다.
③ **감독위원 확인** : 시험 전 또는 시험 후 감독위원이 채점 후 확인한다(날인).
④ **측정값** : 인젝터 분사 시간과 서지 전압을 측정한 값을 기록한다.
       • 분사 시간 : 2.9 ms   • 서지 전압 : 69.09 V
⑤ **규정(정비한계)값** : 감독위원이 제시한 값이나 정비지침서를 보고 규정값을 기록한다.
       • 분사 시간 : 2.2~2.9 ms   • 서지 전압 : 60~80 V
⑥ **판정** : 측정값이 규정값 범위 내에 있으므로 ☑ **양호**에 표시한다.
⑦ **정비 및 조치할 사항** : 판정이 양호이므로 **정비 및 조치할 사항 없음**을 기록한다.
⑧ **득점** : 감독위원이 해당 문항을 채점하고 점수를 기록한다.

※ 공회전상태에서 측정하고 기준값은 정비지침서를 찾아 판정한다.

2 서지 전압이 규정값보다 작을 경우

측정 항목	엔진 번호 :		비번호		감독위원 확 인		득점
	측정(또는 점검)		판정 및 정비(또는 조치) 사항				
측정 항목	측정값	규정(정비한계)값	판정(□에 'ᐯ'표)		정비 및 조치할 사항		득점
분사 시간	2.8 ms	2.2~2.9 ms	□ 양호		인젝터 배선 및 ECU 배선		
서지 전압	48 V	60~80 V	☑ 불량		접지상태 재점검		

※ **판정** : 서지 전압이 규정값 범위를 벗어났으므로 ☑ **불량**에 표시하고, 인젝터 배선 및 ECU 배선 접지상태를 재점검한다.

3 분사 시간이 규정값보다 클 경우

측정 항목	엔진 번호 :		비번호		감독위원 확　인	
	측정(또는 점검)		판정 및 정비(또는 조치) 사항			득점
	측정값	규정(정비한계)값	판정(□에 '∨'표)	정비 및 조치할 사항		
분사 시간	3.5 ms	2.2~2.9 ms	□ 양호 ☑ 불량	전제제어 입력 센서 및 회로 재점검		
서지 전압	65 V	60~80 V				

4 분사 시간 및 서지 전압 규정값

차 종	분사 시간	서지 전압
쏘나타	2.5~4 ms (700±100 rpm)	60~80 V (일반적인 규정값)
EF 쏘나타	3~5 ms (700±100 rpm)	
아반떼 XD	3~5 ms (700±100 rpm)	

※ 규정값은 일반적으로 분사 시간 2.2~2.9 ms, 서지 전압 60~80 V를 적용하거나 감독위원이 제시한 규정값을 적용한다.

5 인젝터 파형 측정

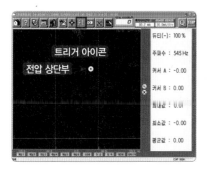
트리거 아이콘, 전압 상단부 선택

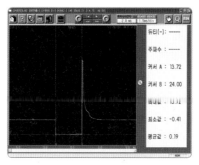
분사 시간 측정(2.9 ms)

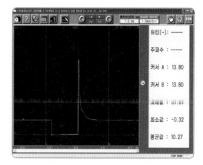
서지 전압 측정(69.09 V)

인젝터 파형 점검 시 유의사항

시험장에서는 인젝터 파형을 출력(모니터)한 후 파형 측정값을 확인하여 분석·판정하는 경우도 있다.

분사 시간과 서지 전압이 규정값 범위를 벗어난 경우 정비 및 조치할 사항

❶ 분사 시간이 규정값을 벗어난 경우 → 전자제어 입력 센서 및 회로 재점검
❷ 서지 전압이 규정값을 벗어난 경우 → 인젝터 배선 및 ECU 배선 접지상태 재점검

엔진 4 주어진 자동차 엔진에서 스텝 모터 파형을 출력·분석하여 결과를 기록표에 기록하시오(조건 : 공회전상태).

● 스텝 모터 파형

자동차 번호 :		비번호		감독위원 확 인	
측정 항목		파형 상태			득점
파형 측정	요구사항 조건에 맞는 파형을 프린트하여 아래 사항을 분석 후 뒷면에 첨부 • 출력된 파형에 불량 요소가 있는 경우에는 반드시 표기 및 설명되어야 함 • 파형의 주요 특징에 대하여 표기 및 설명되어야 함				

1 스텝 모터 정상 파형

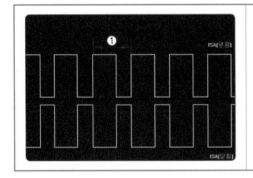

(1) 전원 전압 : 12 V 이상, 접지 전압 : 1 V 이하
(2) 열림 듀티율 : 30~40%, 닫힘 듀티율 : 60~70%
   (공회전 시)
(3) LOW 전압 : 1 V 이하, HIGH 전압 : 축전지 전압

※ 공기 유량을 제어하는 요소는 ① 사이클 안에서 (−) 듀티율이다.

2 스텝 모터 측정 파형 분석

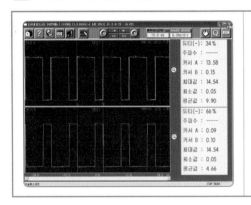

(1) 전원 전압은 **14.54 V**(규정값 : 12 V 이상), 접지 전압은 **0.05 V**
   (규정값 : 1 V 이하)로 출력되었다.
(2) 공회전 시 열림 듀티율이 **34%**(규정값 : 30~40%), 닫힘 듀티
   율이 **66%**(규정값 : 60~70%)로 양호한 값을 나타내고 있으므
   로 엔진 부하상태 및 액추에이터 작동상태는 양호하다.

3 분석 결과 및 판정

전원 전압 상단부는 14.54 V(규정값 : 12 V 이상), 접지 전압 하단부는 0.05 V(규정값 : 1 V 이하), 공회전 시 열림 듀티율은 34%(규정값 : 30~40%), 닫힘 듀티율은 66%(규정값 : 60~70%)이므로 스텝 모터 파형은 **양호**이다.

※ 불량일 경우 스텝 모터 배선회로를 점검하고, 이상이 없으면 스텝 모터 교체 후 재점검한다.

4안 디젤 엔진 매연 측정

엔진 5 주어진 전자제어 디젤 엔진에서 연료압력 센서를 탈거한 후(감독위원에게 확인) 다시 부착하여 시동을 걸고, 매연을 측정하여 기록표에 기록하시오.

1 매연 측정값이 기준값 범위 내에 있을 경우

① 자동차 번호 :			② 비번호		③ 감독위원 확 인	
측정(또는 점검)				산출 근거 및 판정		⑪ 득점
④ 차종	⑤ 연식	⑥ 기준값	⑦ 측정값	⑧ 측정	⑨ 산출 근거(계산) 기록	⑩ 판정 (□에 'V'표)
승용차	2002	45% 이하	23%	1회 : 26% 2회 : 22% 3회 : 23%	$\dfrac{26+22+23}{3}=23.66$	☑ 양호 □ 불량

① **자동차 번호** : 측정하는 자동차 번호를 기록한다(측정 차량이 1대인 경우 생략할 수 있다).

② **비번호** : 책임관리위원(공단 본부)이 배부한 등번호(비번호)를 기록한다.

③ **감독위원 확인** : 시험 전 또는 시험 후 감독위원이 채점 후 확인한다(날인).

④ **차종** : KP**T**LB21D12P145861(차대번호 3번째 자리 : T) ➡ 승용차(승용관람차)

⑤ **연식** : KPTLB21D1**2**P145861(차대번호 10번째 자리 : 2) ➡ 2002

⑥ **기준값** : 자동차등록증 차대번호의 연식을 확인하고 기준값을 기록한다.
   - 기준값 : 45% 이하

⑦ **측정값** : 3회 산출한 값의 평균값을 기록한다(소수점 이하는 버림).
   - 측정값 : 23%

⑧ **측정** : 1회부터 3회까지 측정한 값을 기록한다.
   - 1회 : 26%   • 2회 : 22%   • 3회 : 23%

⑨ **산출 근거(계산) 기록** : $\dfrac{26+22+23}{3}=23.66$

⑩ **판정** : 측정값이 기준값 범위 내에 있으므로 ☑ **양호**에 표시한다.

⑪ **득점** : 감독위원이 해당 문항을 채점하고 점수를 기록한다.

※ 감독위원이 제시한 자동차등록증(또는 차대번호)을 활용하여 차종 및 연식을 적용한다.   ※ 측정 및 판정은 무부하 조건으로 한다.
※ 측정값은 매연 농도를 산술평균하여 소수점 이하는 버린 값으로 기입한다.   ※ 자동차 검사기준 및 방법에 의하여 기록 · 판정한다.

매연 측정 시 유의사항

엔진을 충분히 워밍업시킨 후 매연 측정을 한다(정상온도 70~80℃).

2 매연 기준값(자동차등록증 차대번호 확인)

차종		제작일자		매연
경자동차 및 승용자동차		1995년 12월 31일 이전		60% 이하
		1996년 1월 1일부터 2000년 12월 31일까지		55% 이하
		2001년 1월 1일부터 2003년 12월 31일까지		**45% 이하**
		2004년 1월 1일부터 2007년 12월 31일까지		40% 이하
		2008년 1월 1일 이후		20% 이하
승합 · 화물 · 특수자동차	소형	1995년 12월 31일까지		60% 이하
		1996년 1월 1일부터 2000년 12월 31일까지		55% 이하
		2001년 1월 1일부터 2003년 12월 31일까지		45% 이하
		2004년 1월 1일부터 2007년 12월 31일까지		40% 이하
		2008년 1월 1일 이후		20% 이하
	중형 · 대형	1992년 12월 31일 이전		60% 이하
		1993년 1월 1일부터 1995년 12월 31일까지		55% 이하
		1996년 1월 1일부터 1997년 12월 31일까지		45% 이하
		1998년 1월 1일부터 2000년 12월 31일까지	시내버스	40% 이하
			시내버스 외	45% 이하
		2001년 1월 1일부터 2004년 9월 30일까지		45% 이하
		2004년 10월 1일부터 2007년 12월 31일까지		40% 이하
		2008년 1월 1일 이후		20% 이하

3 매연 측정

1회 측정값(26%)

2회 측정값(22%)

3회 측정값(23%)

자 동 차 등 록 증

제2002 - 03260호 　　　　　　　　　　최초등록일 : 2002년 5월 05일

① 자동차 등록번호	08다 1402	② 차종		승용(중형)	③ 용도	자가용
④ 차명	뉴코란도	⑤ 형식 및 연식		2002		
⑥ 차대번호	KPTLB21D12P145861			⑦ 원동기형식		
⑧ 사용자 본거지	서울특별시 금천구 생산로					

소유자	⑨ 성명(상호)	기동찬	⑩ 주민(사업자)등록번호	******-******
	⑪ 주소	서울특별시 금천구 생산로		

자동차관리법 제8조 규정에 의하여 위와 같이 등록하였음을 증명합니다.

2002년　05월　05일

서울특별시장

● **차대번호 식별방법**

차대번호는 총 17자리로 구성되어 있다.

KPTLB21D12P145861

① 첫 번째 자리는 제작국가(K＝대한민국)
② 두 번째 자리는 제작회사(M＝현대 , N＝기아, P＝쌍용, L＝GM 대우)
③ 세 번째 자리는 자동차 종별(H＝승용차, J＝승합차, F＝화물차, T＝**승용관람차**)
④ 네 번째 자리는 차종 구분(K＝무쏘, L＝뉴코란도)
⑤ 다섯 번째 자리는 차체 형상(B＝본닛, C＝캡 오버)
⑥ 여섯 번째 자리는 트림 구분(1＝표준, 기본차, 2＝고급사양)
⑦ 일곱 번째 자리는 앞좌석 안전벨트 구분(1＝엑티브 벨트, 2＝피시브 벨트)
⑧ 여덟 번째 자리는 엔진 형식(D＝1769 cc)
⑨ 아홉 번째 자리는 대조번호(I＝미정정)
⑩ 열 번째 자리는 제작연도(영문 I, O, Q, U, Z 제외)～2(2002)～9(2009), A(2010)～L(2020)～
⑪ 열한 번째 자리는 제작공장(P＝평택, U＝울산)
⑫ 열두 번째～열일곱 번째 자리는 차량생산 일련번호

섀시 2 주어진 자동차에서 휠 얼라인먼트 시험기로 셋백(setback)과 토(toe) 값을 측정하여 기록표에 기록하고, 타이로드 엔드를 탈거한 후(감독위원에게 확인), 다시 부착하여 토(toe)가 규정값이 되도록 조정하시오.

1 셋백과 토 측정값이 규정값 범위 내에 있을 경우

측정 항목	① 자동차 번호 :		② 비번호		③ 감독위원 확 인	
	측정(또는 점검)		판정 및 정비(또는 조치) 사항			⑧ 득점
	④ 측정값	⑤ 규정(정비한계)값	⑥ 판정(□에 'ㅤ∨'표)	⑦ 정비 및 조치할 사항		
셋백	0.09 mm	18 mm 이하	☑ 양호 □ 불량	정비 및 조치할 사항 없음		
토(toe)	0.8 mm	0±2 mm				

① **자동차 번호** : 측정하는 자동차 번호를 기록한다(측정 차량이 1대인 경우 생략할 수 있다).

② **비번호** : 책임관리위원(공단 본부)이 배부한 등번호(비번호)를 기록한다.

③ **감독위원 확인** : 시험 전 또는 시험 후 감독위원이 채점 후 확인한다(날인).

④ **측정값** : 셋백과 토를 측정한 값을 기록한다.

        • 셋백 : 0.09 mm   • 토 : 0.8 mm

⑤ **규정(정비한계)값** : 감독위원이 제시한 값이나 정비지침서를 보고 규정값을 기록한다.

        • 셋백 : 18 mm 이하   • 토 : 0±2 mm

⑥ **판정** : 측정값이 규정값 범위 내에 있으므로 ☑ 양호에 표시한다.

⑦ **정비 및 조치할 사항** : 판정이 양호이므로 **정비 및 조치할 사항 없음**을 기록한다.

⑧ **득점** : 감독위원이 해당 문항을 채점하고 점수를 기록한다.

2 셋백 측정값이 규정값보다 클 경우

측정 항목	자동차 번호 :		비번호		감독위원 확 인	
	측정(또는 점검)		판정 및 정비(또는 조치) 사항			득점
	측정값	규정(정비한계)값	판정(□에 'ㅤ∨'표)	정비 및 조치할 사항		
셋백	20 mm	18 mm 이하	□ 양호 ☑ 불량	셋백값 조정 후 재점검		
토(toe)	1.5 mm	0±2 mm				

※ 판정 : 셋백 측정값이 규정값 범위를 벗어났으므로 ☑ 불량에 표시하고, 셋백값 조정 후 재점검한다.

3 셋백과 토 측정값이 규정값보다 클 경우

측정 항목	측정(또는 점검)		판정 및 정비(또는 조치) 사항		득점
	측정값	규정(정비한계)값	판정(□에 '∨'표)	정비 및 조치할 사항	
셋백	25 mm	18 mm 이하	□ 양호	셋백과 토값 조정 후	
토(toe)	3 mm	0±2 mm	☑ 불량	재점검	

자동차 번호 : / 비번호 / 감독위원 확인

4 셋백, 토(toe) 규정값

차 종	구 분	토(mm)	차 종	구 분	토(mm)
싼타페	전	(−)2±2	아반떼	전	0±3
	후	0±2		후	5−1, 5+3
NEW 싼타페	전	0±2	아반떼 XD	전	0±2
	후	4±2		후	1±2
그랜저 XG	전	0±2	에쿠스	전	0±3
	후	2±2		후	3±2
뉴그랜저	전	0±3	엑센트	전	0±3
	후	0−2, 0+3		후	5−1, 5+3
라비타	전	0±2	EF 쏘나타	전	0±2
	후	1±2		후	2±2
베르나	전	0±3	누스카니	전	0±2
	후	3±2		후	1±2

※ 셋백은 0이 되어야 한다. 허용 기준은 6mm 이내이며, 셋백의 정비 기준 규정(정비한계)값은 18 mm 이하이다.

5 셋백, 토(toe) 측정

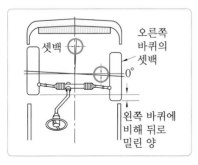
셋백

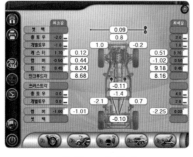
셋백, 토값 측정

셋백 : 0.09 mm, 토 : 0.8 mm

제동력 측정

3항의 작업 자동차에서 감독위원 지시에 따라 전(앞) 또는 후(뒤)제동력을 측정하여 기록표에 기록하시오.

1 제동력 편차와 합이 기준값 범위 내에 있을 경우(뒷바퀴)

① 자동차 번호 :					② 비번호		③ 감독위원 확 인		
측정(또는 점검)					산출 근거 및 판정				⑨ 득점
④ 항목	구분	⑤ 측정값 (kgf)	⑥ 기준값 (□에 'ν'표)		⑦ 산출 근거		⑧ 판정 (□에 'ν'표)		
제동력 위치 (□에 'ν'표) □ 앞 ☑ 뒤	좌	220 kgf	□ 앞 ☑ 뒤 축중의		편차	$\dfrac{220-210}{500} \times 100 = 2$	☑ 양호 □ 불량		
			편차	8.0% 이하					
	우	210 kgf	합	20% 이상	합	$\dfrac{220+210}{500} \times 100 = 86$			

① **자동차 번호** : 측정하는 자동차 번호를 기록한다(측정 차량이 1대인 경우 생략할 수 있다).

② **비번호** : 책임관리위원(공단 본부)이 배부한 등번호(비번호)를 기록한다.

③ **감독위원 확인** : 시험 전 또는 시험 후 감독위원이 채점 후 확인한다(날인).

④ **항목** : 감독위원이 지정하는 축에 ☑ 표시를 한다.　・위치 : ☑ 뒤

⑤ **측정값** : 제동력을 측정한 값을 기록한다.　・좌 : 220 kgf　・우 : 210 kgf

⑥ **기준값** : 검사 기준에 따라 제동력 편차와 합의 기준값을 기록한다.

　　　　・편차 : 뒤 축중의 **8.0% 이하**　・합 : 뒤 축중의 **20% 이상**

⑦ **산출 근거** : 공식에 대입하여 산출한 계산식을 기록한다.

　　　　・편차 : $\dfrac{220-210}{500} \times 100 = 2$　・합 : $\dfrac{220+210}{500} \times 100 = 86$

⑧ **판정** : 뒷바퀴 제동력의 편차와 합이 기준값 범위 내에 있으므로 ☑ **양호**에 표시한다.

⑨ **득점** : 감독위원이 해당 문항을 채점하고 점수를 기록한다.

※ 측정 차량은 크루즈 1.5DOHC A/T의 공차 중량(1130 kgf)의 뒤(후) 축중(500 kgf)으로 산출하였다.

■ **제동력 계산**

・뒷바퀴 제동력의 편차 $= \dfrac{\text{큰 쪽 제동력} - \text{작은 쪽 제동력}}{\text{해당 축중}} \times 100$ ➡ 뒤 축중의 8.0% 이하이면 양호

・뒷바퀴 제동력의 총합 $= \dfrac{\text{좌우 제동력의 합}}{\text{해당 축중}} \times 100$ ➡ 뒤 축중의 20% 이상이면 양호

※ 측정 위치는 감독위원이 지정하는 위치의 □에 'ν'표시한다.　　※ 자동차 검사 기준 및 방법에 의하여 기록·판정한다.

※ 측정값의 단위는 시험장비 기준으로 기록한다.　　　　　　※ 산출 근거에는 단위를 기록하지 않아도 된다.

2 제동력 편차가 기준값보다 클 경우(뒷바퀴)

자동차 번호 :					비번호			감독위원 확 인	
측정(또는 점검)					산출 근거 및 판정				득점
항목	구분	측정값 (kgf)	기준값 (□에 '∨'표)		산출 근거			판정 (□에 '∨'표)	
제동력 위치 (□에 '∨'표) □ 앞 ☑ 뒤	좌	150 kgf	□ 앞 축중의 ☑ 뒤		편차	$\dfrac{230-150}{500} \times 100 = 16$		□ 양호 ☑ 불량	
			편차	8.0% 이하					
	우	230 kgf	합	20% 이상	합	$\dfrac{230+150}{500} \times 100 = 76$			

■ 제동력 계산

- 뒷바퀴 제동력의 편차 $= \dfrac{230-150}{500} \times 100 = 16\% > 8.0\% \Rightarrow$ 불량

- 뒷바퀴 제동력의 총합 $= \dfrac{230+150}{500} \times 100 = 76\% \geq 20\% \Rightarrow$ 양호

3 제동력 측정

제동력 측정

측정값(좌 : 220 kgf, 우 : 210 kgf)

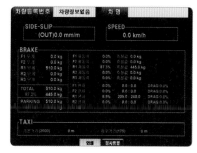

결과 출력

제동력 측정 시 유의사항

❶ 시험장 여건에 따라 감독위원이 임의의 측정값을 주고 제동력 편차와 합을 계산하기도 한다.

❷ 제동력 측정 시 브레이크 페달을 최대 압력으로 유지한 상태에서 측정값을 확인한다.

❸ 앞 축중 또는 뒤 축중 측정 상태를 정확하게 확인한 후 제동력 시험기의 모니터 출력값을 확인한다.

❹ 측정이 끝나면 편차와 합을 계산하고 기록표를 작성한 후 감독위원에게 제출한다.

ABS 자기진단

섀시 5 주어진 자동차의 ABS에서 자기진단기(스캐너)를 이용하여 각종 센서 및 시스템의 작동상태를 점검하고 기록표에 기록하시오.

1 브레이크 스위치 및 모터 릴레이 커넥터가 탈거된 경우

① 자동차 번호 :			② 비번호		③ 감독위원 확 인	
항목	측정(또는 점검)		⑥ 정비 및 조치할 사항			⑦ 득점
	④ 고장 부분	⑤ 내용 및 상태				
ABS 자기진단	브레이크 스위치	커넥터 탈거	브레이크 스위치 및 모터 릴레이 커넥터 체결, ECU 과거 기억 소거 후 재점검			
	모터 릴레이	커넥터 탈거				

① **자동차 번호** : 측정하는 자동차 번호를 기록한다(측정 차량이 1대인 경우 생략할 수 있다).
② **비번호** : 책임관리위원(공단 본부)이 배부한 등번호(비번호)를 기록한다.
③ **감독위원 확인** : 시험 전 또는 시험 후 감독위원이 채점 후 확인한다(날인).
④ **고장 부분** : 스캐너 자기진단으로 확인된 고장 부분을 기록한다.
       • 고장 부분 : **브레이크 스위치, 모터 릴레이**
⑤ **내용 및 상태** : 고장 부분으로 확인된 내용 및 상태를 기록한다.
       • 내용 및 상태 : **커넥터 탈거**
⑥ **정비 및 조치할 사항** : 브레이크 스위치와 모터 릴레이 커넥터가 탈거되었으므로 브레이크 스위치 및 모터 릴레 이 커넥터 체결, ECU 과거 기억 소거 후 재점검을 기록한다.
⑦ **득점** : 감독위원이 해당 문항을 채점하고 점수를 기록한다.

2 앞 우측, 뒤 좌측 휠 스피드 센서 커넥터가 탈거된 경우

자동차 번호 :			비번호		감독위원 확 인	
항목	측정(또는 점검)		정비 및 조치할 사항			득점
	고장 부분	내용 및 상태				
ABS 자기진단	앞 우측(R) 휠 스피드 센서	커넥터 탈거	앞 우측 및 뒤 좌측 휠 스피드 센서 커넥터 체결, ECU 과거 기억 소거 후 재점검			
	뒤 좌측(L) 휠 스피드 센서	커넥터 탈거				

발전기 점검

4안

전기 1 주어진 발전기를 분해한 후 정류 다이오드 및 로터 코일의 상태를 점검하여 기록표에 기록하고 다시 본래대로 조립하여 작동상태를 확인하시오.

1 다이오드 및 로터 코일 저항이 규정값 범위 내에 있을 경우

측정 항목	① 엔진 번호 :		② 비번호		③ 감독위원 확 인	
	측정(또는 점검)		판정 및 정비(또는 조치) 사항			⑧ 득점
	④ 측정값	⑤ 규정(정비한계)값	⑥ 판정(□에 'V'표)	⑦ 정비 및 조치할 사항		
(+) 다이오드	(양 : 3개), (부 : 0개)		☑ 양호 □ 불량	정비 및 조치할 사항 없음		
(−) 다이오드	(양 : 3개), (부 : 0개)					
로터 코일 저항	4.2 Ω	4.1~4.3 Ω				

① **엔진 번호** : 측정하는 엔진 번호를 기록한다(측정 엔진이 1대인 경우 생략할 수 있다).
② **비번호** : 책임관리위원(공단 본부)이 배부한 등번호(비번호)를 기록한다.
③ **감독위원 확인** : 시험 전 또는 시험 후 감독위원이 채점 후 확인한다(날인).
④ **측정값** : 측정 항목에서 측정한 값을 기록한다.   • (+) 다이오드 : 양 − 3개, 부 − 0개
       • (−) 다이오드 : 양 − 3개, 부 − 0개   • 로터 코일 : 4.2 Ω
⑤ **규정(정비한계)값** : 감독위원이 제시한 값이나 정비지침서를 보고 규정값을 기록한다.
          • 로터 코일 저항 규정값 : 4.1~4.3 Ω
⑥ **판정** : (+), (−) 다이오드와 로터 코일 저항이 규정값 범위 내에 있으므로 ☑ **양호**에 표시한다.
⑦ **정비 및 조치할 사항** : 판정이 양호이므로 **정비 및 조치할 사항 없음**을 기록한다.
⑧ **득점** : 감독위원이 해당 문항을 채점하고 점수를 기록한다.

2 (+), (−) 다이오드가 단선 및 단락된 경우

측정 항목	엔진 번호 :		비번호		감독위원 확 인	
	측정(또는 점검)		판정 및 정비(또는 조치) 사항			득점
	측정값	규정(정비한계)값	판정(□에 'V'표)	정비 및 조치할 사항		
(+) 다이오드	(양 : 2개), (부 : 1개)		□ 양호 ☑ 불량	(+), (−) 다이오드 교체 후 재점검		
(−) 다이오드	(양 : 1개), (부 : 2개)					
로터 코일 저항	4.1 Ω	4.1~4.3 Ω				

3 (+), (−) 다이오드가 단선 및 단락되고 로터 코일 저항이 규정값보다 클 경우

측정 항목	측정(또는 점검)		판정 및 정비(또는 조치) 사항		득점
	측정값	규정(정비한계)값	판정(□에 'v'표)	정비 및 조치할 사항	

엔진 번호 : · 비번호 · 감독위원 확 인

측정 항목	측정값	규정(정비한계)값	판정(□에 'v'표)	정비 및 조치할 사항	득점
(+) 다이오드	(양 : 0개), (부 : 3개)		□ 양호 ☑ 불량	(+), (−) 다이오드 및 로터 코일 교체 후 재점검	
(−) 다이오드	(양 : 0개), (부 : 3개)				
로터 코일 저항	250 Ω	4.1~4.3 Ω			

※ 판정 : (+) , (−) 다이오드가 단선 또는 단락되고 로터 코일 저항이 규정값 범위를 벗어났으므로 ☑ 불량에 표시하고 (+), (−) 다이오드 및 로터 코일 교체 후 재점검한다.

4 로터 코일 저항 규정값

차 종	로터 코일 저항	차 종	로터 코일 저항
포텐샤	2~4 Ω	싼타페/엘란트라	3.1 Ω
아반떼 XD	2.5~3.0 Ω	세피아	3.5~4.5 Ω
EF 쏘나타/그랜저 XG	2.75±0.2 Ω	쏘나타	4~5 Ω

※ 로터 코일 저항 규정값은 4.1~4.3 Ω의 일반적인 값을 적용하거나 감독위원이 제시한 값을 적용한다.

5 발전기 다이오드 및 로터 코일 점검

(+) 다이오드 점검

(−) 다이오드 점검

로터 코일 저항값 측정(4.2 Ω)

> **다이오드 및 로터 코일 점검 시 정비 및 조치할 사항**
> ❶ 다이오드 단선 또는 단락 → 다이오드 교체
> ❷ 로터 코일 단선 → 로터 코일 교체 또는 발전기 교체

4안 전조등 점검

전기 2 주어진 자동차에서 전조등 시험기로 전조등을 점검하여 기록표에 기록하시오.

1 광도와 광축이 기준값 범위 내에 있을 경우(우측 전조등, 2등식)

① 자동차 번호 :			② 비번호		③ 감독위원 확 인	
측정(또는 점검)					⑦ 판정 (□에 'V'표)	⑧ 득점
④ 구분	항목	⑤ 측정값		⑥ 기준값		
(□에 'V'표) 위치 : □ 좌 ☑ 우 등식 : ☑ 2등식 □ 4등식	광도	17000 cd		15000 cd 이상	☑ 양호 □ 불량	
	광축	☑ 상 □ 하 (□에 'V'표)	5 cm	10 cm 이하	☑ 양호 □ 불량	
		□ 좌 ☑ 우 (□에 'V'표)	20 cm	30 cm 이하	☑ 양호 □ 불량	

① **자동차 번호** : 측정하는 자동차 번호를 기록한다(측정 차량이 1대인 경우 생략할 수 있다).

② **비번호** : 책임관리위원(공단 본부)이 배부한 등번호(비번호)를 기록한다.

③ **감독위원 확인** : 시험 전 또는 시험 후 감독위원이 채점 후 확인한다(날인).

④ **구분** : 감독위원이 지정한 위치와 등식에 ☑ 표시를 한다(운전석 착석 시 좌우 기준).
   • 위치 : ☑ 우   • 등식 : ☑ 2등식

⑤ **측정값** : 광도와 광축을 측정한 값을 기록한다.
   • 광도 : 17000 cd   • 광축 : 상 - 5 cm, 우 - 20 cm

⑥ **기준값** : 기준값을 수험자가 암기하여 기록한다.
   • 광도 : 15000 cd 이상   • 광축 : 상 - 10 cm 이하, 우 - 30 cm 이하

⑦ **판정** : 광도와 광축이 모두 기준값 범위 내에 있으므로 각각 ☑ 양호에 표시한다.

⑧ **득점** : 감독위원이 해당 문항을 채점하고 점수를 기록한다.

※ 측정 위치는 감독위원이 지정하는 위치의 □에 'V' 표시한다.   ※ 자동차 검사기준 및 방법에 의하여 기록·판정한다.

전조등에서 좌·우측등이 상향과 하향으로 분리되어 작동되는 것은 4등식이며, 상향과 하향이 하나의 등에서 회로 구성이 되어 작동되는 것은 2등식이다(차종별 정비지침서, 전기 회로도 참고).

2 광도와 광축이 기준값 범위를 벗어난 경우(우측 전조등, 2등식)

자동차 번호 :			비번호		감독위원 확 인	
측정(또는 점검)					판정 (□에 'ν'표)	득점
구분	항목	측정값		기준값		
(□에 'ν'표) 위치 : □ 좌 ☑ 우 등식 : ☑ 2등식 □ 4등식	광도	11000 cd		<u>15000 cd 이상</u>	□ 양호 ☑ 불량	
	광축	☑ 상 □ 하 (□에 'ν'표)	16 cm	10 cm 이하	□ 양호 ☑ 불량	
		□ 좌 ☑ 우 (□에 'ν'표)	33 cm	30 cm 이하	□ 양호 ☑ 불량	

3 전조등 광도, 광축 기준값

[자동차관리법 시행규칙 별표 15 적용]

구 분			기준값
광도	2등식		15000 cd 이상
	4등식		12000 cd 이상
광축	좌·우측등	상향 진폭	10 cm 이하
	좌·우측등	하향 진폭	30 cm 이하
	좌측등	좌진폭	15 cm 이하
		우진폭	30 cm 이하
	우측등	좌진폭	30 cm 이하
		우진폭	30 cm 이하

전조등 광도 측정 시 유의사항

❶ 시험용 차량은 공회전상태(광도 측정 시 2000 rpm), 공차상태, 운전자(관리원) 1인이 승차하여 전조등 상향등(주행)을 점등시킨다.

❷ 시험장 여건에 따라 엔진 시동 OFF 후, DC 컨버터를 축전지에 연결한 다음 측정하기도 한다(엔진 rpm 무시).

4안 열선 스위치 입력신호 점검

전기 3 주어진 자동차에서 열선 스위치 조작 시 편의장치(ETACS 또는 ISU) 커넥터에서 스위치 입력신호(전압)를 측정하고 이상 여부를 확인하여 기록표에 기록하시오.

1 열선 스위치 작동시 출력 전압이 규정값 범위 내에 있을 경우

① 자동차 번호 :			② 비번호		③ 감독위원 확 인	
점검 항목	측정(또는 점검)		판정 및 정비(또는 조치) 사항			⑧ 득점
	④ 측정값	⑤ 내용 및 상태	⑥ 판정(□에 'ㅣ'표)	⑦ 정비 및 조치할 사항		
열선 스위치 작동 시 전압	ON : 0.069 V OFF : 4.96 V	이상 부위 없음	☑ 양호 □ 불량	정비 및 조치할 사항 없음		

① **자동차 번호** : 측정하는 자동차 번호를 기록한다(측정 차량이 1대인 경우 생략할 수 있다).

② **비번호** : 책임관리위원(공단 본부)이 배부한 등번호(비번호)를 기록한다.

③ **감독위원 확인** : 시험 전 또는 시험 후 감독위원이 채점 후 확인한다(날인).

④ **측정값** : 열선 스위치 작동 시 출력 전압을 측정한 값을 기록한다.
  • ON : 0.069 V   • OFF : 4.96 V

⑤ **내용 및 상태** : 내용 및 상태를 기록한다.
  • 내용 및 상태 : **이상 부위 없음**

⑥ **판정** : 측정값이 규정값 범위 내에 있으므로 ☑ **양호**에 표시한다.

⑦ **정비 및 조치할 사항** : 판정이 양호이므로 **정비 및 조치할 사항 없음**을 기록한다.

⑧ **득점** : 감독위원이 해당 문항을 채점하고 점수를 기록한다.

2 열선 스위치 작동 시 출력 전압이 없을 경우 (작동 스위치 OFF상태)

자동차 번호 :			비번호		감독위원 확 인	
점검 항목	측정(또는 점검)		판정 및 정비(또는 조치) 사항			득점
	측정값	내용 및 상태	판정(□에 'ㅣ'표)	정비 및 조치할 사항		
열선 스위치 작동 시 전압	ON : 0 V OFF : 0 V	열선 스위치 불량	□ 양호 ☑ 불량	열선 스위치 교체 후 재점검		

※ 판정 : 열선 스위치 작동 시 출력 전압이 없으므로 ☑ 불량에 표시하고, 열선 스위치 교체 후 재점검한다.

3 열선 스위치 작동 시 출력 전압의 규정값

입출력 요소	항목	조건	전압
입력 요소	발전기 L단자	시동할 때 발전기 L단자 입력 전압	12 V
	열선 스위치	OFF	5 V
		ON	0 V
출력 요소	열선 릴레이	열선 작동 시작부터 열선 릴레이가 OFF될 때까지의 시간 측정	20분
		열선 작동 중 열선 스위치가 작동할 때의 현상	뒷유리 성애가 제거됨

4 열선 스위치 작동 시 출력 전압 측정

OFF상태에서 전압 측정(4.96 V)

디포거 스위치 ON상태

출력 전압 확인(0.069 V)

열선 스위치 제어 및 점검

❶ 발전기 L단자에서 12 V 출력 시 열선 스위치를 누르면 열선 릴레이를 15분간 ON한다.
(열선은 많은 전류가 소모되므로 배터리 방전을 방지하기 위해 시동이 걸린 상태에서만 작동하도록 되어 있다. 따라서 발전기 L단자는 시동 여부를 판단하기 위한 신호로만 사용한다.)
❷ 열선 스위치 작동 중 다시 열선 스위치를 누르면 열선 릴레이는 OFF된다.
❸ 열선 스위치 작동 중 발전기 L단자가 출력이 없을 경우에도 열선 릴레이는 OFF된다.
❹ 사이드 미러 열선은 뒷유리 열선과 병렬로 연결되어 동일한 조건으로 작동된다.

5안

답안지 작성법

파트별	안별 문제		5안
엔진	1	엔진 분해 조립/측정	엔진 분해 조립/오일펌프 사이드 간극 측정
	2	엔진 시동/작업	1가지 부품 탈 · 부착/엔진 시동(시동, 점화, 연료)
	3	엔진 작동상태/측정	공회전 속도 점검/배기가스 측정
	4	파형 점검	점화 1차 파형 분석(공회전상태)
	5	부품 교환/측정	CRDI 연료압력 센서 탈 · 부착 시동/인젝터 백리크 점검
섀시	1	부품 탈 · 부착 작업	클러치 마스터 실린더 탈 · 부착
	2	상자별 측정/부품 교환 조정	휠 얼라인먼트 시험기 (캐스터, 토) 측정/타이로드 엔드 교환
	3	브레이크 부품 교환/작동상태 점검	휠 실린더 탈 · 부착/브레이크 허브 베어링 작동상태 확인
	4	제동력 측정	전륜 또는 후륜 제동력 측정
	5	부품 탈 · 부착/이상 부위 측정	자동변속기 자기진단
전기	1	부품 탈 · 부착 작업/측정	에어컨 벨트, 블로어 모터 탈 · 부착/에어컨라인 압력 점검
	2	전조등 점검	전조등 시험기 점검/광도, 광축
	3	편의 안전장치 점검	와이퍼 간헐 시간 조정 스위치 입력 신호 점검
	4	전기 회로 점검	미등, 제동등 회로 점검

오일펌프 사이드 간극 측정

엔진 1 주어진 엔진을 기록표의 측정 항목까지 분해하여 기록표의 요구사항을 측정 및 점검하고 본래 상태로 조립하시오.

1 오일펌프 사이드 간극 측정값이 규정값 범위 내에 있을 경우

측정 항목	① 엔진 번호 :		② 비번호		③ 감독위원 확 인	
	측정(또는 점검)		판정 및 정비(또는 조치) 사항			⑧ 득점
	④ 측정값	⑤ 규정(정비한계)값	⑥ 판정(□에 'V'표)	⑦ 정비 및 조치할 사항		
오일펌프 사이드 간극	0.04 mm	0.04~0.085 mm (한계값 0.10 mm)	☑ 양호 □ 불량	정비 및 조치할 사항 없음		

① **엔진 번호** : 측정하는 엔진 번호를 기록한다(측정 엔진이 1대인 경우 생략할 수 있다).
② **비번호** : 책임관리위원(공단 본부)이 배부한 등번호(비번호)를 기록한다.
③ **감독위원 확인** : 시험 전 또는 시험 후 감독위원이 채점 후 확인한다(날인).
④ **측정값** : 오일펌프 사이드 간극을 측정한 값을 기록한다.
　　　• 측정값 : 0.04 mm
⑤ **규정(정비한계)값** : 감독위원이 제시한 값이나 정비지침서를 보고 규정값을 기록한다.
　　　• 규정값 : 0.04~0.085 mm (한계값 0.10 mm)
⑥ **판정** : 측정값이 규정값 범위 내에 있으므로 ☑ 양호에 표시한다.
⑦ **정비 및 조치할 사항** : 판정이 양호이므로 **정비 및 조치할 사항 없음**을 기록한다.
⑧ **득점** : 감독위원이 해당 문항을 채점하고 점수를 기록한다.

2 오일펌프 사이드 간극 측정값이 규정값보다 클 경우

측정 항목	엔진 번호 :		비번호		감독위원 확 인	
	측정(또는 점검)		판정 및 정비(또는 조치) 사항			득점
	측정값	규정(정비한계)값	판정(□에 'V'표)	정비 및 조치할 사항		
오일펌프 사이드 간극	0.15 mm	0.04~0.085 mm (한계값 0.10 mm)	□ 양호 ☑ 불량	오일펌프 교체 후 재점검		

※ **판정** : 오일펌프 사이드 간극 측정값이 규정값 범위를 벗어나 한계값보다 크므로 ☑ 불량에 표시하고, 오일펌프 교체 후 재점검한다.

3 오일펌프 사이드 간극 측정값이 규정값 범위 내에 있을 경우

측정 항목	엔진 번호 :		비번호		감독위원 확 인	
	측정(또는 점검)		판정 및 정비(또는 조치) 사항			득점
	측정값	규정(정비한계)값	판정(□에 'ⅴ'표)	정비 및 조치할 사항		
오일펌프 사이드 간극	0.90 mm	0.04~0.085 mm (한계값 0.10 mm)	☑ 양호 □ 불량	정비 및 조치할 사항 없음		

※ 판정 : 오일펌프 사이드 간극이 규정값보다 크지만 한계값 이내에 있으므로 ☑ 양호에 표시하고, 정비 및 조치할 사항 없음을 기록한다.

※ 규정값과 한계값이 동시에 주어질 경우 한계값을 기준으로 판정한다.

4 오일펌프 사이드 간극 규정값

차 종			규정값	한계값
쏘나타	구동		0.08~0.14 mm	0.25 mm
	피동		0.06~0.12 mm	
아반떼 XD/베르나 (DOHC/SOHC)	외측		0.06~0.11 mm	0.10 mm
	내측		0.04~0.085 mm	
EF 쏘나타(1.8/2.0)	구동		0.08~0.14 mm	0.25 mm
	피동		0.06~0.12 mm	0.25 mm
그랜저 XG(2.0/2.5/3.0)			0.040~0.095 mm	—

5 오일펌프 사이드 간극 측정

오일펌프 사이드 간극 측정

오일펌프 측정 부위 확인

사이드 간극 측정값(0.04 mm)

엔진 3 2항의 시동된 엔진에서 공회전상태를 확인하고 감독위원의 지시에 따라 배기가스를 측정하여 기록표에 기록하시오(단, 시동이 정상적으로 되지 않은 경우 본 항의 작업은 할 수 없다).

1 CO와 HC 배출량이 기준값 범위 내에 있을 경우

측정 항목	측정(또는 점검)		⑥ 판정(□에 'V'표)	⑦ 득점
	① 자동차 번호 :	② 비번호	③ 감독위원 확 인	
	④ 측정값	⑤ 기준값		
CO	0.6%	1.0% 이하	☑ 양호 □ 불량	
HC	90 ppm	120 ppm 이하		

① **자동차 번호** : 측정하는 자동차 번호를 기록한다(측정 차량이 1대인 경우 생략할 수 있다).
② **비번호** : 책임관리위원(공단 본부)이 배부한 등번호(비번호)를 기록한다.
③ **감독위원 확인** : 시험 전 또는 시험 후 감독위원이 채점 후 확인한다(날인).
④ **측정값** : 배기가스를 측정한 값을 기록한다.
　　　　• CO : 0.6%　　• HC : 90 ppm
⑤ **기준값** : 운행 차량의 배출 허용 기준값을 기록한다.
　　　　KM**H**DG41AP**9**U706845(차대번호 3번째 자리 : H ➡ 승용차, 10번째 자리 : 9 ➡ 2009년식)
　　　　• CO : 1.0% 이하　　• HC : 120 ppm 이하
⑥ **판정** : 측정값이 기준값 범위 내에 있으므로 ☑ **양호**에 표시한다.
⑦ **득점** : 감독위원이 해당 문항을 채점하고 점수를 기록한다.

※ 감독위원이 제시한 자동차등록증(또는 차대번호)을 활용하여 차종 및 연식을 적용한다.
※ HC 측정값은 소수 첫째 자리 이하를 버림하여 기입한다.　　※ CO 측정값은 소수 둘째 자리 이하를 버림하여 기입한다.
※ 자동차 검사기준 및 방법에 의하여 기록 · 판정한다.

2 CO와 HC 배출량이 기준값보다 높게 측정될 경우

측정 항목	측정(또는 점검)		판정(□에 'V'표)	득점
	자동차 번호 :	비번호	감독위원 확 인	
	측정값	기준값		
CO	3.4%	1.0% 이하	□ 양호 ☑ 불량	
HC	280 ppm	120 ppm 이하		

3 배기가스 배출 허용 기준값(CO, HC)

[개정 2015.7.21.]

차 종		제작일자	일산화탄소	탄화수소	공기 과잉률
경자동차		1997년 12월 31일 이전	4.5% 이하	1200 ppm 이하	1±0.1 이내 기화기식 연료 공급장치 부착 자동차는 1±0.15 이내 촉매 미부착 자동차는 1±0.20 이내
경자동차		1998년 1월 1일부터 2000년 12월 31일까지	2.5% 이하	400 ppm 이하	
경자동차		2001년 1월 1일부터 2003년 12월 31일까지	1.2% 이하	220 ppm 이하	
경자동차		2004년 1월 1일 이후	1.0% 이하	150 ppm 이하	
승용자동차		1987년 12월 31일 이전	4.5% 이하	1200 ppm 이하	
승용자동차		1988년 1월 1일부터 2000년 12월 31일까지	1.2% 이하	220 ppm 이하 (휘발유·알코올 자동차) 400 ppm 이하 (가스자동차)	
승용자동차		2001년 1월 1일부터 2005년 12월 31일까지	1.2% 이하	220 ppm 이하	
승용자동차		2006년 1월 1일 이후	1.0% 이하	120 ppm 이하	
승합·화물·특수 자동차	소형	1989년 12월 31일 이전	4.5% 이하	1200 ppm 이하	
승합·화물·특수 자동차	소형	1990년 1월 1일부터 2003년 12월 31일까지	2.5% 이하	400 ppm 이하	
승합·화물·특수 자동차	소형	2004년 1월 1일 이후	1.2% 이하	220 ppm 이하	
승합·화물·특수 자동차	중형·대형	2003년 12월 31일 이전	4.5% 이하	1200 ppm 이하	
승합·화물·특수 자동차	중형·대형	2004년 1월 1일 이후	2.5% 이하	400 ppm 이하	

4 배기가스 측정

1. MEASURE(측정) : M(측정) 버튼을 누른다.

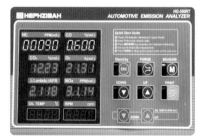

2. 측정한 배기가스를 확인한다.
   HC : 90 ppm, CO : 0.6%

3. 배기가스 측정 결과를 출력한다.

점화 1차 파형 분석

5안

엔진 4 주어진 자동차 엔진에서 점화코일 1차 파형을 측정 · 분석하여 출력물에 기록 · 판정하시오(조건 : 공회전상태).

● 점화 1차 파형

자동차 번호 :		비번호		감독위원 확　인	
측정 항목	파형 상태				득점
파형 측정	요구사항 조건에 맞는 파형을 프린트하여 아래 사항을 분석 후 뒷면에 첨부 • 출력된 파형에 불량 요소가 있는 경우에는 반드시 표기 및 설명되어야 함 • 파형의 주요 특징에 대하여 표기 및 설명되어야 함				

1 점화 1차 정상 파형

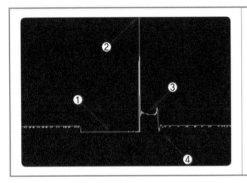

(1) ① 지점 : 드웰 구간 − 점화 1차 회로에 전류가 흐르는 시간 지점, 3 V 이하~TR OFF 전압(드웰 끝부분)
(2) ② 지점 : 서지 전압(점화 전압) − 300~400 V
(3) ③ 지점 : 점화 라인 − 연소가 진행되는 구간(0.8~2.0 ms)
(4) ④ 지점 : 감쇄 진동 구간, 3~4회 진동이 발생
(5) 축전지 전압 발전기에서 발생되는 전압 : 13.2~14.7 V

2 점화 1차 측정 파형 분석

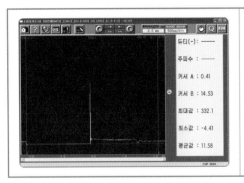

(1) 드웰 구간 : 파워 TR의 ON~OFF까지의 구간
(2) 1차 유도 전압(서지 전압) : 332.1 V(규정값 : 300~400 V)
(3) 점화 라인(점화 시간) : 2.0 ms(규정값 : 0.8~2.0 ms)
(4) 감쇄 진동부 : 점화코일에 잔류한 에너지가 1차 코일을 통해 감쇄 소멸되는 전압으로 3~4회 진동이 발생되었다.
(5) 축전지 전압 발전기에서 발생되는 전압 : 14.53 V
　　(규정값 : 13.2~14.7 V)

3 분석 결과 및 판정

점화 1차 서지 전압은 332.1 V(규정값 : 300~400 V), 점화 시간은 2.0 ms(규정값 : 0.8~2.0 ms), 축전지 전압 발전기에서 발생되는 전압은 14.53 V(규정값 : 13.2~14.7 V)로 안정된 상태이므로 점화 1차 파형은 **양호**이다.

※ 불량일 경우 점화계통 배선회로를 점검하고, 점화코일 및 스파크 플러그 하이텐션 케이블 등 관련 부품 교체 후 재점검한다.

5안 인젝터 리턴(백리크) 양 측정

엔진 5 주어진 전자제어 디젤 엔진에서 연료압력 센서를 탈거한 후(감독위원에게 확인), 다시 부착하여 시동을 걸고 인젝터 리턴(백리크) 양을 측정하여 기록표에 기록하시오.

1 인젝터 리턴 양이 규정값 범위 내에 있을 경우

측정 항목	① 엔진 번호 :							② 비번호		③ 감독위원 확 인	
	측정(또는 점검)							판정 및 정비(또는 조치) 사항			⑧ 득점
	④ 측정값(cc)						⑤ 규정(정비한계)값	⑥ 판정(□에 '∨'표)	⑦ 정비 및 조치할 사항		
인젝터 리턴 (백리크) 양	1	2	3	4	5	6	28~35 cc	☑ 양호 □ 불량	정비 및 조치할 사항 없음		
	30	32	34	35	–	–					

① **엔진 번호** : 측정하는 엔진 번호를 기록한다(측정 엔진이 1대인 경우 생략할 수 있다).

② **비번호** : 책임관리위원(공단 본부)이 배부한 등번호(비번호)를 기록한다.

③ **감독위원 확인** : 시험 전 또는 시험 후 감독위원이 채점 후 확인한다(날인).

④ **측정값** : 인젝터 리턴 양을 측정한 값을 기록한다.
   • 1번 : 30 cc   • 2번 : 32 cc   • 3번 : 34 cc   • 4번 : 35 cc

⑤ **규정(정비한계)값** : 감독위원이 제시한 값이나 정비지침서를 보고 규정값을 기록한다.
   • 규정값 : 28~35 cc

⑥ **판정** : 측정값이 규정값 범위 내에 있으므로 ☑ **양호**에 표시한다.

⑦ **정비 및 조치할 사항** : 판정이 양호이므로 **정비 및 조치할 사항 없음**을 기록한다.

⑧ **득점** : 감독위원이 배정 문항을 채점하고 점수를 기록한다.

2 1, 2, 3번 실린더 인젝터 리턴 양이 규정값 범위를 벗어난 경우

측정 항목	엔진 번호 :							비번호		감독위원 확 인	
	측정(또는 점검)							판정 및 정비(또는 조치) 사항			득점
	측정값						규정(정비한계)값	판정(□에 '∨'표)	정비 및 조치할 사항		
인젝터 리턴 (백리크) 양	1	2	3	4	5	6	28~35 cc	□ 양호 ☑ 불량	1, 2, 3번 실린더 인젝터 교체 후 재점검		
	27	40	25	30	–	–					

※ **판정** : 1, 2, 3번 실린더 인젝터 리턴 양이 규정값 범위를 벗어났으므로 ☑ **불량**에 표시하고 1, 2, 3번 실린더 인젝터 교체 후 재점검한다.

3 1, 3, 6번 실린더 인젝터 리턴 양이 규정값 범위를 벗어난 경우

항목	측정(또는 점검)							비번호		감독위원 확 인	
	엔진 번호 :										
	측정값						규정(정비한계)값	판정 및 정비(또는 조치) 사항			득점
								판정(□에 'V'표)	정비 및 조치할 사항		
인젝터 리턴 (백리크) 양	1	2	3	4	5	6	28~35 cc	□ 양호	1, 3, 6번 실린더		
	38	30	25	29	32	38		☑ 불량	인젝터 교체 후 재점검		

※ 판정 : 1, 3, 6번 실린더 인젝터 리턴 양이 규정값 범위를 벗어났으므로 ☑ 불량에 표시하고 1, 3, 6번 실린더 인젝터 교체 후 재점검한다.

4 인젝터 리턴 양 측정

시험용 리턴(백리크) 비커 준비

엔진 시동(공회전 rpm, 1~2분간)

가속(3000 rpm, 30초간) 후 시동 OFF

눈높이에서 분사량 측정

❶ : 30 cc, ❷ : 32 cc

❸ : 34 cc, ❹ : 35 cc

5 고압 펌프 및 인젝터 리턴 양 판정

측정	고압	측정 리턴 양	판정	점검부위
1	1000 bar 이상	0~200 mm	정상	–
2	0~1000 bar	200~400 mm	인젝터 고장(리턴 양 과다)	해당 인젝터 교체
3	0~1000 bar	0~200 mm	고압 펌프 고장	고압 라인 시험 실시

5안 휠 얼라인먼트(캐스터, 토) 측정

섀시 2 주어진 자동차에서 휠 얼라인먼트 시험기로 캐스터와 토(toe)값을 측정하여 기록표에 기록한 후, 타이로
드 엔드를 교환하여 토(toe)가 규정값이 되도록 조정하시오.

1 토(toe)값이 규정값보다 클 경우

측정 항목	① 자동차 번호 :		② 비번호		③ 감독위원 확　인	
	측정(또는 점검)		판정 및 정비(또는 조치) 사항			⑧ 득점
	④ 측정값	⑤ 규정(정비한계)값	⑥ 판정(□에 'V'표)	⑦ 정비 및 조치할 사항		
캐스터각	1.8°	2.7±1°	□ 양호 ☑ 불량	토값 조정 후 재점검		
토(toe)	4 mm	0±2 mm				

① **자동차 번호** : 측정하는 자동차 번호를 기록한다(측정 차량이 1대인 경우 생략할 수 있다).
② **비번호** : 책임관리위원(공단 본부)이 배부한 등번호(비번호)를 기록한다.
③ **감독위원 확인** : 시험 전 또는 시험 후 감독위원이 채점 후 확인한다(날인).
④ **측정값** : 캐스터각과 토(toe)의 측정값을 기록한다.
　　　　• 캐스터각 : 1.8°　　• 토(toe) : 4 mm
⑤ **규정(정비한계)값** : 감독위원이 제시한 값이나 정비지침서를 보고 규정값을 기록한다.
　　　　• 캐스터각 : 2.7±1°　　• 토(toe) : 0±2 mm
⑥ **판정** : 토(toe)값이 규정값 범위를 벗어났으므로 ☑ 불량에 표시한다.
⑦ **정비 및 조치할 사항** : 판정이 불량이므로 **토값 조정 후 재점검**을 기록한다.
⑧ **득점** : 감독위원이 해당 문항을 채점하고 점수를 기록한다.

2 캐스터각이 규정값보다 작을 경우

측정 항목	자동차 번호 :		비번호		감독위원 확　인	
	측정(또는 점검)		판정 및 정비(또는 조치) 사항			득점
	측정값	규정(정비한계)값	판정(□에 'V'표)	정비 및 조치할 사항		
캐스터각	0.12~0.51°	2.7±1°	□ 양호 ☑ 불량	캐스터각 조정 후 재점검		
토(toe)	0.8 mm	0±2 mm				

※ **판정** : 캐스터각이 규정값 범위를 벗어났으므로 ☑ 불량에 표시하고, 캐스터각 조정 후 재점검한다.

3 캐스터각, 토(toe) 규정값

차 종	캐스터(°)	토(mm)	차 종	캐스터(°)	토(mm)
싼타페	2.5±0.5	(−)2±2	아반떼	2.35±0.5	0±3
		0±2			5−1, 5+3
NEW 싼타페	4.4±0.5	0±2	아반떼 XD	2.82±0.5	0±2
		4±2			1±2
그랜저 XG	2.7±1	0±2	에쿠스	3.5±0.5	0±3
		2±2			3±2
뉴그랜저	2.75±0.5	0±3	베르나	1.75±0.5	0±3
		0−2, 0+3			3±2

4 캐스터각 및 토(toe) 측정

휠 얼라인먼트 측정(F1 선택)

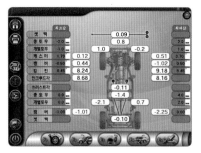

캐스터각, 토값 측정

캐스터 : 0.12~0.51°, 토 : 0.8 mm

5 토(toe) 조정 방법

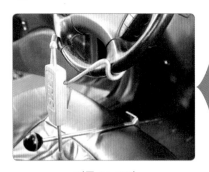

전륜 토 조정

전륜 토 조정
반드시 핸들 고정대로 핸들을 고정시킨 후 진행한다. 이때 핸들은 먼저 시동을 걸고 좌, 우로 핸들을 충분히 돌려 핸들 유격을 최소화시킨 후 고정한다.

전륜 조정 순서 : 캐스터→캠버→토

휠 얼라인먼트 점검이 필요한 경우

❶ 조향 핸들이 좌우로 떨리는 경우
❷ 주행 연비 및 승차감이 떨어지는 경우
❸ 타이어 편마모 현상이 발생할 경우
❹ 주행 시 차량이 좌우 한 방향으로 쏠리는 경우

5안 제동력 측정

섀시 4 ┃ 3항의 작업 자동차에서 감독위원 지시에 따라 전(앞) 또는 후(뒤) 제동력을 측정하여 기록표에 기록하시오.

1 제동력 편차와 합이 기준값 범위 내에 있을 경우(뒷바퀴)

① 자동차 번호 :					② 비번호		③ 감독위원 확 인	
측정(또는 점검)				산출 근거 및 판정				⑨ 득점
④ 항목	구분	⑤ 측정값 (kgf)	⑥ 기준값 (□에 'V'표)		⑦ 산출 근거		⑧ 판정 (□에 'V'표)	
제동력 위치 (□에 'V'표) □ 앞 ☑ 뒤	좌	180 kgf	□ 앞 축중의 ☑ 뒤		편차	$\dfrac{200-180}{500} \times 100 = 4$	☑ 양호 □ 불량	
			편차	8.0% 이하				
	우	200 kgf	합	20% 이상	합	$\dfrac{200+180}{500} \times 100 = 76$		

① **자동차 번호** : 측정하는 자동차 번호를 기록한다(측정 차량이 1대인 경우 생략할 수 있다).

② **비번호** : 책임관리위원(공단 본부)이 배부한 등번호(비번호)를 기록한다.

③ **감독위원 확인** : 시험 전 또는 시험 후 감독위원이 채점 후 확인한다(날인).

④ **항목** : 감독위원이 지정하는 축에 ☑ 표시를 한다.   • 위치 : ☑ 뒤

⑤ **측정값** : 제동력을 측정한 값을 기록한다.   • 좌 : 180 kgf   • 우 : 200 kgf

⑥ **기준값** : 검사 기준에 따라 제동력 편차와 합의 기준값을 기록한다.

　　　　• 편차 : 뒤 축중의 8.0% 이하　　　합 : 뒤 축중의 20% 이상

⑦ **산출 근거** : 공식에 대입하여 산출한 계산식을 기록한다.

　　　• 편차 : $\dfrac{200-180}{500} \times 100 = 4$　　• 합 : $\dfrac{200+180}{500} \times 100 = 76$

⑧ **판정** : 뒷바퀴 제동력의 편차와 합이 기준값 범위 내에 있으므로 ☑ 양호에 표시한다.

⑨ **득점** : 감독위원이 해당 문항을 채점하고 점수를 기록한다.

※ 측정 차량은 크루즈 1.5DOHC A/T의 공차 중량(1130 kgf)의 뒤(후) 축중(500 kgf)으로 산출하였다.

■ **제동력 계산**

• 뒷바퀴 제동력의 편차 $= \dfrac{\text{큰 쪽 제동력} - \text{작은 쪽 제동력}}{\text{해당 축중}} \times 100$ ➡ 뒤 축중의 8.0% 이하이면 양호

• 뒷바퀴 제동력의 총합 $= \dfrac{\text{좌우 제동력의 합}}{\text{해당 축중}} \times 100$ ➡ 뒤 축중의 20% 이상이면 양호

※ 측정 위치는 감독위원이 지정하는 위치의 □에 'V' 표시한다.　※ 자동차 검사 기준 및 방법에 의하여 기록 · 판정한다.

※ 측정값의 단위는 시험 장비 기준으로 기록한다.　※ 산출 근거에는 단위를 기록하지 않아도 된다.

2 제동력 편차가 기준값보다 클 경우(뒷바퀴)

자동차 번호 :					비번호			감독위원 확 인	
측정(또는 점검)					산출 근거 및 판정				득점
항목	구분	측정값 (kgf)	기준값 (□에 'V'표)		산출 근거			판정 (□에 'V'표)	
제동력 위치 (□에 'V'표) □ 앞 ☑ 뒤	좌	200 kgf	□ 앞 축중의 ☑ 뒤		편차	$\dfrac{250-200}{500} \times 100 = 10$		□ 양호 ☑ 불량	
	우	250 kgf	편차	8.0% 이하	합	$\dfrac{250+200}{500} \times 100 = 90$			
			합	20% 이상					

■ 제동력 계산

- 뒷바퀴 제동력의 편차 $= \dfrac{250-200}{500} \times 100 = 10\% > 8.0\%$ ➡ 불량

- 뒷바퀴 제동력의 총합 $= \dfrac{250+200}{500} \times 100 = 90\% \geq 20\%$ ➡ 양호

3 제동력 측정

제동력 측정

측정값(좌 : 200 kgf, 우 : 250 kgf)

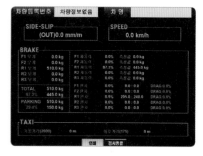

결과 출력

제동력 측정 시 유의사항

❶ 시험장 여건에 따라 감독위원이 임의의 측정값을 제시한 후 제동력 편차와 합을 계산하기도 한다.
❷ 제동력 측정 시 브레이크 페달 압력을 최대한 유지한 상태에서 측정값을 확인한다.
❸ 앞 축중 또는 뒤 축중 측정 시 측정 상태를 정확하게 확인한 후 제동력 시험기의 모니터 출력값을 확인한다.
❹ 측정이 끝나면 편차와 합을 계산하고 기록표를 작성한 후 감독위원에게 제출한다.

자동변속기 자기진단

5안

섀시 5 주어진 자동차의 자동변속기에서 자기진단기(스캐너)를 이용하여 각종 센서 및 시스템의 작동상태를 점검하고 기록표에 기록하시오.

1 입력축 속도 센서 및 인히비터 스위치 커넥터가 탈거된 경우

측정 항목	① 자동차 번호 :		② 비번호		③ 감독위원 확 인	
	측정(또는 점검)		⑥ 정비 및 조치할 사항			⑦ 득점
	④ 고장 부분	⑤ 내용 및 상태				
자기진단	입력축 속도 센서	커넥터 탈거	입력축 속도 센서 및 인히비터 스위치 커넥터 체결, ECU 과거 기억 소거 후 재점검			
	인히비터 스위치	커넥터 탈거				

① **자동차 번호** : 측정하는 자동차 번호를 기록한다(측정 차량이 1대인 경우 생략할 수 있다).
② **비번호** : 책임관리위원(공단 본부)이 배부한 등번호(비번호)를 기록한다.
③ **감독위원 확인** : 시험 전 또는 시험 후 감독위원이 채점 후 확인한다(날인).
④ **고장 부분** : 스캐너 자기진단으로 확인된 고장 부분을 기록한다.
  • 고장 부분 : **입력축 속도 센서, 인히비터 스위치**
⑤ **내용 및 상태** : 고장 부분으로 확인된 내용 및 상태를 기록한다.
  • 내용 및 상태 : **커넥터 탈거**
⑥ **정비 및 조치할 사항** : 입력축 속도 센서와 인히비터 스위치 커넥터가 탈거되었으므로 **입력축 속도 센서 및 인히비터 스위치 커넥터 체결, ECU 과거 기억 소거 후 재점검**을 기록한다.
⑦ **득점** : 감독위원이 배정 문항을 채점하고 점수를 기록한다.

2 브레이크 스위치 및 출력축 속도 센서 커넥터가 탈거된 경우

측정 항목	자동차 번호 :		비번호		감독위원 확 인	
	측정(또는 점검)		정비 및 조치할 사항			득점
	고장 부분	내용 및 상태				
자기진단	브레이크 스위치	커넥터 탈거	브레이크 스위치 및 출력축 속도 센서 커넥터 체결, ECU 과거 기억 소거 후 재점검			
	출력축 속도 센서	커넥터 탈거				

※ **판정** : 브레이크 스위치와 출력축 속도 센서 커넥터가 탈거되었으므로 브레이크 스위치 및 출력축 속도 센서 커넥터 체결, ECU 과거 기억 소거 후 재점검한다.

5안 에어컨 라인 압력 점검

전기 1 자동차에서 에어컨 벨트와 블로어 모터를 탈거한 후(감독위원에게 확인), 다시 부착하여 작동상태를 확인하고, 에어컨의 압력을 측정하여 기록표에 기록하시오.

1 에어컨 라인 압력이 규정값보다 작을 경우

① 자동차 번호 :			② 비번호		③ 감독위원 확 인	
측정 항목	측정(또는 점검)		판정 및 정비(또는 조치) 사항			⑧ 득점
	④ 측정값	⑤ 규정(정비한계)값	⑥ 판정(□에 '✓'표)	⑦ 정비 및 조치할 사항		
저압	1.4 kgf/cm²	2~4 kgf/cm²	□ 양호 ✔ 불량	냉매가스 충전 후 재점검		
고압	7 kgf/cm²	15~18 kgf/cm²				

① **자동차 번호** : 측정하는 자동차 번호를 기록한다(측정 차량이 1대인 경우 생략할 수 있다).
② **비번호** : 책임관리위원(공단 본부)이 배부한 등번호(비번호)를 기록한다.
③ **감독위원 확인** : 시험 전 또는 시험 후 감독위원이 채점 후 확인한다(날인).
④ **측정값** : 에어컨 라인 압력 측정값을 기록한다.
 • 저압 : 1.4 kgf/cm² • 고압 : 7 kgf/cm²
⑤ **규정(정비한계)값** : 감독위원이 제시한 값이나 정비지침서를 보고 규정값을 기록한다.
 • 저압 : 2~4 kgf/cm² • 고압 : 15~18 kgf/cm²
⑥ **판정** : 측정값이 규정값 범위를 벗어났으므로 ✔ 불량에 표시한다.
⑦ **정비 및 조치할 사항** : 판정이 불량이므로 냉매가스 충전 후 재점검을 기록한다.
⑧ **득점** : 감독위원이 해당 문항을 채점하고 점수를 기록한다.

2 에어컨 라인 압력이 규정값보다 클 경우

자동차 번호 :			비번호		감독위원 확 인	
측정 항목	측정(또는 점검)		판정 및 정비(또는 조치) 사항			득점
	측정값	규정(정비한계)값	판정(□에 '✓'표)	정비 및 조치할 사항		
저압	5 kgf/cm²	2~4 kgf/cm²	□ 양호 ✔ 불량	냉매가스 과충전상태 점검 후 냉매량 조정		
고압	21 kgf/cm²	15~18 kgf/cm²				

※ 판정 : 에어컨 라인 압력이 규정값 범위를 벗어났으므로 ✔ 불량에 표시하고 냉매가스 과충전상태 점검 후 냉매량을 조정한다.

3 에어컨 라인(냉매가스) 압력 규정값

[ON : 컴프레서 작동상태, OFF : 컴프레서 정지상태]

차 종 \ 압력 스위치	고압(kgf/cm²)		중압(kgf/cm²)		저압(kgf/cm²)	
	ON	OFF	ON	OFF	ON	OFF
EF 쏘나타	32.0±2.0	–	15.5±0.8	–	2.0±0.2	–
그랜저 XG	32.0±2.0	26.0±2.0	15.5±0.8	11.5±1.2	2.0±0.2	2.3±0.25
아반떼 XD	32.0	26.0	14.0	18.0	2.0	2.25
엑셀	15~18		–		2~4	

※ 냉매가스 압력은 주변 온도에 따라 달라질 수 있다.

4 에어컨 라인 압력 측정

1. 고압 라인(적색) 호스를 연결한다.

2. 저압 라인(청색) 호스를 연결한다.

3. 시동 후 공회전상태를 유지한다.

4. 엔진을 시동한 후 에어컨 온도는 17℃로 설정하여 가동한다.

5. 2500~3000 rpm으로 서서히 가속하면서 압력 변화를 확인한다.

6. 저압과 고압을 확인하고 측정한다. (저압 : 1.4 kgf/cm², 고압 : 7 kgf/cm²)

> **에어컨 라인 압력이 규정값 범위를 벗어난 경우 정비 및 조치할 사항**
> ❶ 콘덴서 막힘 → 콘덴서 교체
> ❷ 콘덴서 냉각 불량 → 콘덴서 청소
> ❸ 냉매가스 과충전 → 냉매가스 회수 후 재충전
> ❹ 팽창밸브의 과다 열림 → 팽창밸브 교체
> ❺ 냉매가스 부족 → 냉매가스 충전
> ❻ 리시버 드라이버의 막힘 → 리시버 드라이버 교체
> ❼ 에어컨 라인 압력 스위치 불량 → 에어컨 라인 압력 스위치 교체

5 안
전기

전기 2 주어진 자동차에서 전조등 시험기로 전조등을 점검하여 기록표에 기록하시오.

1 광도와 광축이 기준값 범위 내에 있을 경우(좌측 전조등, 4등식)

① 자동차 번호 :			② 비번호		③ 감독위원 확 인	
측정(또는 점검)					⑦ 판정 (□에 'ν'표)	⑧ 득점
④ 구분	항목	⑤ 측정값		⑥ 기준값		
(□에 'ν'표) 위치 : ☑ 좌 □ 우 등식 : □ 2등식 ☑ 4등식	광도	30000 cd		<u>12000 cd 이상</u>	☑ 양호 □ 불량	
	광축	☑ 상 □ 하 (□에 'ν'표)	7 cm	10 cm 이하	☑ 양호 □ 불량	
		☑ 좌 □ 우 (□에 'ν'표)	14 cm	15 cm 이하	☑ 양호 □ 불량	

① **자동차 번호** : 측정하는 자동차 번호를 기록한다(측정 차량이 1대인 경우 생략할 수 있다).
② **비번호** : 책임관리위원(공단 본부)이 배부한 등번호(비번호)를 기록한다.
③ **감독위원 확인** : 시험 전 또는 시험 후 감독위원이 채점 후 확인한다(날인).
④ **구분** : 감독위원이 지정한 위치와 등식에 ☑ 표시를 한다.
 • 위치 : ☑ 좌 • 등식 : ☑ 4등식
⑤ **측정값** : 광도와 광축을 측정한 값을 기록한다.
 • 광도 : 30000 cd • 광축 : 상 – 7 cm, 좌 – 14 cm
⑥ **기준값** : 기준값을 수험자가 암기하여 기록한다.
 • 광도 : 12000 cd 이상 • 광축 : 상 – 10 cm 이하, 좌 – 15 cm 이하
⑦ **판정** : 광도 및 광축이 모두 기준값 범위 내에 있으므로 각각 ☑ 양호에 표시한다.
⑧ **득점** : 감독위원이 해당 문항을 채점하고 점수를 기록한다.

※ 측정 위치는 감독위원이 지정하는 위치의 □에 'ν'표시한다. ※ 자동차 검사기준 및 방법에 의하여 기록·판정한다.

전조등 광도 측정 시 유의사항

❶ 시험용 차량은 공회전상태(광도 측정 시 2000 rpm), 공차상태, 운전자(관리원) 1인이 승차하여 전조등 상향등(주행)을 점등시킨다.
❷ 시험장 여건에 따라 엔진 시동 OFF 후, DC 컨버터를 축전지에 연결한 다음 측정하기도 한다(엔진 rpm 무시).

5안 에탁스 와이퍼 신호 점검

전기 3) 주어진 자동차에서 와이퍼 간헐(INT) 시간 조정 스위치 조작 시 편의장치(ETACS 또는 ISU) 커넥터에서 스위치 신호(전압)를 측정하고 이상 여부를 확인하여 기록표에 기록하시오.

1 와이퍼 신호 측정 전압이 규정값 범위 내에 있을 경우

① 자동차 번호 :			② 비번호		③ 감독위원 확 인	
측정 항목	④ 측정(또는 점검)		판정 및 정비(또는 조치) 사항			⑦ 득점
			⑤ 판정(□에 'ㅇ'표)	⑥ 정비 및 조치할 사항		
와이퍼 간헐 시간 조정 스위치 위치별 작동신호	INT S/W 전압	ON : 0 V OFF : 4.92 V	☑ 양호 □ 불량	정비 및 조치할 사항 없음		
	INT 스위치 위치별 전압	FAST(빠름)~SLOW(느림) 전압 기록 : 0~3.52 V				

① **자동차 번호** : 측정하는 자동차 번호를 기록한다(측정 차량이 1대인 경우 생략할 수 있다).
② **비번호** : 책임관리위원(공단 본부)이 배부한 등번호(비번호)를 기록한다.
③ **감독위원 확인** : 시험 전 또는 시험 후 감독위원이 채점 후 확인한다(날인).
④ **측정(또는 점검)** : 와이퍼 간헐 시간 조정 스위치 위치별 작동신호를 측정한 값을 기록한다.
              • INT S/W 전압 : ON − 0 V, OFF − 4.92 V   • INT 스위치 위치별 전압 : 0~3.52 V
⑤ **판정** : 측정값이 규정값 범위 내에 있으므로 ☑ 양호에 표시한다.
⑥ **정비 및 조치할 사항** : 판정이 양호이므로 **정비 및 조치할 사항 없음**을 기록한다.
⑦ **득점** : 감독위원이 해당 문항을 채점하고 점수를 기록한다.

2 와이퍼 신호 측정 전압이 출력되지 않을 경우

자동차 번호 :			비번호		감독위원 확 인	
측정 항목	측정(또는 점검)		판정 및 정비(또는 조치) 사항			득점
			판정(□에 'ㅇ'표)	정비 및 조치할 사항		
와이퍼 간헐 시간 조정 스위치 위치별 작동신호	INT S/W 전압	ON : 0 V OFF : 0 V	□ 양호 ☑ 불량	에탁스 교체 후 재점검		
	INT 스위치 위치별 전압	FAST(빠름)~SLOW(느림) 전압 기록 : 0~0 V				

※ **판정** : 와이퍼 신호 측정 전압이 없으므로 ☑ 불량에 표시하고, 에탁스 교체 후 재점검한다.

3 와이퍼 간헐시간 조정 시 작동 전압 규정값

입출력 요소	항목	조건	전압
입력	INT(간헐) 스위치	OFF	5 V
		INT 선택	0 V
출력	INT 가변 볼륨	FAST(빠름)	0 V
		SLOW(느림)	3.8 V
	INT 릴레이	모터를 구동할 때	0 V
		모터를 정지할 때	12 V

4 에탁스 와이퍼 신호 전압 측정

시험용 차량에서 에탁스 위치 확인

점화스위치 ON

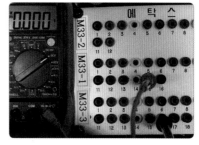

INT 스위치(ON : 0 V)

INT 스위치(OFF : 4.92 V)

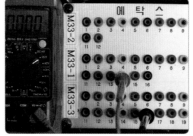

INT 스위치(FAST : 0 V)

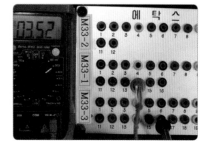

INT 스위치(SLOW : 3.52 V)

5 간헐 와이퍼 동작 특성

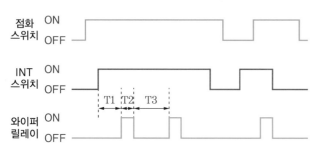

제어 시간	특징
T1 : 0.3초(max) T2 : 0.7초 T3 : 1.5±0.5∼11±1초	INT 볼륨 저속 : 약 50 kΩ 고속 : 0 kΩ

자동차정비산업기사 실기 6안

답안지 작성법

파트별	안별 문제		6안
엔진	1	엔진 분해 조립/측정	엔진 분해 조립/캠축 양정 측정
	2	엔진 시동/작업	1가지 부품 탈 · 부착/ 엔진 시동(시동, 점화, 연료)
	3	엔진 작동상태/측정	공회전 속도 점검/연료압력 점검
	4	파형 점검	점화 1차 파형 분석(공회전상태)
	5	부품 교환/측정	CRDI 연료압력 조절기 탈 · 부착 시동/매연 측정
섀시	1	부품 탈 · 부착 작업	자동변속기 SCSV, 오일펌프, 필터 탈 · 부착
	2	링기어 디칭/부품 교환 소싱	브레이크 페달 자유 간극/ 자유 간극과 페달 높이 측정
	3	브레이크 부품 교환/ 작동상태 점검	캘리퍼 탈 · 부착/ 브레이크 작동상태 확인
	4	제동력 측정	전륜 또는 후륜 제동력 측정
	5	부품 탈 · 부착/ 이상 부위 측정	ABS 자기진단
전기	1	부품 탈 · 부착 작업/측정	기동모터 분해 조립/ 솔레노이드 코일 점검
	2	전조등 점검	전조등 시험기 점검/광도, 광축
	3	편의 안전장치 점검	점화키 홀 조명 작동 시/ 출력 신호(전압) 점검
	4	전기 회로 점검	경음기 회로 점검

6안 캠축 캠 높이 측정

엔진 1 주어진 엔진을 기록표의 측정 항목까지 분해하여 기록표의 요구사항을 측정 및 점검하고 본래 상태로 조립하시오.

1 캠 높이가 규정값보다 작을 경우

측정 항목	① 엔진 번호 :		② 비번호		③ 감독위원 확 인	
	측정(또는 점검)		판정 및 정비(또는 조치) 사항			⑧ 득점
	④ 측정값	⑤ 규정(정비한계)값	⑥ 판정(□에 'V'표)	⑦ 정비 및 조치할 사항		
캠 높이	35.25 mm	35.439~35.993 mm	□ 양호 ☑ 불량	캠축 교체		

① **엔진 번호** : 측정하는 엔진 번호를 기록한다(측정 엔진이 1대인 경우 생략할 수 있다).
② **비번호** : 책임관리위원(공단 본부)이 배부한 등번호(비번호)를 기록한다.
③ **감독위원 확인** : 시험 전 또는 시험 후 감독위원이 채점 후 확인한다(날인).
④ **측정값** : 캠 높이를 측정한 값을 기록한다.
  • 측정값 : 35.25 mm
⑤ **규정(정비한계)값** : 감독위원이 제시한 값이나 정비지침서를 보고 규정값을 기록한다.
  • 규정값 : 35.439~35.993 mm
⑥ **판정** : 측정값이 규정값 범위를 벗어났으므로 ☑ **불량**에 표시한다.
⑦ **정비 및 조치할 사항** : 판정이 불량이므로 **캠축 교체**를 기록한다.
⑧ **득점** : 감독위원이 해당 문항을 채점하고 점수를 기록한다.

2 캠 높이가 규정값 범위 내에 있을 경우

측정 항목	엔진 번호 :		비번호		감독위원 확 인	
	측정(또는 점검)		판정 및 정비(또는 조치) 사항			득점
	측정값	규정(정비한계)값	판정(□에 'V'표)	정비 및 조치할 사항		
캠 높이	35.55 mm	35.439~35.993 mm	☑ 양호 □ 불량	정비 및 조치할 사항 없음		

※ **판정** : 캠 높이가 규정값 범위 내에 있으므로 ☑ 양호에 표시하고, 정비 및 조치할 사항 없음을 기록한다.

3 캠 높이(양정)가 규정값보다 작을 경우

측정 항목	측정(또는 점검)		판정 및 정비(또는 조치) 사항		득점
	엔진 번호 :		비번호	감독위원 확 인	
	측정값	규정(정비한계)값	판정(□에 'v'표)	정비 및 조치할 사항	
캠 높이 (양정)	33.95 mm	35.439~35.993 mm	□ 양호 ☑ 불량	캠축 교체	

4 캠 높이 규정값

차 종		규정값(mm)	한계값(mm)	차 종		규정값(mm)	한계값(mm)
아반떼 1.5D	흡기	43.2484	42.7484	옵티마 2.0D	흡기	35.439	35.993
	배기	43.8489	43.3489		배기	35.317	34.817
EF 쏘나타	흡기	35.493±0.1	−	크레도스	흡기	37.9593	−
	배기	35.317±0.1	−		배기	37.9617	−
쏘나타	흡기	44.525	42.7484	토스카 2.0D	흡기	5.8106	
	배기	44.525	43.3489		배기	5.3303	

5 캠축의 캠 높이 측정

캠축 양정 측정

마이크로미터 0점 확인

측정값(35.25 mm)

캠축 양정 측정

❶ 기초원(base circle) : 기초가 되는 원

❷ 노즈(nose) : 밸브가 완전히 열리는 점

❸ 양정(lift) : 기초원과 노즈와의 거리

❹ 캠 높이 − 기초원 = 양정 ➡ 따라서 캠 높이 마모는 양정의 마모 의미로도 측정한다.

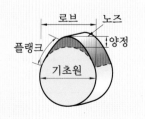

연료압력 측정

2항의 시동된 엔진에서 공회전상태를 확인하고 감독위원의 지시에 따라 연료 공급 시스템의 연료압력을 측정하여 기록표에 기록하시오(단, 시동이 정상적으로 되지 않은 경우 본 항의 작업은 할 수 없다).

1 연료압력이 규정값보다 클 경우

항목	① 엔진 번호 :		② 비번호		③ 감독위원 확 인	
	측정(또는 점검)		판정 및 정비(또는 조치) 사항			⑧ 득점
	④ 측정값	⑤ 규정(정비한계)값	⑥ 판정(□에 '∨'표)	⑦ 정비 및 조치할 사항		
연료압력	3 kgf/cm² (공회전 rpm)	2.75 kgf/cm² (공회전 rpm)	□ 양호 ☑ 불량	연료압력 조절기 진공호스 체결 후 재점검		

① **엔진 번호** : 측정하는 엔진 번호를 기록한다(측정 엔진이 1대인 경우 생략할 수 있다).
② **비번호** : 책임관리위원(공단 본부)이 배부한 등번호(비번호)를 기록한다.
③ **감독위원 확인** : 시험 전 또는 시험 후 감독위원이 채점 후 확인한다(날인).
④ **측정값** : 연료압력을 측정한 값을 기록한다.
       • 측정값 : 3 kgf/cm² (공회전 rpm)
⑤ **규정(정비한계)값** : 감독위원이 정비지침서 또는 스캐너 기준값으로 제시한 값을 기록한다.
       • 규정값 : 2.75 kgf/cm² (공회전 rpm)
⑥ **판정** : 측정값이 규정값을 벗어났으므로 ☑ **불량**에 표시한다.
⑦ **정비 및 조치할 사항** : 판정이 불량이므로 **연료압력 조절기 진공호스 체결 후 재점검**을 기록한다.
⑧ **득점** : 감독위원이 해당 문항을 채점하고 점수를 기록한다.

※ 공회전상태에서 측정한다.

2 연료압력이 규정값보다 작을 경우

항목	엔진 번호 :		비번호		감독위원 확 인	
	측정(또는 점검)		판정 및 정비(또는 조치) 사항			득점
	측정값	규정(정비한계)값	판정(□에 '∨'표)	정비 및 조치할 사항		
연료압력	1.5 kgf/cm² (공회전 rpm)	2.75 kgf/cm (공회전 rpm)	□ 양호 ☑ 불량	연료펌프 교체 후 재점검		

※ 판정 : 연료압력이 규정값을 벗어났으므로 ☑ **불량**에 표시하고, 연료펌프 교체 후 재점검한다.

3 가솔린 엔진 연료압력 규정값

차 종	규정값	
	연료압력 진공호스 연결 시	연료압력 진공호스 탈거 시
EF 쏘나타(SOHC, DOHC)	2.75 kgf/cm² (공회전 rpm)	3.26~3.47 kgf/cm² (공회전 rpm)
그랜저 XG	3.3~3.5 kgf/cm² (공회전 rpm)	2.7 kgf/cm² (공회전 rpm)
아반떼 XD	–	3.5 kgf/cm² (공회전 rpm)
베르나	–	3.5 kgf/cm² (공회전 rpm)

4 연료압력 측정

1. 엔진을 시동하고 공회전상태를 유지한다.

2. 연료압력을 확인한다(3 kgf/cm²).

3. 압력이 높으면 연료압력 조절기 진공호스 탈거상태를 확인한다.

● 연료압력상태에 따른 원인과 정비 및 조치할 사항(엔진 공회전상태)

연료압력상태	원인	조치할 사항
연료압력이 낮을 때	연료필터 막힘	연료필터 교체
	연료압력 조절기 구환구 쪽 연료 누설	연료압력 조절기 교체
	연료펌프 공급압력 누설	연료펌프 교체
연료압력이 높을 때	연료압력 조절기 내의 밸브 고착	연료압력 조절기 교체
		연료호스, 파이프 수리 및 교체
엔진 정지 후 연료압력이 서서히 저하될 때	연료 인젝터에서 연료 누설	인젝터 교체
엔진 정지 후 연료압력이 급격히 저하될 때	연료펌프 내 체크밸브 불량	연료펌프 교체

점화 1차 파형 분석

엔진 4 주어진 자동차 엔진에서 점화코일 1차 파형을 측정·분석하여 출력물에 기록·판정하시오(조건 : 공회전상태).

● 점화 1차 파형

자동차 번호 :		비번호		감독위원 확 인	
측정 항목	파형 상태				득점
파형 측정	요구사항 조건에 맞는 파형을 프린트하여 아래 사항을 분석 후 뒷면에 첨부 • 출력된 파형에 불량 요소가 있는 경우에는 반드시 표기 및 설명되어야 함 • 파형의 주요 특징에 대하여 표기 및 설명되어야 함				

1 점화 1차 정상 파형

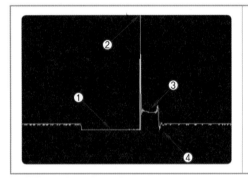

(1) ① 지점 : 드웰 구간 – 점화 1차 회로에 전류가 흐르는 시간 지점, 3 V 이하~TR OFF 전압(드웰 끝부분)
(2) ② 지점 : 서지 전압(점화 전압) – 300~400 V
(3) ③ 지점 : 점화 라인 – 연소가 진행되는 구간(0.8~2.0 ms)
(4) ④ 지점 : 감쇄 진동 구간, 3~4회의 진동이 발생
(5) 축전지 전압 발전기에서 발생되는 전압 : 13.2~14.7 V

2 점화 1차 측정 파형 분석

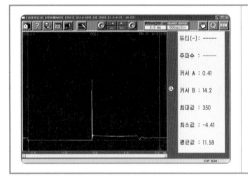

(1) 드웰 구간 : 파워 TR의 ON~OFF까지의 구간
(2) 1차 유도 전압(서지 전압) : 350 V(규정값 : 300~400 V)
(3) 점화 라인(점화 시간) : 2.0 ms(규정값 : 0.8~2.0 ms)
(4) 감쇄 진동부 : 점화코일에 잔류한 에너지가 1차 코일을 통해 감쇄 소멸되는 전압으로 3~4회 진동이 발생되었다.
(5) 축전지 전압 발전기에서 발생되는 전압 : 14.2 V (규정값 : 13.2~14.7 V)

3 분석 결과 및 판정

점화 1차 서지 전압은 350 V(규정값 : 300~400 V), 점화 시간은 2.0 ms(규정값 : 0.8~2.0 ms), 축전지 전압 발전기에서 발생되는 전압은 14.2 V(규정값 : 13.2~14.7 V)로 안정된 상태이므로 점화 1차 파형은 **양호**이다.

※ 불량일 경우 점화계통 배선회로를 점검하고, 점화코일 및 스파크 플러그 하이텐션 케이블 등 관련 부품 교체 후 재점검한다.

6안 디젤 엔진 매연 측정

엔진 5 주어진 전자제어 디젤 엔진에서 연료압력 조절 밸브를 탈거한 후(감독위원에게 확인) 다시 부착하여 시동을 걸고 매연을 측정하여 기록표에 기록하시오.

1 매연 측정값이 기준값 범위 내에 있을 경우(터보차량, 5% 가산)

① 자동차 번호 :					② 비번호		③ 감독위원 확 인	
측정(또는 점검)					산출 근거 및 판정			⑪ 득점
④ 차종	⑤ 연식	⑥ 기준값	⑦ 측정값	⑧ 측정	⑨ 산출 근거(계산) 기록		⑩ 판정 (□에 'V'표)	
화물차 (소형)	2008	25% 이하 (터보차량)	21%	1회 : 19% 2회 : 23.5% 3회 : 21%	$\frac{19+23.5+21}{3}=21.16$		☑ 양호 □ 불량	

① **자동차 번호** : 측정하는 자동차 번호를 기록한다(측정 차량이 1대인 경우 생략할 수 있다).
② **비번호** : 책임관리위원(공단 본부)이 배부한 등번호(비번호)를 기록한다.
③ **감독위원 확인** : 시험 전 또는 시험 후 감독위원이 채점 후 확인한다(날인).
④ **차종** : KMFYAS7JP8U087414(차대번호 3번째 자리 : F) ➡ 화물차
⑤ **연식** : KMFYAS7JP8U087414(차대번호 10번째 자리 : 8) ➡ 2008
⑥ **기준값** : 자동차등록증 차대번호의 연식을 확인하고, 터보차량이므로 기준값 20%에 5%를 가산하여 기록한다.
- 기준값 : 25% 이하

⑦ **측정값** : 3회 산출한 값의 평균값을 기록한다(소수점 이하는 버림).
- 측정값 : 21%

⑧ **측정** : 1회부터 3회까지 측정한 값을 기록한다.
- 1회 : 19% • 2회 : 23.5% • 3회 : 21%

⑨ **산출 근거(계산) 기록** : $\frac{19+23.5+21}{3}=21.16$
⑩ **판정** : 측정값이 기준값 범위 내에 있으므로 ☑ **양호**에 표시한다.
⑪ **득점** : 감독위원이 해당 문항을 채점하고 점수를 기록한다.

※ 감독위원이 제시한 자동차등록증(또는 차대번호)을 활용하여 차종 및 연식을 적용한다. ※ 측정 및 판정은 무부하 조건으로 한다.
※ 측정값은 매연 농도를 산술평균하여 소수점 이하는 버린 값으로 기입한다. ※ 자동차 검사 기준 및 방법에 의하여 기록 · 판정한다.

매연 측정 시 유의사항

엔진을 충분히 워밍업시킨 후 매연 측정을 한다(정상온도 70~80℃).

2 매연 기준값 (자동차등록증 차대번호 확인)

차 종		제 작 일 자		매 연
경자동차 및 승용자동차		1995년 12월 31일 이전		60% 이하
		1996년 1월 1일부터 2000년 12월 31일까지		55% 이하
		2001년 1월 1일부터 2003년 12월 31일까지		45% 이하
		2004년 1월 1일부터 2007년 12월 31일까지		40% 이하
		2008년 1월 1일 이후		20% 이하
승합· 화물· 특수자동차	소형	1995년 12월 31일까지		60% 이하
		1996년 1월 1일부터 2000년 12월 31일까지		55% 이하
		2001년 1월 1일부터 2003년 12월 31일까지		45% 이하
		2004년 1월 1일부터 2007년 12월 31일까지		40% 이하
		2008년 1월 1일 이후		20% 이하
	중형·대형	1992년 12월 31일 이전		60% 이하
		1993년 1월 1일부터 1995년 12월 31일까지		55% 이하
		1996년 1월 1일부터 1997년 12월 31일까지		45% 이하
		1998년 1월 1일부터 2000년 12월 31일까지	시내버스	40% 이하
			시내버스 외	45% 이하
		2001년 1월 1일부터 2004년 9월 30일까지		45% 이하
		2004년 10월 1일부터 2007년 12월 31일까지		40% 이하
		2008년 1월 1일 이후		20% 이하

3 매연 측정

1회 측정값(19%)

3회 측정값(21%)

2회 측정값(23.5%)

자 동 차 등 록 증

제2008 - 8255호   최초등록일 : 2008년 10월 05일

① 자동차 등록번호	09다 8255	② 차종		화물차(소형)	③ 용도	자가용
④ 차명	리베로	⑤ 형식 및 연식		2008		
⑥ 차대번호	KMFYAS7JP8U087414		⑦ 원동기형식			
⑧ 사용자 본거지	서울특별시 영등포구 번영로					
소유자	⑨ 성명(상호)	기동찬	⑩ 주민(사업자)등록번호		******-******	
	⑪ 주소	서울특별시 영등포구 번영로				

자동차관리법 제8조 규정에 의하여 위와 같이 등록하였음을 증명합니다.

2008년 10월 5일

서울특별시장

● **차대번호 식별방법**

KMFYAS7JP8U087414

① 첫 번째 자리는 제작국가(K＝대한민국)
② 두 번째 자리는 제작회사(M＝현대, N＝기아, P＝쌍용, L＝GM 대우)
③ 세 번째 자리는 자동차 종별(H＝승용차, J＝승합차, F＝**화물차**)
④ 네 번째 자리는 차종 구분(Y＝리베로, Z＝포터)
⑤ 다섯 번째 자리는 세부 차종(A＝장축 저상, B＝장축 고상, C＝초장축 저상, D＝초장축 고상)
⑥ 여섯 번째 자리는 차체 형상(D＝더블 캡, N＝일반 캡, S＝슈퍼 캡)
⑦ 일곱 번째 자리는 안전벨트 안정장치(7＝유압식 제동장치, 8＝공기식 제동장치, 9＝혼합식 제동장치)
⑧ 여덟 번째 자리는 엔진 형식(J＝A-Engine 2.5 TCI)
⑨ 아홉 번째 자리는 기타 사항 용도 구분(P＝왼쪽 운전석, R＝오른쪽 운전석)
⑩ 열 번째 자리는 제작연도(영문 I, O, Q, U, Z 제외)
　　～1(2001)～8(2008), 9(2009), A(2010)～L(2020)～
⑪ 열한 번째 자리는 제작공장(A＝아산, C＝전주, U＝울산)
⑫ 열두 번째～열일곱 번째 자리는 차량 생산(제작) 일련번호

6안   브레이크 페달 점검

섀시 2   주어진 자동차의 브레이크에서 페달 자유 간극을 측정하여 기록표에 기록한 후, 페달 자유 간극과 페달 높이가 규정값이 되도록 조정하시오.

1 브레이크 페달 높이와 유격이 규정값 범위 내에 있을 경우

항목	① 자동차 번호 :		② 비번호		③ 감독위원 확 인	
	측정(또는 점검)		판정 및 정비(또는 조치) 사항			⑧ 득점
	④ 측정값	⑤ 규정(정비한계)값	⑥ 판정 (□에 'V'표)	⑦ 정비 및 조치할 사항		
브레이크 페달 높이	175 mm	173~179 mm	☑ 양호 □ 불량	정비 및 조치할 사항 없음		
브레이크 페달 유격	5 mm	3~8 mm				

① **자동차 번호** : 측정하는 자동차 번호를 기록한다(측정 차량이 1대인 경우 생략할 수 있다).
② **비번호** : 책임관리위원(공단 본부)이 배부한 등번호(비번호)를 기록한다.
③ **감독위원 확인** : 시험 전 또는 시험 후 감독위원이 채점 후 확인한다(날인).
④ **측정값** : 브레이크 페달 높이와 페달 유격을 측정한 값을 기록한다.
      • 페달 높이 : 175 mm   • 페달 유격 : 5 mm
⑤ **규정(정비한계)값** : 감독위원이 제시한 값이나 정비지침서를 보고 규정값을 기록한다.
      • 페달 높이 : 173~179 mm   • 페달 유격 : 3~8 mm
⑥ **판정** : 측정값이 규정값 범위 내에 있으므로 ☑ **양호**에 표시한다.
⑦ **정비 및 조치할 사항** : 판정이 양호이므로 **정비 및 조치할 사항 없음**을 기록한다.
⑧ **득점** : 감독위원이 해당 문항을 채점하고 점수를 기록한다.

2 브레이크 페달 유격이 규정값보다 클 경우

항목	자동차 번호 :		비번호		감독위원 확 인	
	측정(또는 점검)		판정 및 정비(또는 조치) 사항			득점
	측정값	규정(정비한계)값	판정 (□에 'V'표)	정비 및 조치할 사항		
브레이크 페달 높이	176 mm	173~179 mm	□ 양호 ☑ 불량	마스터 실린더 푸시로드의 길이로 페달 유격 조정		
브레이크 페달 유격	12 mm	3~8 mm				

3 브레이크 페달 높이가 규정값보다 작을 경우

자동차 번호 :			비번호		감독위원 확　인	
항목	측정(또는 점검)		판정 및 정비(또는 조치) 사항			득점
	측정값	규정(정비한계)값	판정 (□에 'V'표)	정비 및 조치할 사항		
브레이크 페달 높이	168 mm	173~179 mm	□ 양호 ☑ 불량	페달 조정너트의 길이로 페달 높이 조정 후 재점검		
브레이크 페달 유격	6 mm	3~8 mm				

4 페달 높이와 페달 유격의 규정값

차 종	페달 높이	페달 유격	여유 간극	작동 거리
그랜저 XG	176±3 mm	3~8 mm	44 mm 이상	132±3 mm
EF 쏘나타	176 mm	3~8 mm	44 mm 이상	132 mm
쏘나타 Ⅲ	177 mm	4~10 mm	44 mm 이상	133 mm
아반떼 XD	170 mm	3~8 mm	61 mm 이상	128 mm
베르나	163.5 mm	3~8 mm	50 mm 이상	135 mm

5 브레이크 페달 높이와 페달 유격 측정

1. 시험 차량의 브레이크 페달 위치를 확인한 후 운전석 매트를 제거한다.

2. 브레이크 페달 측면에 철자를 대고 페달 높이를 측정한다(176 mm).

3. 저항이 느껴지지 않는 위치까지 브레이크 페달을 지그시 눌러 페달 유격을 측정한다(12 mm).

브레이크 페달 점검 시 유의사항

❶ 브레이크 페달 높이와 페달 유격을 측정할 때는 자를 바닥에 밀착시키고 페달과 직각이 되도록 하여 측정한다.

❷ 정확한 눈금을 확인하기 위해 사인펜을 사용하여 자의 눈금에 해당 위치를 표시한다.

섀시 4   3항 작업 자동차에서 감독위원 지시에 따라 전(앞) 또는 후(뒤) 제동력을 측정하여 기록표에 기록하시오.

1 제동력 편차와 합이 기준값 범위 내에 있을 경우 (뒷바퀴)

① 자동차 번호 :				② 비번호		③ 감독위원 확 인	
측정(또는 점검)				산출 근거 및 판정			⑨ 득점
④ 항목	구분	⑤ 측정값 (kgf)	⑥ 기준값 (□에 'ᐯ'표)	⑦ 산출 근거		⑧ 판정 (□에 'ᐯ'표)	
제동력 위치 (□에 'ᐯ'표) □ 앞 ☑ 뒤	좌	220 kgf	□ 앞 축중의 ☑ 뒤	편차	$\dfrac{260-220}{500} \times 100 = 8$	☑ 양호 □ 불량	
			편차 8.0% 이하				
	우	260 kgf	합 20% 이상	합	$\dfrac{260+220}{500} \times 100 = 96$		

① **자동차 번호** : 측정하는 자동차 번호를 기록한다(측정 차량이 1대인 경우 생략할 수 있다).
② **비번호** : 책임관리위원(공단 본부)이 배부한 등번호(비번호)를 기록한다.
③ **감독위원 확인** : 시험 전 또는 시험 후 감독위원이 채점 후 확인한다(날인).
④ **항목** : 감독위원이 지정하는 축에 ☑ 표시를 한다.   • 위치 : ☑ 뒤
⑤ **측정값** : 제동력을 측정한 값을 기록한다.
       • 좌 : 220 kgf   • 우 : 260 kgf
⑥ **기준값** : 검사 기준에 따라 제동력 편차와 합의 기준값을 기록한다.
       • 편차 : 뒤 축중의 8.0% 이하   • 합 : 뒤 축중의 20% 이상
⑦ **산출 근거** : 공식에 대입하여 산출한 계산식을 기록한다.
       • 편차 : $\dfrac{260-220}{500} \times 100 = 8$ • 합 : $\dfrac{260+220}{500} \times 100 = 96$
⑧ **판정** : 뒷바퀴 제동력의 편차와 합이 기준값 범위 내에 있으므로 ☑ 양호에 표시한다.
⑨ **득점** : 감독위원이 해당 문항을 채점하고 점수를 기록한다.
※ 측정 차량 크루즈 1.5DOHC A/T의 공차 중량(1130 kgf)의 뒤(후) 축중(500 kgf)으로 산출하였다.

■ **제동력 계산**

• 뒷바퀴 제동력의 편차 = $\dfrac{\text{큰 쪽 제동력} - \text{작은 쪽 제동력}}{\text{해당 축중}} \times 100$ ➡ 뒤 축중의 8.0% 이하이면 양호

• 뒷바퀴 제동력의 총합 = $\dfrac{\text{좌우 제동력의 합}}{\text{해당 축중}} \times 100$ ➡ 뒤 축중의 20% 이상이면 양호

※ 측정 위치는 감독위원이 지정하는 위치의 □에 'ᐯ' 표시한다.   ※ 자동차 검사 기준 및 방법에 의하여 기록 · 판정한다.
※ 측정값의 단위는 시험 장비 기준으로 기록한다.   ※ 산출 근거에는 단위를 기록하지 않아도 된다.

2 제동력 편차와 합이 기준값 범위 내에 있을 경우(뒷바퀴)

자동차 번호 :				비번호			감독위원 확 인	
측정(또는 점검)				산출 근거 및 판정				득점
항목	구분	측정값 (kgf)	기준값(□에 '∨'표)	산출 근거		판정 (□에 '∨'표)		
제동력 위치 (□에 '∨'표) □ 앞 ☑ 뒤	좌	240 kgf	□ 앞 축중의 ☑ 뒤	편차	$\dfrac{240-230}{500} \times 100 = 2$	☑ 양호 □ 불량		
	우	230 kgf	편차 8.0% 이하	합	$\dfrac{240+230}{500} \times 100 = 94$			
			합 20% 이상					

■ 제동력 계산
- 뒷바퀴 제동력의 편차 $= \dfrac{240-230}{500} \times 100 = 2\% \le 8.0\%$ ➡ 양호
- 뒷바퀴 제동력의 총합 $= \dfrac{240+230}{500} \times 100 = 94\% \ge 20\%$ ➡ 양호

3 제동력 측정

제동력 측정

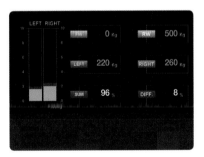

측정값(좌 : 220 kgf, 우 : 260 kgf)

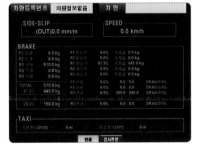

결과 출력

제동력 측정 시 유의사항
❶ 시험장 여건에 따라 감독위원이 임의의 측정값을 제시한 후 제동력 편차와 합을 계산하기도 한다.
❷ 제동력 측정 시 브레이크 페달 압력을 최대한 유지한 상태에서 측정값을 확인한다.
❸ 앞 축중 또는 뒤 축중 측정 상태를 정확하게 확인한 후 제동력 시험기의 모니터 출력값을 확인한다.
❹ 측정이 끝나면 편차와 합을 계산하고 기록표를 작성한 후 감독위원에게 제출한다.

6
안

섀시

ABS 자기진단

6안

섀시 5 주어진 자동차의 ABS에서 자기진단기(스캐너)를 이용하여 각종 센서 및 시스템의 작동상태를 점검하고 기록표에 기록하시오.

1 앞 좌측, 앞 우측 휠 스피드 센서 커넥터가 탈거된 경우

① 자동차 번호 :			② 비번호		③ 감독위원 확 인	
항목	측정(또는 점검)		⑥ 정비 및 조치할 사항			⑦ 득점
	④ 고장 부분	⑤ 내용 및 상태				
ABS 자기진단	앞 좌측 휠 스피드 센서	커넥터 탈거	앞 좌측 및 앞 우측 휠 스피드 센서 커넥터 체결, ECU 과거 기억 소거 후 재점검			
	앞 우측 휠 스피드 센서	커넥터 탈거				

① **자동차 번호** : 측정하는 자동차 번호를 기록한다(측정 차량이 1대인 경우 생략할 수 있다).
② **비번호** : 책임관리위원(공단 본부)이 배부한 등번호(비번호)를 기록한다.
③ **감독위원 확인** : 시험 전 또는 시험 후 감독위원이 채점 후 확인한다(날인).
④ **고장 부분** : 스캐너 자기진단으로 확인된 고장 부분을 기록한다.
  • 고장 부분 : **앞 좌측 휠 스피드 센서, 앞 우측 휠 스피드 센서**
⑤ **내용 및 상태** : 고장 부분으로 확인된 내용 및 상태를 기록한다.
  • 내용 및 상태 : **커넥터 탈거**
⑥ **정비 및 조치할 사항** : 앞 좌측, 앞 우측 휠 스피드 센서 커넥터가 탈거되었으므로 **앞 좌측 및 앞 우측 휠 스피드 센서 커넥터 체결, ECU 과거 기억 소거 후 재점검**을 기록한다.
⑦ **득점** : 감독위원이 해당 문항을 채점하고 점수를 기록한다.

2 전자제어 ABS 시스템 점검

고장 부분 2군데 확인

휠 스피드 센서 커넥터(FL) 탈거 확인

휠 스피드 센서 커넥터(FR) 탈거 확인

기동전동기 점검

6안

`전기 1` 주어진 기동모터를 분해한 후 전기자 코일과 솔레노이드(풀인, 홀드인) 상태를 점검하여 기록표에 기록하고, 다시 본래대로 조립하여 작동상태를 확인하시오.

1 전기자 코일과 솔레노이드 코일 저항값이 규정값 범위 내에 있을 경우

측정 항목		④ 측정(또는 점검) 상태	⑤ 판정(□에 'V'표)	⑥ 정비 및 조치할 사항	⑦ 득점
① 엔진 번호 :			② 비번호	③ 감독위원 확 인	
판정 및 정비(또는 조치) 사항					
전기자 코일 (단선, 단락, 접지)		단선 : 0 Ω, 단락 : 양호, 접지 : ∞ Ω	☑ 양호 □ 불량	정비 및 조치할 사항 없음	
솔레노이드	풀인	1.1 Ω			
	홀드인	0.7 Ω			

① **엔진 번호** : 측정하는 엔진 번호를 기록한다(측정 엔진이 1대인 경우 생략할 수 있다).
② **비번호** : 책임관리위원(공단 본부)이 배부한 등번호(비번호)를 기록한다.
③ **감독위원 확인** : 시험 전 또는 시험 후 감독위원이 채점 후 확인한다(날인).
④ **측정(또는 점검)** : • 전기자 코일 : 단선 – 0 Ω, 단락 – **양호**, 접지 – ∞ Ω
　　　　　　　　　　 • 솔레노이드 : 풀인 코일 – 1.1 Ω, 홀드인 코일 – 0.7 Ω
⑤ **판정** : 전기자 코일 및 솔레노이드가 양호이므로 ☑ **양호**에 표시한다.
⑥ **정비 및 조치할 사항** : 판정이 양호이므로 **정비 및 조치할 사항 없음**을 기록한다.
⑦ **득점** : 감독위원이 해당 문항을 채점하고 점수를 기록한다.

2 솔레노이드 코일 저항값이 규정값보다 클 경우

측정 항목		측정(또는 점검)	판정(□에 'V'표)	정비 및 조치할 사항	득점
엔진 번호 :			비번호	감독위원 확 인	
판정 및 정비(또는 조치) 사항					
전기자 코일 (단선, 단락, 접지)		단선 : 0 Ω, 단락 : 양호, 접지 : ∞ Ω	□ 양호 ☑ 불량	솔레노이드 스위치 교체 후 재점검	
솔레노이드	풀인	4 Ω			
	홀드인	2 Ω			

3 전기자 코일과 솔레노이드 코일 저항값이 규정값 범위를 벗어날 경우

엔진 번호 :		비번호		감독위원 확 인	
측정 항목	측정(또는 점검) 상태	판정 및 정비(또는 조치) 사항			득점
		판정(□에 'V'표)	정비 및 조치할 사항		
전기자 코일 (단선, 단락, 접지)	단선 : ∞ Ω, 단락 : 양호, 접지 : 0 Ω	□ 양호 ☑ 불량	기동전동기 교체 후 재점검		
솔레노이드 — 풀인	3 Ω				
솔레노이드 — 홀드인	1 Ω				

4 전기자 코일 및 솔레노이드 스위치 규정값

부 품	시 험	규정값
전기자 코일	단선	모든 정류자편이 통전되어야 한다(0 Ω).
	단락	철편이 흡인되지 않아야 한다(양호).
	접지	통전되지 않아야 한다(∞ Ω).
솔레노이드 스위치 (마그네틱 스위치)	풀인	피니언이 전진한다(1.1 Ω).
	홀드인	피니언이 전진 상태로 유지된다(0.4~0.7 Ω).

5 솔레노이드 스위치 점검

솔레노이드 스위치와 멀티테스터 확인

풀인 코일 저항 측정(1.1 Ω)

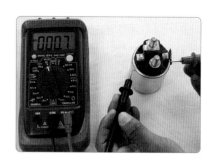

홀드인 코일 저항 측정(0.7 Ω)

전기자 코일 및 솔레노이드 스위치가 불량일 경우 정비 및 조치할 사항
❶ 전기자 코일 불량 → 전기자 코일 교체   ❷ 솔레노이드 스위치 불량 → 솔레노이드 스위치 교체
❸ 솔레노이드 풀인 코일 단선 → 솔레노이드 풀인 코일 교체
❹ 솔레노이드 홀드인 코일 단선 → 솔레노이드 홀드인 코일 교체

전조등 점검

전기 2 주어진 자동차에서 전조등 시험기로 전조등을 점검하여 기록표에 기록하시오.

1 광도와 광축이 기준값 범위 내에 있을 경우(좌측 전조등, 4등식)

① 자동차 번호 :			② 비번호		③ 감독위원 확 인	
측정(또는 점검)					⑦ 판정 (□에 '∨'표)	⑧ 득점
④ 구분	항목	⑤ 측정값		⑥ 기준값		
(□에 '∨'표) 위치 : ☑ 좌 □ 우 등식 : □ 2등식 ☑ 4등식	광도	65000 cd		<u>12000 cd 이상</u>	☑ 양호 □ 불량	
	광축	□ 상 ☑ 하 (□에 '∨'표)	5 cm	30 cm 이하	☑ 양호 □ 불량	
		☑ 좌 □ 우 (□에 '∨'표)	10 cm	15 cm 이하	☑ 양호 □ 불량	

① **자동차 번호** : 측정하는 자동차 번호를 기록한다(측정 차량이 1대인 경우 생략할 수 있다).
② **비번호** : 책임관리위원(공단 본부)이 배부한 등번호(비번호)를 기록한다.
③ **감독위원 확인** : 시험 전 또는 시험 후 감독위원이 채점 후 확인한다(날인).
④ **구분** : 감독위원이 지정한 위치와 등식에 ☑ 표시를 한다(운전석 착석 시 좌우 기준).
　　　　· 위치 : ☑ 좌　　· 등식 : ☑ 4등식
⑤ **측정값** : 광도와 광축을 측정한 값을 기록한다.
　　　　· 광도 : 65000 cd　　· 광축 : 하 - 5 cm, 좌 - 10 cm
⑥ **기준값** : 검사 기준값을 수험자가 암기하여 기록한다.
　　　　· 광도 : 12000 cd 이상　　· 광축 : 하 - 30 cm 이하, 좌 - 15 cm 이하
⑦ **판정** : 광도와 광축이 모두 기준값 범위 내에 있으므로 각각 ☑ 양호에 표시한다.
⑧ **득점** : 감독위원이 해당 문항을 채점하고 점수를 기록한다.

※ 측정 위치는 감독위원이 지정하는 위치의 □에 '∨' 표시한다.　　※ 자동차 검사기준 및 방법에 의하여 기록·판정한다.

전조등에서 좌·우측등이 상향과 하향으로 분리되어 작동되는 것은 4등식이며, 상향과 하향이 하나의 등에서 회로 구성이 되어 작동되는 것은 2등식이다(차종별 정비지침서, 전기 회로도 참고).

2 전조등 광도, 광축 기준값

[자동차관리법 시행규칙 별표 15 적용]

구 분			기준값
광도	2등식		15000 cd 이상
	4등식		12000 cd 이상
광축	좌·우측등	상향 진폭	10 cm 이하
	좌·우측등	하향 진폭	30 cm 이하
	좌측등	좌진폭	15 cm 이하
		우진폭	30 cm 이하
	우측등	좌진폭	30 cm 이하
		우진폭	30 cm 이하

3 전조등 광도, 광축 측정

엔진 2000~2500 rpm

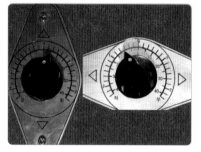

광축 측정(하 : 5 cm, 좌 : 10 cm)

광도 측정(상향 하이빔 : 65000 cd)

전조등 광도 측정 시 유의사항

❶ 시험용 차량은 공회전상태(광도 측정 시 2000 rpm), 공차상태, 운전자(관리원) 1인이 승차하여 전조등 상향등(주행)을 점등시킨다.

❷ 시험장 여건에 따라 엔진 시동 OFF 후, DC 컨버터를 축전지에 연결한 다음 측정하기도 한다(엔진 rpm 무시).

전조등 시험기 준비사항

❶ 차량의 타이어 공기압, 축전지 충전상태, 헤드램프의 고정상태 등이 유지되었는지 확인한다.

❷ 수준기를 보고 전조등 시험기가 수평으로 있는지 확인한다.

❸ 전조등이 시험기 렌즈면에 집중되는 위치까지 이동시키고, 측정하지 않는 램프는 빛 가리개로 가린다.

❹ 시험 차량은 시험기와 3 m 거리를 유지하며 레일에 대하여 직각으로 진입한 후 정지한다.

❺ 시험기의 상하 높이는 조정핸들, 좌우 축선이 전조등 중앙에 오도록 조정한 후 광도를 측정한다.

6안 점화키 홀 조명 출력신호 점검

전기 3 ┃ 주어진 자동차에서 점화키 홀 조명 기능 작동 시 편의장치(ETACS 또는 ISU) 커넥터에서 출력신호(전압)를 측정하고 이상 여부를 확인하여 기록표에 기록하시오.

1 점화키 홀 조명 출력 전압이 규정값 범위 내에 있을 경우

① 자동차 번호 :		② 비번호		③ 감독위원 확 인	
점검 항목	④ 측정(또는 점검)	판정 및 정비(또는 조치) 사항			⑦ 득점
		⑤ 판정(□에 'V'표)	⑥ 정비 및 조치할 사항		
점화키 홀 조명 출력신호(전압)	작동 : 0.822 V 비작동 : 12.20 V	☑ 양호 □ 불량	정비 및 조치할 사항 없음		

① **자동차 번호** : 측정하는 자동차 번호를 기록한다(측정 차량이 1대인 경우 생략할 수 있다).

② **비번호** : 책임관리위원(공단 본부)이 배부한 등번호(비번호)를 기록한다.

③ **감독위원 확인** : 시험 전 또는 시험 후 감독위원이 채점 후 확인한다(날인).

④ **측정(또는 점검)** : 점화키 홀 조명 작동 시, 비작동 시 출력 전압을 측정한 값을 기록한다.
   - 작동 : 0.822 V   • 비작동 : 12.20 V

⑤ **판정** : 측정값이 규정값 범위 내에 있으므로 ☑ **양호**에 표시한다.

⑥ **정비 및 조치할 사항** : 판정이 양호이므로 **정비 및 조치할 사항 없음**을 기록한다.

⑦ **득점** : 감독위원이 해당 문항을 채점하고 점수를 기록한다.

2 점화키 홀 조명 출력 전압이 규정값 범위를 벗어난 경우

자동차 번호 :		비번호		감독위원 확 인	
점검 항목	측정(또는 점검)	판정 및 정비(또는 조치) 사항			득점
		판정(□에 'V'표)	정비 및 조치할 사항		
점화키 홀 조명 출력신호(전압)	작동 : 0 V 비작동 : 0 V	□ 양호 ☑ 불량	에탁스 교체 후 재점검		

점화 키 OFF상태에서 운전석 도어를 열면 키 홀 조명은 점등되고, 키 홀 조명 제어 중 점화 키가 ON되면 키 홀 조명은 즉시 OFF된다.

3 점화키 홀 조명 출력 전압 규정값

구 분	항 목	조 건	전 압
출력	룸램프	점등 시	0 V(접지시킴)
		소등 시	12 V(접지 해제)

4 점화키 홀 조명 출력신호 점검

시험 차량 에탁스 점검

운전석 도어 OPEN, 키 홀 조명 ON

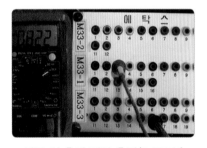

작동 시 출력 전압 측정(0.822 V)

점화스위치 IG ON, 키 홀 조명 OFF

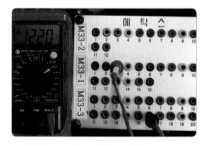

비작동 시 출력 전압 측정(12.20 V)

5 점화키 홀 조명 제어 타임차트 및 작동회로

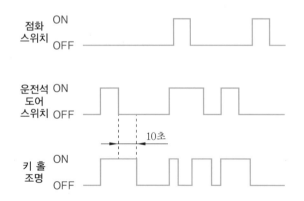

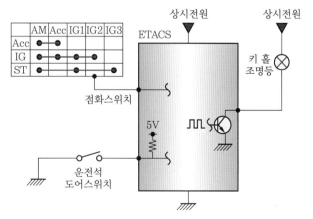

7안

답안지 작성법

파트별	안별 문제		7안
엔진	1	엔진 분해 조립/측정	엔진 분해 조립/ 실린더 헤드 변형도 측정
	2	엔진 시동/작업	1가지 부품 탈 · 부착/ 엔진 시동(시동, 점화, 연료)
	3	엔진 작동상태/측정	공회전 속도 점검/배기가스 측정
	4	파형 점검	AFS 파형 분석(공회전상태)
	5	부품 교환/측정	CRDI 연료압력 조절기 탈 · 부착 시동/백리크 측정
섀시	1	부품 탈 · 부착 작업	클러치 어셈블리 탈 · 부착
	2	싱시빌 측성/부품 교환 조성	타이로드 엔드 탈 · 부착/ 최소회전반지름 측정
	3	브레이크 부품 교환/ 작동상태 점검	마스터 실린더 탈 · 부착/ 브레이크 작동상태 확인
	4	제동력 측정	전륜 또는 후륜 제동력 측정
	5	부품 탈 · 부착/ 이상 부위 측정	자동변속기 자기진단
전기	1	부품 탈 · 부착 작업/측정	발전기 분해 조립/ 다이오드, 브러시 상태 점검
	2	전조등 점검	전조등 시험기 점검/광도, 광축
	3	편의 안전장치 점검	에어컨 이배퍼레이터 온도 센서 출력값 점검
	4	전기 회로 점검/측정	방향 지시등 회로 점검

엔진 1 주어진 엔진을 기록표의 측정 항목까지 분해하여 기록표의 요구사항을 측정 및 점검하고 본래 상태로 조립하시오.

1 실린더 헤드 변형도가 규정값 범위 내에 있을 경우

항목	① 엔진 번호 :		② 비번호		③ 감독위원 확　인	⑧ 득점
	측정(또는 점검)		판정 및 정비(또는 조치) 사항			
항목	④ 측정값	⑤ 규정(정비한계)값	⑥ 판정(□에 '∨'표)	⑦ 정비 및 조치할 사항		⑧ 득점
헤드 변형도	0.02 mm	0.05 mm 이하 (한계값 0.1 mm)	☑ 양호 □ 불량	정비 및 조치할 사항 없음		

① **엔진 번호** : 측정하는 엔진 번호를 기록한다(측정 엔진이 1대인 경우 생략할 수 있다).
② **비번호** : 책임관리위원(공단 본부)이 배부한 등번호(비번호)를 기록한다.
③ **감독위원 확인** : 시험 전 또는 시험 후 감독위원이 채점 후 확인한다(날인).
④ **측정값** : 실린더 헤드 변형도를 측정한 값을 기록한다.
　　　• 측정값 : 0.02 mm
⑤ **규정(정비한계)값** : 감독위원이 제시한 값이나 정비지침서를 보고 규정값을 기록한다.
　　　• 규정값 : 0.05 mm 이하(한계값 0.1 mm)
⑥ **판정** : 측정값이 규정값 범위 내에 있으므로 ☑ **양호**에 표시한다.
⑦ **정비 및 조치할 사항** : 판정이 양호이므로 **정비 및 조치할 사항 없음**을 기록한다.
⑧ **득점** : 감독위원이 해당 문항을 채점하고 점수를 기록한다.

2 실린더 헤드 변형도가 규정값보다 클 경우

항목	엔진 번호 :		비번호		감독위원 확　인	득점
	측정(또는 점검)		판정 및 정비(또는 조치) 사항			
항목	측정값	규정(정비한계)값	판정(□에 '∨'표)	정비 및 조치할 사항		득점
헤드 변형도	0.12 mm	0.05 mm 이하 (한계값 0.1 mm)	□ 양호 ☑ 불량	실린더 헤드 교체 후 재점검		

※ 판정 : 측정값이 규정값 범위를 벗어나 한계값보다 크므로 ☑ 불량에 표시하고, 실린더 헤드를 교체한다.

3 실린더 헤드 변형도 규정값

차 종		규정값	한계값
아반떼	1.5DOHC	0.05 mm 이하	0.1 mm
	1.8DOHC		
쏘나타 II, III	1.8DOHC	0.05 mm 이하	0.2 mm
	2.0DOHC		
싼타페	2.0DOHC	0.03 mm 이하	0.2 mm
	2.DOHC		
카렌스	2.0LPG	0.03 mm 이하	—
	0.05 mm		

4 실린더 헤드 변형도 측정

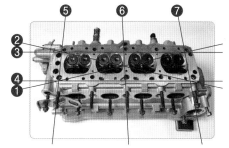
실린더 헤드 측정 부위 : 6~7군데

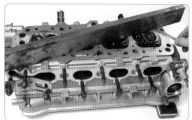
틈새 간극이 최대가 되는 부위 측정

실린더 헤드 변형도 측정(0.02 mm)

실린더 헤드의 고장 원인
❶ 실린더 헤드 개스킷의 소손
❷ 엔진 온도 상승에 의한 과열 손상
❸ 냉각수의 동결로 인한 균열
❹ 실린더 헤드 볼트의 조임 불균형

실린더 헤드 점검 시 유의사항
❶ 분해된 실린더 헤드 면을 솔벤트나 경유로 세척한 후 압축 공기를 이용하여 이물질을 제거한다.
❷ 오일 통로는 카본 접착제 슬러지에 의해 오일 통로가 막히지 않도록 불어가며 이물질을 제거한다.
❸ 실린더 헤드 내외의 균열, 손상 및 누수를 점검한다.
❹ 실린더 헤드 분해 시 캠축 타이밍 마크를 확인한 후 분해하며, 분해된 실린더 헤드는 연소실이 위를 향하도록 한다.

7안 배기가스 측정

엔진 3 2항의 시동된 엔진에서 공회전상태를 확인하고 감독위원의 지시에 따라 공회전 시 배기가스를 측정하여 기록표에 기록하시오(단, 시동이 정상적으로 되지 않은 경우 본 항의 작업은 할 수 없다).

1 CO와 HC 배출량이 기준값보다 높게 측정될 경우

① 자동차 번호 :			② 비번호		③ 감독위원 확 인	
측정 항목	측정(또는 점검)			⑥ 판정 (□에 '∨'표)		⑦ 득점
	④ 측정값	⑤ 기준값				
CO	1.8%	1.0% 이하		☐ 양호 ☑ 불량		
HC	260 ppm	120 ppm 이하				

① **자동차 번호** : 측정하는 자동차 번호를 기록한다(측정 차량이 1대인 경우 생략할 수 있다).
② **비번호** : 책임관리위원(공단 본부)이 배부한 등번호(비번호)를 기록한다.
③ **감독위원 확인** : 시험 전 또는 시험 후 감독위원이 채점 후 확인한다(날인).
④ **측정값** : 배기가스를 측정한 값을 기록한다.
　　　　• CO : 1.8%　　• HC : 260 ppm
⑤ **기준값** : 운행 차량의 배출 허용 기준값을 기록한다.
　　　KMHFV41CP6A068147(차대번호 3번째 자리 : H ➡ 승용차, 10번째 자리 : 6 ➡ 2006년식)
　　　　• CO : 1.0% 이하　　• HC : 120 ppm 이하
⑥ **판정** : 측정값이 기준값 범위를 벗어났으므로 ☑ 불량에 표시한다.
⑦ **득점** : 감독위원이 해당 문항을 채점하고 점수를 기록한다.

※ 감독위원이 제시한 자동차등록증(또는 차대번호)을 활용하여 차종 및 연식을 적용한다.
※ HC 측정값은 소수 첫째 자리 이하를 버림하여 기입한다.　　※ CO 측정값은 소수 둘째 자리 이하를 버림하여 기입한다.
※ 자동차 검사기준 및 방법에 의하여 기록 · 판정한다.

2 HC 배출량이 기준값보다 높게 측정될 경우

자동차 번호 :			비번호		감독위원 확 인	
측정 항목	측정(또는 점검)			판정 (□에 '∨'표)		득점
	측정값	기준값				
CO	0.9%	1.0% 이하		☐ 양호 ☑ 불량		
HC	250 ppm	120 ppm 이하				

3 배기가스 배출 허용 기준값(CO, HC)

[개정 2015.7.21.]

차 종		제작일자	일산화탄소	탄화수소	공기 과잉률
경자동차		1997년 12월 31일 이전	4.5% 이하	1200 ppm 이하	1±0.1 이내 기화기식 연료 공급장치 부착 자동차는 1±0.15 이내 촉매 미부착 자동차는 1+0.20 이내
		1998년 1월 1일부터 2000년 12월 31일까지	2.5% 이하	400 ppm 이하	
		2001년 1월 1일부터 2003년 12월 31일까지	1.2% 이하	220 ppm 이하	
		2004년 1월 1일 이후	1.0% 이하	150 ppm 이하	
승용자동차		1987년 12월 31일 이전	4.5% 이하	1200 ppm 이하	
		1988년 1월 1일부터 2000년 12월 31일까지	1.2% 이하	220 ppm 이하 (휘발유 · 알코올 자동차) 400 ppm 이하 (가스자동차)	
		2001년 1월 1일부터 2005년 12월 31일까지	1.2% 이하	220 ppm 이하	
		2006년 1월 1일 이후	1.0% 이하	120 ppm 이하	
승합 · 화물 · 특수 자동차	소형	1989년 12월 31일 이전	4.5% 이하	1200 ppm 이하	
		1990년 1월 1일부터 2003년 12월 31일까지	2.5% 이하	400 ppm 이하	
		2004년 1월 1일 이후	1.2% 이하	220 ppm 이하	
	중형 · 대형	2003년 12월 31일 이전	4.5% 이하	1200 ppm 이하	
		2004년 1월 1일 이후	2.5% 이하	400 ppm 이하	

4 배기가스 측정

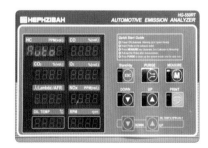

1. MEASURE(측정) : M(측정) 버튼을 누른다.

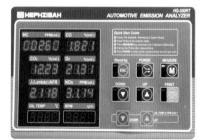

2. 측정한 배기가스를 확인한다.
   HC : 260 ppm, CO : 1.8%

3. 배기가스 측정 결과를 출력한다.

자 동 차 등 록 증

제2006 - 3260호   최초등록일 : 2006년 10월 15일

① 자동차 등록번호	08다 1402	② 차종		승용(대형)	③ 용도	자가용
④ 차명	그랜저	⑤ 형식 및 연식		2006		
⑥ 차대번호	KMHFV41CP6A068147			⑦ 원동기형식		
⑧ 사용자 본거지	서울특별시 영등포구 번영로					

소유자	⑨ 성명(상호)	기동찬	⑩ 주민(사업자)등록번호	******-******
	⑪ 주소	서울특별시 영등포구 번영로		

자동차관리법 제8조 규정에 의하여 위와 같이 등록하였음을 증명합니다.

2006년 10월 15일

서울특별시장

● **차대번호 식별방법**

KMHFV41CP6A068147

① 첫 번째 자리는 제작국가(K＝대한민국)
② 두 번째 자리는 제작회사(M＝현대, N＝기아, P＝쌍용, L＝GM 대우)
③ 세 번째 자리는 자동차 종별(H＝**승용차**, J＝승합차, F＝화물차)
④ 네 번째 자리는 차종 구분(B＝쏘나타, C＝베르나, D＝아반떼, E＝EF 쏘나타, F＝그랜저, V＝엑센트)
⑤ 다섯 번째 자리는 세부 차종 및 등급(L＝기본, M(V)＝고급, N＝최고급)
⑥ 여섯 번째 자리는 차체 형상(4＝세단4도어, 3＝세단3도어, 5＝세단5도어)
⑦ 일곱 번째 자리는 안전장치(1＝액티브 벨트(운전석+조수석), 2＝패시브 벨트(운전석+조수석))
⑧ 여덟 번째 자리는 엔진 형식(B＝1500 cc DOHC, C＝2500 cc, D＝1769 cc, G＝1500 cc SOHC)
⑨ 아홉 번째 자리는 운전석 위치(P＝왼쪽, R＝오른쪽)
⑩ 열 번째 자리는 제작연도(영문 I, O, Q, U, Z 제외)
    ~1(2001)~**6(2006)**~9(2009), A(2010)~L(2020)~
⑪ 열한 번째 자리는 제작 공장(A＝아산, C＝전주, M＝인도, U＝울산, Z＝터키)
⑫ 열두 번째~열일곱 번째 자리는 차량제작 일련번호

7안 흡입 공기 유량 센서 파형 분석

엔진 4 주어진 자동차 엔진에서 흡입 공기 유량 센서 파형을 출력·분석하여 결과를 기록표에 기록하시오(공회전상태).

● 공기 유량 센서(AFS) 파형

자동차 번호 :		비번호		감독위원 확　인	
측정 항목	파형 상태				득점
파형 측정	요구사항 조건에 맞는 파형을 프린트하여 아래 사항을 분석 후 뒷면에 첨부 • 출력된 파형에 불량 요소가 있는 경우에는 반드시 표기 및 설명되어야 함 • 파형의 주요 특징에 대하여 표기 및 설명되어야 함				

1 공기 유량 센서 정상 파형 (핫와이어형)

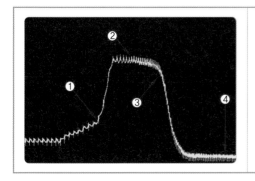

(1) ① 지점 : 가속 시점 – 0.5~1.0 V
(2) ② 지점 : 흡입 맥동(공기량 최대 유입) – 4.0~5.0 V
(3) ③ 지점 : 밸브가 닫히는 순간 – 흡입 공기 줄어듦
(4) ④ 지점 : 공회전 구간 – 0.5 V 이하

2 공기 유량 센서 측정 파형 분석

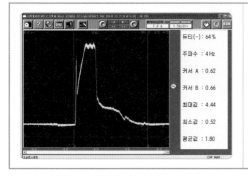

(1) 가속 시점 : 스로틀 밸브가 열려 공기량이 증가하는 시점(0.62 V)으로, 공기량이 증가하여 전압이 증가하였다.
(2) 흡입 맥동 : 공기량이 최대로 유입되도록 스로틀 밸브가 최대로 열린 상태(4.44 V)이다.
(3) 밸브가 닫히는 순간 : 흡입되는 공기량이 줄어드는 상태이다.
(4) 공회전 구간 : 스로틀 밸브가 닫혀 순간적으로 진공이 높아지므로 공회전 시 전압보다 낮아졌다(0.52 V).

3 분석 결과 및 판정

공회전 rpm 상태에서 0.62 V(규정값 : 0.5~1.0 V)가 출력되었고 가속 시 전압이 상승하여 다음 피크점에서 4.44 V(규정값 : 4.0~5.0 V)가 되었다. 따라서 공기 유량 센서 파형은 **양호**이다.

7안 인젝터 리턴(백리크) 양 측정

엔진 5 주어진 전자제어 디젤 엔진에서 연료압력 조절 밸브를 탈거한 후(감독위원에게 확인) 다시 부착하여 시동을 걸고, 인젝터 리턴(백리크) 양을 측정하여 기록표에 기록하시오.

1 인젝터 리턴 양이 규정값 범위 내에 있을 경우

① 엔진 번호 :							② 비번호		③ 감독위원 확 인	
측정(또는 점검)							판정 및 정비(또는 조치) 사항			⑧ 득점
④ 측정값(cc)						⑤ 규정(정비한계)값	⑥ 판정(□에 'ν'표)	⑦ 정비 및 조치할 사항		
1	2	3	4	5	6	28~35 cc	☑ 양호 □ 불량	정비 및 조치할 사항 없음		
30 cc	32 cc	34 cc	35 cc	–	–					

① **엔진 번호** : 측정하는 엔진 번호를 기록한다(측정 엔진이 1대인 경우 생략할 수 있다).
② **비번호** : 책임관리위원(공단 본부)이 배부한 등번호(비번호)를 기록한다.
③ **감독위원 확인** : 시험 전 또는 시험 후 감독위원이 채점 후 확인한다(날인).
④ **측정값** : 인젝터 리턴 양을 측정한 값을 기록한다.
　　　　　　• 1번 : 30 cc　　• 2번 : 32 cc　　• 3번 : 34 cc　　• 4번 : 35 cc
⑤ **규정(정비한계)값** : 감독위원이 제시한 값이나 정비지침서를 보고 규정값을 기록한다.
　　　　　　• 규정값 : 28~35 cc
⑥ **판정** : 측정값이 규정값 범위 내에 있으므로 ☑ **양호**에 표시한다.
⑦ **정비 및 조치할 사항** : 판정이 양호이므로 **정비 및 조치할 사항 없음**을 기록한다.
⑧ **득점** : 감독위원이 해당 문항을 채점하고 점수를 기록한다.

2 1, 4번 실린더 인젝터 리턴 양이 규정값 범위를 벗어난 경우

엔진 번호 :							비번호		감독위원 확 인	
측정(또는 점검)							판정 및 정비(또는 조치) 사항			득점
측정값(cc)						규정(정비한계)값	판정(□에 'ν'표)	정비 및 조치할 사항		
1	2	3	4	5	6	28~35 cc	□ 양호 ☑ 불량	1, 4번 실린더 인젝터 교체 후 재점검		
27 cc	34 cc	32 cc	40 cc	–	–					

※ 판정 : 1, 4번 실린더 인젝터 리턴 양이 규정값 범위를 벗어났으므로 ☑ 불량에 표시하고 1, 4번 실린더 인젝터 교체 후 재점검한다.

최소 회전 반지름 측정

섀시 2 주어진 자동차에서 최소회전반경을 측정하여 기록표에 기록하고, 타이로드 엔드를 탈거한 후(감독위원에게 확인), 다시 부착하여 토(toe)가 규정값이 되도록 조정하시오.

1 최소 회전 반지름이 기준값 범위 내에 있을 경우(좌회전, r값을 무시할 때)

① 자동차 번호 :				② 비번호		③ 감독위원 확인	
④ 항목	측정(또는 점검)				산출 근거 및 판정		⑨ 득점
	⑤ 측정값			⑥ 기준값 (최소 회전 반지름)	⑦ 산출 근거	⑧ 판정 (□에 'ⅴ'표)	
회전 방향 (□에 'ⅴ'표) ☑ 좌 □ 우	r		0 cm	12 m 이하	$\dfrac{3.2}{\sin 30°} = 6.4$	☑ 양호 □ 불량	
	축거		3.2 m				
	최대 조향 시 각도	좌(바퀴)	35°				
		우(바퀴)	30°				
	최소 회전 반지름		6.4 m				

① **자동차 번호** : 측정하는 자동차 번호를 기록한다(측정 차량이 1대인 경우 생략할 수 있다).
② **비번호** : 책임관리위원(공단 본부)이 배부한 등번호(비번호)를 기록한다.
③ **감독위원 확인** : 시험 전 또는 시험 후 감독위원이 채점 후 확인한다(날인).
④ **항목** : 감독위원이 제시하는 회전 방향에 ☑ 표시를 한다(운전석 기준). ☑ 좌
⑤ **측정값** : • r : 0 cm   • 조향각도 : 좌 − 35°, 우 − 30°
　　　　　　• 축거 : 3.2 m   • 최소 회전 반지름 : 6.4 m
⑥ **기준값** : 최소 회전 반지름의 기준값 12 m 이하를 기록한다.
⑦ **산출 근거** : $R = \dfrac{L}{\sin \alpha} + r$ ∴ $R = \dfrac{3.2}{\sin 30°} = 6.4$
　　　　• R : 최소 회전 반지름(m)   • $\sin \alpha$: 바깥쪽 앞바퀴의 조향각도($\sin 30° = 0.5$)
　　　　• L : 축거(m)   • r : 바퀴 접지면 중심과 킹핀과의 거리($r = 0$)
⑧ **판정** : 측정값이 기준값 범위 내에 있으므로 ☑ 양호에 표시한다.
⑨ **득점** : 감독위원이 해당 문항을 채점하고 점수를 기록한다.

■ 시험 차량은 대부분 승용차로, 최소 회전 반지름 기준값 12 m 이내에 측정되므로 일반적으로 판정은 양호이다.

※ 회전 방향 및 바퀴의 접지면 중심과 킹핀과의 거리(r)는 감독위원이 제시한다.
※ 자동차 검사기준 및 방법에 의하여 기록·판정한다.   ※ 산출 근거에는 단위를 기록하지 않아도 된다.

2 축거 및 조향각도 기준값

차 종	축거	조향각도		회전 반지름
		내측	외측	
그랜저	2745 mm	37°	30°30′	5700 mm
쏘나타	2700 mm	39°67′	32°21′	–
EF 쏘나타	2700 mm	39.70°±2°	32.40°±2°	5000 mm
아반떼	2550 mm	39°17′	32°27′	5100 mm
아반떼 XD	2610 mm	40.1°±2°	32°45′	4550 mm
베르나	2440 mm	33.37°±1°30′	35.51°	4900 mm
오피러스	2800 mm	37°	30°	5600 mm

3 최소 회전 반지름 측정 (좌회전 시)

1. 앞바퀴 중심(허브 중심)에 줄자를 맞추고, 뒷바퀴 중심(허브 중심)까지의 거리를 측정한다(3.2 m).

2. 좌회전 시 안쪽(왼쪽) 바퀴의 조향 각도를 측정한다(35°).

3. 좌회전 시 바깥쪽(오른쪽) 바퀴의 조향각도를 측정한다(30°).

최소 회전 반지름 측정

❶ 보조위원이 앞바퀴 중심에 줄자를 대도록 한 후 수험자가 뒷바퀴 중심에 줄자를 대고 축거를 측정한다.

❷ 보조위원이 핸들을 좌우로 끝까지 돌리도록 한 후 바깥쪽 바퀴의 최대 조향각도를 측정한다.

❸ 측정한 축거와 최대 조향각도를 계산식에 넣어 산출한 후 답안을 작성한다.

최소 회전 반지름 판정

최소 회전 반지름을 측정하는 시험 차량은 대부분 승용차로, 최소 회전 반지름 기준값 12 m 이내에 측정되므로 일반적으로 판정은 양호이고 정비 및 조치할 사항은 없다.

제동력 측정

섀시 4 3항의 작업 자동차에서 감독위원 지시에 따라 전(앞) 또는 후(뒤) 제동력을 측정하여 기록표에 기록하시오.

1 제동력 편차와 합이 기준값 범위 내에 있을 경우(앞바퀴)

① 자동차 번호 :				② 비번호		③ 감독위원 확 인	
측정(또는 점검)				산출 근거 및 판정			
④ 항목	구분	⑤ 측정값 (kgf)	⑥ 기준값 (□에 'V'표)	⑦ 산출 근거		⑧ 판정 (□에 'V'표)	⑨ 득점
제동력 위치 (□에 'V'표) ☑ 앞 □ 뒤	좌	230 kgf	☑ 앞 □ 뒤 축중의	편차	$\dfrac{260-230}{630} \times 100 = 4.76$	☑ 양호 □ 불량	
			편차 8.0% 이하				
	우	260 kgf	합 50% 이상	합	$\dfrac{260+230}{630} \times 100 = 77.77$		

① **자동차 번호** : 측정하는 자동차 번호를 기록한다(측정 차량이 1대인 경우 생략할 수 있다).

② **비번호** : 책임관리위원(공단 본부)이 배부한 등번호(비번호)를 기록한다.

③ **감독위원 확인** : 시험 전 또는 시험 후 감독위원이 채점 후 확인한다(날인).

④ **항목** : 감독위원이 지정하는 축에 ☑ 표시를 한다.　· 위치 : ☑ **앞**

⑤ **측정값** : 제동력을 측정한 값을 기록한다.
　　　　· 좌 : 230 kgf　　· 우 : 260 kgf

⑥ **기준값** : 검사 기준에 따라 제동력 편차와 합의 기준값을 기록한다.
　　　　· 편차 : 앞 축중의 **8.0% 이하**　　· 합 : 앞 축중의 **50% 이상**

⑦ **산출 근거** : 공식에 대입하여 산출한 계산식을 기록한다.
　　　　· 편차 : $\dfrac{260-230}{630} \times 100 = 4.76$　　· 합 : $\dfrac{260+230}{630} \times 100 = 77.77$

⑧ **판정** : 앞바퀴 제동력의 편차와 합이 기준값 범위 내에 있으므로 ☑ **양호**에 표시한다.

⑨ **득점** : 감독위원이 해당 문항을 채점하고 점수를 기록한다.

※ 측정 차량은 크루즈 1.5DOHC A/T의 공차 중량(1130 kgf)의 앞(전) 축중(630 kgf)으로 산출하였다.

■ **제동력 계산**

· 앞바퀴 제동력의 편차 $= \dfrac{\text{큰 쪽 제동력 } - \text{ 작은 쪽 제동력}}{\text{해당 축중}} \times 100$ ➡ 앞 축중의 8.0% 이하이면 양호

· 앞바퀴 제동력의 총합 $= \dfrac{\text{좌우 제동력의 합}}{\text{해당 축중}} \times 100$ ➡ 앞 축중의 50% 이상이면 양호

※ 측정 위치는 감독위원이 지정하는 위치의 □에 'V' 표시한다.　　※ 자동차 검사 기준 및 방법에 의하여 기록 · 판정한다.

※ 측정값의 단위는 시험장비 기준으로 기록한다.　　　　　　　　※ 산출 근거에는 단위를 기록하지 않아도 된다.

2 제동력 편차가 기준값보다 클 경우(앞바퀴)

자동차 번호 :				비번호		감독위원 확 인	
측정(또는 점검)				산출 근거 및 판정			득점
항목	구분	측정값 (kgf)	기준값 (□에 'ˇ'표)	산출 근거		판정 (□에 'ˇ'표)	
제동력 위치 (□에 'ˇ'표) ☑ 앞 □ 뒤	좌	280 kgf	☑ 앞 축중의 □ 뒤	편차	$\frac{280-130}{630} \times 100 = 23.8$	□ 양호 ☑ 불량	
			편차	8.0% 이하			
	우	130 kgf	합	50% 이상	합	$\frac{280+130}{630} \times 100 = 65.0$	

■ 제동력 계산

- 앞바퀴 제동력의 편차 $= \dfrac{280-130}{630} \times 100 = 23.8\% > 8\%$ ➡ 불량

- 앞바퀴 제동력의 총합 $= \dfrac{280+130}{630} \times 100 = 65.0\% \geq 50\%$ ➡ 양호

3 제동력 측정

제동력 측정

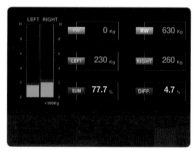

측정값(좌 : 230 kgf, 우 : 260 kgf)

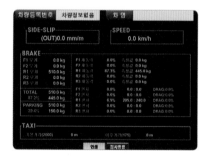

결과 출력

제동력 측정 시 유의사항

❶ 시험장 여건에 따라 감독위원이 임의의 측정값을 제시한 후 제동력 편차와 합을 계산하기도 한다.
❷ 제동력 측정 시 브레이크 페달 압력을 최대한 유지한 상태에서 측정값을 확인한다.
❸ 앞 축중 또는 뒤 축중 측정 시 측정 상태를 정확하게 확인한 후 제동력 시험기의 모니터 출력값을 확인한다.
❹ 측정이 끝나면 편차와 합을 계산하고 기록표를 작성한 후 감독위원에게 제출한다.

자동변속기 자기진단

7안

섀시 5 주어진 자동차의 자동변속기에서 자기진단기(스캐너)를 이용하여 각종 센서 및 시스템의 작동상태를 점검하고 기록표에 기록하시오.

1 인히비터 스위치 커넥터 탈거 및 A/T 릴레이 퓨즈가 단선된 경우

항목	① 자동차 번호 :		② 비번호		③ 감독위원 확　인	
항목	측정(또는 점검)		⑥ 정비 및 조치할 사항			⑦ 득점
	④ 고장 부분	⑤ 내용 및 상태				
자기진단	인히비터 스위치	커넥터 탈거	인히비터 스위치 커넥터 체결, A/T 릴레이 퓨즈 교체, ECU 과거 기억 소거 후 재점검			
	A/T 릴레이 퓨즈	퓨즈 단선				

① **자동차 번호** : 측정하는 자동차 번호를 기록한다(측정 차량이 1대인 경우 생략할 수 있다).
② **비번호** : 책임관리위원(공단 본부)이 배부한 등번호(비번호)를 기록한다.
③ **감독위원 확인** : 시험 전 또는 시험 후 감독위원이 채점 후 확인한다(날인).
④ **고장 부분** : 스캐너 자기진단으로 확인된 고장 부분을 기록한다.
　　　　　　　• 고장 부분 : 인히비터 스위치, A/T 릴레이 퓨즈
⑤ **내용 및 상태** : 고장 부분으로 확인된 내용 및 상태로 커넥터 탈거, 퓨즈 단선을 기록한다.
⑥ **정비 및 조치할 사항** : 인히비터 스위치 커넥터가 탈거되고 A/T 릴레이 퓨즈가 단선되었으므로 인히비터 스위치 커넥터 체결, A/T 릴레이 퓨즈 교체, ECU 과거 기억 소거 후 재점검을 기록한다.
⑦ **득점** : 감독위원이 해당 문항을 채점하고 점수를 기록한다.

A/T 릴레이 점검 방법

자기진단 확인 → 서비스 출력 데이터 확인 → A/T 릴레이 출력전압 확인

TCU에서 A/T 컨트롤 릴레이 고장 출력 조건

A/T 릴레이로부터 ON 0.6초 경과 후 7 V 이하로 0.1초 이상 지속된 경우

A/T 컨트롤 릴레이 0 V 출력 조건

❶ 시스템 고장 : 동기 어긋남, 각 센서 계통 단선 · 단락, 솔레노이드 밸브 계통 단선 · 단락 등
❷ A/T 컨트롤 릴레이 계통 불량 : 관련 퓨즈, 관련 배선, A/T 컨트롤 릴레이 단품 불량 등

발전기 점검

전기 1 주어진 발전기를 분해한 후 다이오드 및 브러시 상태를 점검하여 기록표에 기록하고 다시 본래대로 조립하여 작동상태를 확인하시오.

1 발전기 다이오드(+), (−)가 단선 및 단락된 경우

① 엔진 번호 :		② 비번호		③ 감독위원 확인	
측정 항목	**④ 측정(또는 점검)**	**판정 및 정비(또는 조치) 사항**		**⑦ 득점**	
		⑤ 판정(□에 'ν'표)	**⑥ 정비 및 조치할 사항**		
다이오드(+)	(양 : 2개), (부 : 1개)	□ 양호 ☑ 불량	다이오드(+), (−) 교체 후 재점검		
다이오드(−)	(양 : 2개), (부 : 1개)				
다이오드(여자)	(양 : 3개), (부 : 0개)				
브러시 마모	17 mm				

① **엔진 번호** : 측정하는 엔진 번호를 기록한다(측정 엔진이 1대인 경우 생략할 수 있다).
② **비번호** : 책임관리위원(공단 본부)이 배부한 등번호(비번호)를 기록한다.
③ **감독위원 확인** : 시험 전 또는 시험 후 감독위원이 채점 후 확인한다(날인).
④ **측정(또는 점검)** : • 다이오드(+) : (양 − 2개), (부 − 1개) • 다이오드(−) : (양 − 2개), (부 − 1개)
      • 다이오드(여자) : (양 − 3개), (부 − 0개) • 브러시 마모 : 17 mm
⑤ **판정** : 다이오드(+), (−)가 단선 또는 단락되었으므로 ☑ **불량**에 표시한다.
⑥ **정비 및 조치할 사항** : 판정이 불량이므로 **다이오드(+), (−) 교체 후 재점검**을 기록한다.
⑦ **득점** : 감독위원이 해당 문항을 채점하고 점수를 기록한다.

※ 브러시의 규정값은 17~21.5 mm의 일반적인 값을 적용하며, 마모 한계선 또는 표준 길이의 1/3 이상 마모되면 브러시를 교체한다.

2 브러시 마모 측정값이 규정값보다 작을 경우

엔진 번호 :		비번호		감독위원 확인	
측정 항목	**측정(또는 점검)**	**판정 및 정비(또는 조치) 사항**		**득점**	
		판정(□에 'ν'표)	**정비 및 조치할 사항**		
다이오드(+)	(양 : 3개), (부 : 0개)	□ 양호 ☑ 불량	브러시 교체 후 재점검		
다이오드(−)	(양 : 3개), (부 : 0개)				
다이오드(여자)	(양 : 3개), (부 : 0개)				
브러시 마모	12 mm				

※ 브러시의 규정값은 17~21.5 mm의 일반적인 값을 적용하며, 마모 한계선 또는 표준 길이의 1/3 이상 마모되면 브러시를 교체한다.

전조등 점검

7안

전기 2 주어진 자동차에서 전조등 시험기로 전조등을 점검하여 기록표에 기록하시오.

1 광축이 기준값 범위를 벗어난 경우(좌측 전조등, 2등식)

① 자동차 번호 :			② 비번호		③ 감독위원 확 인	
측정(또는 점검)					⑦ 판정 (□에 '∨'표)	⑧ 득점
④ 구분	항목	⑤ 측정값		⑥ 기준값		
(□에 '∨'표) 위치 : ☑ 좌 □ 우 등식 : ☑ 2등식 □ 4등식	광도	30000 cd		<u>15000 cd 이상</u>	☑ 양호 □ 불량	
	광축	□ 상 ☑ 하 (□에 '∨'표)	6 cm	30 cm 이하	☑ 양호 □ 불량	
		☑ 좌 □ 우 (□에 '∨'표)	45 cm	15 cm 이하	□ 양호 ☑ 불량	

① **자동차 번호** : 측정하는 자동차 번호를 기록한다(측정 차량이 1대인 경우 생략할 수 있다).
② **비번호** : 책임관리위원(공단 본부)이 배부한 등번호(비번호)를 기록한다.
③ **감독위원 확인** : 시험 전 또는 시험 후 감독위원이 채점 후 확인한다(날인).
④ **구분** : 감독위원이 지정한 위치와 등식에 ☑ 표시를 한다(운전석 착석 시 좌우 기준).
   • 위치 ; ☑ **좌**   • 등식 ; ☑ **2등식**
⑤ **측정값** : 광도와 광축을 측정한 값을 기록한다.
   • 광도 : 30000 cd   • 광축 : **하** − 6 cm, **좌** − 45 cm
⑥ **기준값** : 검사 기준값을 수험자가 암기하여 기록한다.
   • 광도 : 15000 cd 이상   • 광축 : 하 − 30 cm 이하, 좌 − 15 cm 이하
⑦ **판정** : 광도는 ☑ **양호**, 광축에서 상, 하는 ☑ **양호**, 좌, 우는 ☑ **불량**에 표시한다.
⑧ **득점** : 감독위원이 해당 문항을 채점하고 점수를 기록한다.

※ 측정 위치는 감독위원이 지정하는 위치의 □에 '∨'표시한다.   ※ 자동차 검사기준 및 방법에 의하여 기록 · 판정한다.

전조등에서 좌 · 우측등이 상향과 하향으로 분리되어 작동되는 것은 4등식이며, 상향과 하향이 하나의 등에서 회로 구성이 되어 작동되는 것은 2등식이다(차종별 정비지침서, 전기 회로도 참고).

2 광도와 광축이 기준값 범위 내에 있을 경우(좌측 전조등, 2등식)

자동차 번호 :			비번호		감독위원 확 인	
측정(또는 점검)					판정 (□에 'ⅴ'표)	득점
구분	항목	측정값		기준값		
(□에 'ⅴ'표) 위치 : ☑ 좌 □ 우 등식 : ☑ 2등식 □ 4등식	광도	17000 cd		15000 cd 이상	☑ 양호 □ 불량	
	광축	□ 상 ☑ 하 (□에 'ⅴ'표)	3 cm	30 cm 이하	☑ 양호 □ 불량	
		☑ 좌 □ 우 (□에 'ⅴ'표)	15 cm	15 cm 이하	☑ 양호 □ 불량	

※ 판정 : 광도와 광축이 모두 기준값 범위 내에 있으므로 각각 ☑ 양호에 표시한다.

3 전조등 광도, 광축 기준값

[자동차관리법 시행규칙 별표 15 적용]

구 분			기준값
광도	2등식		15000 cd 이상
	4등식		12000 cd 이상
광축	좌·우측등	상향 진폭	10 cm 이하
	좌·우측등	하향 진폭	30 cm 이하
	좌측등	좌진폭	15 cm 이하
		우진폭	30 cm 이하
	우측등	좌진폭	30 cm 이하
		우진폭	30 cm 이하

4 전조등 광도, 광축 측정

전조등 시험기 준비

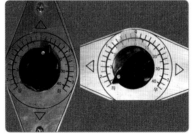

전조등 광축 측정
(하 : 6 cm, 좌 : 45 cm)

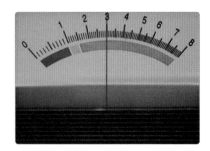

전조등 광도 측정
(30000 cd)

7안 에어컨 이배퍼레이터 온도센서 점검

전기 3　주어진 자동차의 에어컨 컴프레서가 작동 중일 때 이배퍼레이터(증발기) 온도 센서 출력값을 점검하고 이상 여부를 확인하여 기록표에 기록하시오.

1 에어컨 이배퍼레이터(증발기) 온도 센서 전압이 규정값보다 클 경우

측정 항목	① 자동차 번호 :		② 비번호		③ 감독위원 확　인	
측정 항목	측정(또는 점검)		판정 및 정비(또는 조치) 사항			⑧ 득점
측정 항목	④ 측정값	⑤ 규정(정비한계)값	⑥ 판정(□에 'V'표)	⑦ 정비 및 조치할 사항		⑧ 득점
이배퍼레이터 온도 센서 출력값	2.9 V (2℃)	2.83 V (2℃)	□ 양호 ☑ 불량	이배퍼레이터 온도 센서 교체 후 재점검		

① **자동차 번호** : 측정하는 자동차 번호를 기록한다(측정 차량이 1대인 경우 생략할 수 있다).
② **비번호** : 책임관리위원(공단 본부)이 배부한 등번호(비번호)를 기록한다.
③ **감독위원 확인** : 시험 전 또는 시험 후 감독위원이 채점 후 확인한다(날인).
④ **측정값** : 이배퍼레이터 온도 센서의 출력값을 기록한다.
　　　• 측정값 : 2.9 V (2℃)
⑤ **규정(정비한계)값** : 감독위원이 제시한 값이나 정비지침서를 보고 규정값을 기록한다.
　　　• 규정값 : 2.83 V (2℃)
⑥ **판정** : 측정값이 규정값을 벗어났으므로 ☑ 불량에 표시한다.
⑦ **정비 및 조치할 사항** : 판정이 불량이므로 이배퍼레이터 온도 센서 교체 후 재점검을 기록한다.
⑧ **득점** : 감독위원이 해당 문항을 채점하고 점수를 기록한다.

2 에어컨 이배퍼레이터 온도 센서 전압이 규정값 이내에 있을 경우

측정 항목	자동차 번호 :		비번호		감독위원 확　인	
측정 항목	측정(또는 점검)		판정 및 정비(또는 조치) 사항			득점
측정 항목	측정값	규정(정비한계)값	판정(□에 'V'표)	정비 및 조치할 사항		득점
이배퍼레이터 온도 센서 출력값	2.7 V (2℃)	2.83 V (2℃)	☑ 양호 □ 불량	정비 및 조치할 사항 없음		

※ **판정** : 에어컨 온도 센서의 전압이 규정값 이내에 있으므로 ☑ 양호에 표시하고, 정비 및 조치할 사항 없음을 기록한다.

3 에어컨 이배퍼레이터 온도 센서 저항이 규정값보다 클 경우

측정 항목	측정(또는 점검)		판정 및 정비(또는 조치) 사항		득점
	측정값	규정(정비한계)값	판정(☐에 'V'표)	정비 및 조치할 사항	
이배퍼레이터 온도 센서 출력값	12.8 kΩ (2℃)	10.4 kΩ (2℃)	☐ 양호 ☑ 불량	이배퍼레이터 온도 센서 교체 후 재점검	

자동차 번호 : · · · · · 비번호 · · · · · 감독위원 확 인

※ 판정 : 에어컨 이배퍼레이터 온도 센서의 저항이 규정값을 벗어났으므로 ☑ 불량에 표시하고, 이배퍼레이터 온도 센서 교체 후 재점검한다.

4 에어컨 이배퍼레이터 온도 센서 저항과 출력 전압의 규정값

온도	저항	출력 전압	온도	저항	출력 전압
−5℃	14.23 kΩ	3.2 V	15℃	6 kΩ	2.14 V
−2℃	12.42 kΩ	3.04 V	20℃	4.91 kΩ	1.9 V
0℃	11.36 kΩ	2.93 V	25℃	4.03 kΩ	1.67 V
2℃	10.4 kΩ	2.83 V	30℃	3.34 kΩ	1.47 V
5℃	9.12 kΩ	2.66 V	35℃	2.78 kΩ	1.29 V
10℃	7.38 kΩ	2.4 V	40℃	2.28 kΩ	1.11 V

에어컨 이배퍼레이터 온도 센서 점검 시 유의사항

❶ 에어컨 스위치를 작동시켰을 때 에어컨 컴프레서가 작동되는지 확인한다.

❷ 에어컨을 작동시킬 때 차가운 바람이 나오는지 확인한다.

❸ 송풍기가 단계별로 작동이 잘 되는지 온도계로 확인한다.

❹ 에어컨 가스가 누출되는지 비눗물 또는 탐지기로 검사한다.

답안지 작성법

파트별		안별 문제	8안
엔진	1	엔진 분해 조립/측정	엔진 분해 조립/ 실린더 마모량 측정
	2	엔진 시동/작업	1가지 부품 탈 · 부착/ 엔진 시동(시동, 점화, 연료)
	3	엔진 작동상태/측정	증발 가스 제어 장치 PCSV 점검
	4	파형 점검	점화 1차 파형 분석(공회전상태)
	5	부품 교환/측정	CRDI 인젝터 탈 · 부착 시동/매연 측정
섀시	1	부품 탈 · 부착 작업	파워스티어링 오일펌프, 벨트 탈 · 부착 후 공기 빼기 작업/ 작동상태 확인
	2	장치별 측정/부품 교환 조정	링 기어 백래시, 런아웃 측정
	3	브레이크 부품 교환/ 작동상태 점검	주차 브레이크 케이블 탈 · 부착, 브레이크 슈 교환/ 브레이크 작동상태 확인
	4	제동력 측정	전륜 또는 후륜 제동력 측정
	5	부품 탈 · 부착/ 이상 부위 측정	ABS 자기진단
전기	1	부품 탈 · 부착 작업/측정	와이퍼 모터 탈 · 부착 작동상태 확인/소모 전류 점검
	2	전조등 점검	전조등 시험기 점검/광도, 광축
	3	편의 안전장치 점검	에어컨 외기 온도 입력 신호값 점검
	4	전기 회로 점검/측정	미등, 번호등 회로 점검

엔진 1   주어진 엔진을 기록표 측정 항목까지 분해하여 기록표 요구사항을 측정·점검하고 본래상태로 조립하시오.

1 실린더 마모량이 규정값보다 클 경우

	① 엔진 번호 :		② 비번호		③ 감독위원 확 인	
측정 항목	측정(또는 점검)		판정 및 정비(또는 조치) 사항			⑧ 득점
	④ 측정값	⑤ 규정(정비한계)값	⑥ 판정(□에 '✓'표)	⑦ 정비 및 조치할 사항		
실린더 마모량	0.37 mm	75.50 mm (0.2 mm 이하)	□ 양호 ✔ 불량	실린더 안지름을 75.75 mm로 보링 후 재점검		

① **엔진 번호** : 측정하는 엔진 번호를 기록한다(측정 엔진이 1대인 경우 생략할 수 있다).
② **비번호** : 책임관리위원(공단 본부)이 배부한 등번호(비번호)를 기록한다.
③ **감독위원 확인** : 시험 전 또는 시험 후 감독위원이 채점 후 확인한다(날인).
④ **측정값** : 실린더 마모량 측정값을 기록한다.   • 측정값 : 0.37 mm
⑤ **규정(정비한계)값** : 감독위원이 제시한 값이나 정비지침서를 보고 규정값을 기록한다.
                 • 규정(정비한계)값 : 75.50 mm (0.2 mm 이하)
⑥ **판정** : 측정값이 규정값 범위를 벗어났으므로 ✔ 불량에 표시한다.
⑦ **정비 및 조치할 사항** : 판정이 불량이므로 **실린더 안지름을 75.75 mm로 보링 후 재점검**을 기록한다.
⑧ **득점** : 감독위원이 해당 문항을 채점하고 점수를 기록한다.

■ 실린더 안지름 및 마모량
- 실린더 안지름 = 실린더 보어 게이지 바 길이 − 보어 게이지가 움직인 눈금 = 75.58 − 0.21 = 75.37 mm
- 실린더 마모량 = 실린더 안지름 − 규정값 = 75.37 − 75.00 = 0.37 mm
- 실린더 안지름 + 진원 절삭값 = 75.37 + 0.2 = 75.57 mm → 75.57 mm보다 큰 75.75 mm로 보링한다.
  (실린더 오버사이즈 6단계 : 0.25 mm, 0.50 mm, 0.75 mm, 1.00 mm, 1.25 mm, 1.50 mm)

2 실린더 마모량이 규정값 범위 내에 있을 경우

	엔진 번호 :		비번호		감독위원 확 인	
측정 항목	측정(또는 점검)		판정 및 정비(또는 조치) 사항			득점
	측정값	규정(정비한계)값	판정(□에 '✓'표)	정비 및 조치할 사항		
실린더 마모량	0.15 mm	75.50 mm (0.2mm 이하)	✔ 양호 □ 불량	정비 및 조치할 사항 없음		

3 실린더 안지름 및 마모량의 규정값

차 종		규정값 (안지름×행정)	마모량 한계값	차 종		규정값 (안지름×행정)	마모량 한계값
엑셀	1.5DOHC	75.5×82.0	0.2 mm 이하	아반떼	1.5DOHC	75.5×83.5	0.2 mm 이하
					1.8DOHC	82.0×85.0	
쏘나타	1.8SOHC	80.6×88.0		아반떼 XD	1.5DOHC	75.5×83.5	
	1.8DOHC	85.0×88.0			2.0DOHC	82.0×93.5	
EF 쏘나타	2.0DOHC	85.0×88.0		토스카	2.0DOHC	75.0×75.2	
	2.5DOHC	84.0×75.0			2.5DOHC	77.0×89.2	

※ 스캐너에 기준값이 제시되지 않을 경우 감독위원이 제시한 값을 적용한다.

4 실린더 안지름 측정

1. 마이크로미터로 실린더 보어 게이지 바의 길이를 측정하고, 보어 게이지 눈금이 0에서 움직일 때 마이크로미터 눈금을 읽는다.

2. 실린더 보어 게이지 바 길이 측정 (75.58 mm)

3. 실린더 보어 게이지를 측정한다.

실린더 상, 중, 하(3군데), 핀 저널 직각 방향으로 상, 중, 하(3군데)의 총 6군데를 측정한다.

4. 보어 게이지가 움직인 눈금 측정 (최대 측정값 0.21 mm)

실린더 안지름
= 실린더 보어 게이지 바 길이 − 보어 게이지가 움직인 눈금
= 75.58 mm − 0.21 mm = 75.37 mm

실린더 마모량
= 실린더 안지름 − 규정값 = 75.37 mm − 75.00 mm = 0.37 mm

퍼지 컨트롤 솔레노이드 밸브 점검

엔진 3 2항의 시동된 엔진에서 증발가스 제어장치의 퍼지 컨트롤 솔레노이드 밸브를 점검하여 기록표에 기록하시오(단, 시동이 정상적으로 되지 않은 경우 본 항의 작업은 할 수 없다).

1 공급 전압 작동 시 진공 해제되고 비작동 시 진공 유지되는 경우

① 엔진 번호 :			② 비번호		③ 감독위원 확 인	
측정 항목	측정(또는 점검)		판정 및 정비(또는 조치) 사항			⑧ 득점
	④ 공급 전압	⑤ 진공 유지 또는 진공 해제 기록	⑥ 판정(□에 '∨'표)	⑦ 정비 및 조치할 사항		
퍼지 컨트롤 솔레노이드 밸브	작동 시 : 12 V(축전지 전압)	진공 해제	☑ 양호 □ 불량	정비 및 조치할 사항 없음		
	비작동 시 : 0 V	진공 유지				

① **엔진 번호** : 측정하는 엔진 번호를 기록한다(측정 엔진이 1대인 경우 생략할 수 있다).
② **비번호** : 책임관리위원(공단 본부)이 배부한 등번호(비번호)를 기록한다.
③ **감독위원 확인** : 시험 전 또는 시험 후 감독위원이 채점 후 확인한다(날인).
④ **공급 전압** : 축전지 전원을 ON, OFF시킨 후 공급 전압을 기록한다.
　　　　　• 작동 시 : 12 V(축전지 전압)　　• 비작동 시 : 0 V
⑤ **진공 유지 또는 진공 해제 기록** : 퍼지 컨트롤 솔레노이드 밸브를 점검한 상태를 기록한다.
　　　　　　　　　　　• 작동 시 : **진공 해제**　　• 비작동 시 : **진공 유지**
⑥ **판정** : 공급 전압 작동 시 진공 해제되고 비작동 시 진공 유지되므로 ☑ **양호**에 표시한다.
⑦ **정비 및 조치할 사항** : 판정이 양호이므로 **정비 및 조치할 사항 없음**을 기록한다.
⑧ **득점** : 감독위원이 해당 문항을 채점하고 점수를 기록한다.

2 공급 전압 작동 시, 비작동 시 모두 진공 해제되는 경우

엔진 번호 :			비번호		감독위원 확 인	
측정 항목	측정(또는 점검)		판정 및 정비(또는 조치) 사항			득점
	공급 전압	진공 유지 또는 진공 해제 기록	판정(□에 '∨'표)	정비 및 조치할 사항		
퍼지 컨트롤 솔레노이드 밸브	작동 시 : 12 V(축전지 전압)	진공 해제	□ 양호 ☑ 불량	퍼지 컨트롤 솔레노이드 밸브 교체 후 재점검		
	비작동 시 : 0 V	진공 해제				

3 **공급 전압 작동 시, 비작동 시 모두 진공 유지되는 경우**

측정 항목	측정(또는 점검)		판정 및 정비(또는 조치) 사항		득점
엔진 번호 :			비번호	감독위원 확　인	
측정 항목	공급 전압	진공 유지 또는 진공 해제 기록	판정(□에 'V'표)	정비 및 조치할 사항	득점
퍼지 컨트롤 솔레노이드 밸브	작동 시 : 12 V(축전지 전압)	진공 유지	□ 양호 ☑ 불량	퍼지 컨트롤 솔레노이드 밸브 교체 후 재점검	
	비작동 시 : 0 V	진공 유지			

4 **퍼지 컨트롤 솔레노이드 밸브 규정값**(점검 조건 및 결과)

차 종	조 건	엔진 상태	진 공	결 과
EF 쏘나타/ 그랜저 XG	엔진 냉각 시 60℃ 이하	공회전	0.5 kg/cm^2	진공이 유지됨
		3000 rpm		
	엔진 열각 시 70℃ 이상 (전원 ON)	공회전	0.5 kg/cm^2	
		엔진이 3000 rpm이 된지 3분 이내	진공을 가함	진공이 해제됨
		엔진이 3000 rpm이 된지 3분 이후	0.5 kg/cm^2	진공이 순간적으로 유지되다가 해제됨

5 **퍼지 컨트롤 솔레노이드 밸브 점검**

1. 전원 OFF상태에서 50 mmHg의 진공을 유지한 후, 게이지 압력을 확인한다. 진공 유지 시험 : 양호

2. 퍼지 컨트롤 솔레노이드 밸브에 축전지 전원을 연결한다.

3. 진공이 해제되면서 바늘 지침이 0으로 떨어지는지 확인한다. 진공 해제 시험 : 양호

퍼지 솔레노이드 밸브 고장일 경우 정비 및 조치할 사항

❶ 퍼지 솔레노이드 밸브 고장 → 퍼지 솔레노이드 밸브 교체
❷ 퍼지 솔레노이드 밸브에서 캐니스터 간 진공라인 고장 → 퍼지 솔레노이드 밸브 진공호스 교체

점화 1차 파형 분석

엔진 4 주어진 자동차 엔진에서 점화코일 1차 파형을 측정·분석하여 출력물에 기록·판정하시오(조건 : 공회전상태).

● 점화 1차 파형

측정 항목	자동차 번호 :	비번호		감독위원 확　인	
		파형 상태			득점
파형 측정	요구사항 조건에 맞는 파형을 프린트하여 아래 사항을 분석 후 뒷면에 첨부 • 출력된 파형에 불량 요소가 있는 경우에는 반드시 표기 및 설명되어야 함 • 파형의 주요 특징에 대하여 표기 및 설명되어야 함				

1 점화 1차 정상 파형

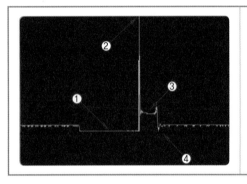

(1) ① 지점 : 드웰 구간 – 점화 1차 회로에 전류가 흐르는 시간 지점, 3 V 이하~TR OFF 전압(드웰 끝부분)
(2) ② 지점 : 서지 전압(점화 전압) – 300~400 V
(3) ③ 지점 : 점화 라인 – 연소가 진행되는 구간(0.8~2.0 ms)
(4) ④ 지점 : 감쇄 진동 구간, 3~4회 진동이 발생
(5) 축전지 전압 발전기에서 발생되는 전압 : 13.2~14.7 V

2 점화 1차 측정 파형 분석

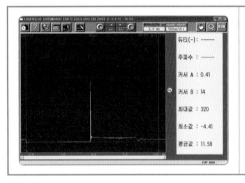

(1) 드웰 구간 : 파워 TR의 ON~OFF까지의 구간
(2) 1차 유도 전압(서지 전압) : 320 V(규정값 : 300~400 V)
(3) 점화 라인(점화 시간) : 2.0 ms(규정값 : 0.8~2.0 ms)
(4) 감쇄 진동부 : 점화코일에 잔류한 에너지가 1차 코일을 통해 감쇄 소멸되는 전압으로 3~4회 진동이 발생되었다.
(5) 축전지 전압 발전기에서 발생되는 전압 : 14 V
　(규정값 : 13.2~14.7 V)

3 분석 결과 및 판정

점화 1차 서지 전압은 320 V(규정값 : 300~400 V), 점화 시간은 2.0 ms(규정값 : 0.8~2.0 ms), 축전지 전압 발전기에서 발생되는 전압은 14 V(13.2~14.7 V)로 안정된 상태이므로 점화 1차 파형은 **양호**이다.

※ 불량일 경우 점화계통 배선회로를 점검하고, 점화코일 및 스파크 플러그 하이텐션 케이블 등 관련 부품 교체 후 재점검한다.

8안 디젤 엔진 매연 측정

엔진 5 주어진 전자제어 디젤 엔진에서 인젝터를 탈거한 후(감독위원에게 확인) 다시 부착하여 시동을 걸고 매연을 측정하여 기록표에 기록하시오.

1 매연 측정값이 기준값 범위 내에 있을 경우(터보차량, 5% 가산)

① 자동차 번호 :					② 비번호		③ 감독위원 확 인		
측정(또는 점검)					산출 근거 및 판정				
④ 차종	⑤ 연식	⑥ 기준값	⑦ 측정값	⑧ 측정	⑨ 산출 근거(계산) 기록		⑩ 판정 (□에 'ⅴ'표)		⑪ 득점
화물차	2006	45% 이하 (터보차량)	16%	1회 : 18.2% **2회** : 15% 3회 : 16.2%	$\dfrac{18.2 + 15 + 16.2}{3} = 16.46$		☑ 양호 □ 불량		

① **자동차 번호** : 측정하는 자동차 번호를 기록한다(측정 차량이 1대인 경우 생략할 수 있다).
② **비번호** : 책임관리위원(공단 본부)이 배부한 등번호(비번호)를 기록한다.
③ **감독위원 확인** : 시험 전 또는 시험 후 감독위원이 채점 후 확인한다(날인).
④ **차종** : KM**F**ZAN7HP6U123653(차대번호 3번째 자리 : F) ➡ 화물차
⑤ **연식** : KMFZAN7HP**6**U123653(차대번호 10번째 자리 : 6) ➡ 2006
⑥ **기준값** : 자동차등록증 차대번호의 연식을 확인하고, 터보차량이므로 기준값 40%에 5%를 가산하여 기록한다.
　　　　• 기준값 : 45% 이하
⑦ **측정값** : 3회 산출한 값의 평균값을 기록한다(소수점 이하는 버림).
　　　　• 측정값 : 16%
⑧ **측정** : 1회부터 3회까지 측정한 값을 기록한다.
　　　　• 1회 : 18.2%　　• 2회 : 15%　　• 3회 : 16.2%
⑨ **산출 근거(계산) 기록** : $\dfrac{18.2 + 15 + 16.2}{3} = 16.46$
⑩ **판정** : 측정값이 기준값 범위 내에 있으므로 ☑ 양호에 표시한다.
⑪ **득점** : 감독위원이 해당 문항을 채점하고 점수를 기록한다.

※ 감독위원이 제시한 자동차등록증(또는 차대번호)을 활용하여 차종 및 연식을 적용한다.　※ 측정 및 판정은 무부하 조건으로 한다.
※ 측정값은 매연 농도를 산술평균하여 소수점 이하는 버린 값으로 기입한다.　※ 자동차 검사 기준 및 방법에 의하여 기록 · 판정한다.

매연 측정 시 유의사항

엔진을 충분히 워밍업시킨 후 매연 측정을 한다(정상온도 70~80℃).

자 동 차 등 록 증

제2006 - 1496호 최초등록일 : 2006년 10월 05일

① 자동차 등록번호	52가 0985	② 차종		화물차(소형)	③ 용도	자가용
④ 차명	포터 Ⅱ	⑤ 형식 및 연식		2006		
⑥ 차대번호	KMFZAN7HP6U123653			⑦ 원동기형식		
⑧ 사용자 본거지	서울특별시 영등포구 번영로					
소유자	⑨ 성명(상호)	기동찬	⑩ 주민(사업자)등록번호		******-******	
	⑪ 주소	서울특별시 영등포구 번영로				

자동차관리법 제8조 규정에 의하여 위와 같이 등록하였음을 증명합니다.

2006년 10월 05일

서울특별시장

● **차대번호 식별방법**

KMFZAN7HP6U123653

① 첫 번째 자리는 제작국가(K=대한민국)
② 두 번째 자리는 제작회사(M=현대, N=기아, P=쌍용, L=GM 대우)
③ 세 번째 자리는 자동차 종별(H=승용차, J=승합차, F=화물차, T=승용관람차)
④ 네 번째 자리는 차종 구분(E=포터 Ⅰ, Z=포터 Ⅱ)
⑤ 다섯 번째 세부 차종(A=장축 저상, B=장축 고상, C=초장축 저상, D=초장축 고상)
⑥ 여섯 번째 자리는 차체 형상(D=더블캡, S=슈퍼캡, N=일반캡)
⑦ 일곱 번째 자리는 안전장치(7=유압식 제동장치, 8=공기식 제동장치)
⑧ 여덟 번째 자리는 엔진 형식(H=4D56 2.5 TCI)
⑨ 아홉 번째 자리는 운전석(P=왼쪽 운전석, R=오른쪽 운전석)
⑩ 열 번째 자리는 제작연도(영문 I, O, Q, U, Z 제외)
　　～1(2001)～6(2006)～9(2009), A(2010)～L(2020)～
⑪ 열한 번째 자리는 제작공장(C=전주, P=평택, U=울산)
⑫ 열두 번째～열일곱 번째 자리는 차량 생산 일련번호

2 매연 기준값(자동차등록증 차대번호 확인)

차 종		제작일자	매 연
경자동차 및 승용자동차		1995년 12월 31일 이전	60% 이하
		1996년 1월 1일부터 2000년 12월 31일까지	55% 이하
		2001년 1월 1일부터2003년 12월 31일까지	45% 이하
		2004년 1월 1일부터 2007년 12월 31일까지	40% 이하
		2008년 1월 1일 이후	20% 이하
승합·화물·특수자동차	소형	1995년 12월 31일까지	60% 이하
		1996년 1월 1일부터 2000년 12월 31일까지	55% 이하
		2001년 1월 1일부터 2003년 12월 31일까지	45% 이하
		2004년 1월 1일부터 2007년 12월 31일까지	**40% 이하**
		2008년 1월 1일 이후	20% 이하
	중형·대형	1992년 12월 31일 이전	60% 이하
		1993년 1월 1일부터 1995년 12월 31일까지	55% 이하
		1996년 1월 1일부터 1997년 12월 31일까지	45% 이하
		1998년 1월 1일부터 2000년 12월 31일까지 — 시내버스	40% 이하
		1998년 1월 1일부터 2000년 12월 31일까지 — 시내버스 외	45% 이하
		2001년 1월 1일부터 2004년 9월 30일까지	45% 이하
		2004년 10월 1일부터 2007년 12월 31일까지	40% 이하
		2008년 1월 1일 이후	20% 이하

3 매연 측정

1회 측정값(18.2%)

2회 측정값(15%)

3회 측정값(16.2%)

8안 링 기어 백래시, 런아웃 점검

섀시 2 주어진 종감속 장치에서 링 기어의 백래시와 런아웃을 측정하여 기록표에 기록한 후, 백래시가 규정값이 되도록 조정하시오.

1 백래시, 런아웃 측정값이 규정값 범위 내에 있을 경우

측정 항목	① 엔진 번호 :		② 비번호		③ 감독위원 확 인	
	측정(또는 점검)		판정 및 정비(또는 조치) 사항			⑧ 득점
	④ 측정값	⑤ 규정(정비한계)값	⑥ 판정(□에 '∨'표)	⑦ 정비 및 조치할 사항		
백래시	0.12 mm	0.11~0.16 mm	☑ 양호 □ 불량	정비 및 조치할 사항 없음		
런아웃	0.04 mm	0.05 mm 이하				

① **엔진 번호** : 측정하는 엔진 번호를 기록한다(측정 엔진이 1대인 경우 생략할 수 있다).
② **비번호** : 책임관리위원이 시험 당일에 배부한 등번호(비번호)를 기록한다.
③ **감독위원 확인** : 시험 전 또는 시험 후 감독위원이 채점 후 확인한다(날인).
④ **측정값** : 링 기어 백래시, 런아웃 측정값을 기록한다.
  • 백래시 : 0.12 mm   • 런아웃 : 0.04 mm
⑤ **규정(정비한계)값** : 감독위원이 제시한 값이나 정비지침서를 보고 규정값을 기록한다.
  • 백래시 : 0.11~0.16 mm   • 런아웃 : 0.05 mm 이하
⑥ **판정** : 측정값이 규정값 범위 내에 있으므로 ☑ 양호에 표시한다.
⑦ **정비 및 조치할 사항** : 판정이 양호이므로 정비 및 조치할 사항 없음을 기록한다.
⑧ **득점** : 감독위원이 해당 문항을 채점하고 점수를 기록한다.

2 백래시 측정값이 규정값보다 클 경우

측정 항목	엔진 번호 :		비번호		감독위원 확 인	
	측정(또는 점검)		판정 및 정비(또는 조치) 사항			득점
	측정값	규정(정비한계)값	판정(□에 '∨'표)	정비 및 조치할 사항		
백래시	0.32 mm	0.11~0.16 mm	□ 양호 ☑ 불량	조정 나사, 조정 심으로 조정 후 재점검(바깥쪽 나사는 풀고 안쪽 나사는 조여준다.)		
런아웃	0.04 mm	0.05 mm 이하				

※ 판정 : 백래시 측정값이 규정값 범위를 벗어났으므로 ☑ 불량에 표시하고, 조정나사나 조정 심으로 조정 후 재점검한다.

3 백래시 및 런아웃 규정값

차 종	링 기어	
	백래시	런아웃
스타렉스	0.11~0.16 mm	0.05 mm 이하
싼타페	0.08~0.13 mm	−
그레이스	0.11~0.16 mm	0.05 mm 이하

※ 감독위원이 규정값을 제시한 경우 감독위원이 제시한 규정값으로 판정한다.

4 링 기어 백래시 및 런아웃 측정

링 기어 백래시, 런아웃 측정

1. 다이얼 게이지 스핀들을 링 기어에 직각으로 설치하고 0점 조정한다.

2. 구동 피니언 기어를 고정하고 링 기어를 움직여 백래시를 측정한다. (0.32 mm)

3. 링 기어 뒷면에 다이얼 게이지를 설치하고 0점 조정한다.

4. 링 기어를 1회전시켜 런아웃을 측정한다(0.04 mm).

링 기어 백래시 조정 방법

❶ 백래시 조정은 심으로 조정하는 심 조정식과 조정 나사로 조정하는 조정 나사식이 있다.

❷ 심으로 조정할 경우 바깥쪽 심을 빼고 안쪽 심을 넣어 백래시를 조정한다.

❸ 링 기어를 안쪽으로 밀고 피니언 기어를 바깥쪽으로 밀면 백래시가 작아지고, 반대로 하면 백래시가 커진다.

제동력 측정

섀시 4 3항의 작업 자동차에서 감독위원 지시에 따라 전(앞) 또는 후(뒤) 제동력을 측정하여 기록표에 기록하시오.

1 제동력 합이 기준값보다 작을 경우(앞바퀴)

① 자동차 번호 :				② 비번호		③ 감독위원 확 인	
측정(또는 점검)				산출 근거 및 판정			⑨ 득점
④ 항목	구분	⑤ 측정값 (kgf)	⑥ 기준값 (□에 'V'표)	⑦ 산출 근거		⑧ 판정 (□에 'V'표)	
제동력 위치 (□에 'V'표) ☑ 앞 □ 뒤	좌	50 kgf	☑ 앞 축중의 □ 뒤	편차	$\dfrac{50-40}{500} \times 100 = 2$	□ 양호 ☑ 불량	
			편차 8.0% 이하				
	우	40 kgf	합 50% 이상	합	$\dfrac{50+40}{500} \times 100 = 18$		

① **자동차 번호** : 측정하는 자동차 번호를 기록한다(측정 차량이 1대인 경우 생략할 수 있다).

② **비번호** : 책임관리위원(공단 본부)이 배부한 등번호(비번호)를 기록한다.

③ **감독위원 확인** : 시험 전 또는 시험 후 감독위원이 채점 후 확인한다(날인).

④ **항목** : 감독위원이 지정하는 축에 ☑ 표시를 한다.　　• 위치 : ☑ **앞**

⑤ **측정값** : 제동력을 측정한 값을 기록한다.　　• 좌 : **50 kgf**　　• 우 : **40 kgf**

⑥ **기준값** : 검사 기준에 따라 제동력 편차와 합의 기준값을 기록한다.

　　　　• 편차 : 앞 축중의 **8.0% 이하**　　• 합 : 앞 축중의 **50% 이상**

⑦ **산출 근거** : 공식에 대입하여 산출한 계산식을 기록한다.

　　　　• 편차 : $\dfrac{50-40}{500} \times 100 = 2$　　• 합 : $\dfrac{50+40}{500} \times 100 = 18$

⑧ **판정** : 앞바퀴 제동력의 합이 기준값 범위를 벗어났으므로 ☑ **불량**에 표시한다.

⑨ **득점** : 감독위원이 해당 문항을 채점하고 점수를 기록한다.

※ 측정 차량은 크루즈 1.5DOHC A/T의 공차 중량(1130 kgf)의 앞(전) 축중(500 kgf)으로 산출하였다.

■ **제동력 계산**

• 앞바퀴 제동력의 편차 = $\dfrac{\text{큰 쪽 제동력 – 작은 쪽 제동력}}{\text{해당 축중}} \times 100$ ➡ 앞 축중의 8.0% 이하이면 양호

• 앞바퀴 제동력의 총합 = $\dfrac{\text{좌우 제동력의 합}}{\text{해당 축중}} \times 100$ ➡ 앞 축중의 50% 이상이면 양호

※ 측정 위치는 감독위원이 지정하는 위치의 □에 'V' 표시한다.　　※ 자동차 검사 기준 및 방법에 의하여 기록 · 판정한다.

※ 측정값의 단위는 시험 장비 기준으로 기록한다.　　※ 산출 근거에는 단위를 기록하지 않아도 된다.

8
안

섀시

2 제동력 편차는 기준값보다 크고 합은 기준값보다 작을 경우(앞바퀴)

자동차 번호 :					비번호		감독위원 확　인		
측정(또는 점검)					산출 근거 및 판정				득점
항목	구분	측정값 (kgf)	기준값 (□에 'ㅇ'표)		산출 근거		판정 (□에 'ㅇ'표)		
제동력 위치 (□에 'ㅇ'표) ☑ 앞 □ 뒤	좌	60 kgf	☑ 앞 축중의 □ 뒤		편차	$\dfrac{60-10}{500} \times 100 = 10$	□ 양호 ☑ 불량		
			편차	8.0% 이하					
	우	10 kgf	합	50% 이상	합	$\dfrac{60+10}{500} \times 100 = 14$			

■ 제동력 계산

- 앞바퀴 제동력의 편차 = $\dfrac{60-10}{500} \times 100 = 10\% > 8.0\%$ ➡ 불량

- 앞바퀴 제동력의 총합 = $\dfrac{60+10}{500} \times 100 = 14\% < 50\%$ ➡ 불량

3 제동력 측정

제동력 측정

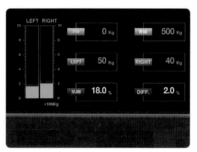

측정값(좌 : 50 kgf, 우 : 40 kgf)

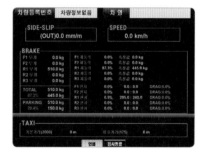

결과 출력

제동력 측정 시 유의사항

❶ 시험장 여건에 따라 감독위원이 임의의 측정값을 제시한 후 제동력 편차와 합을 계산하기도 한다.

❷ 제동력 측정 시 브레이크 페달을 최대 압력으로 유지한 상태에서 확인한다.

❸ 앞 축중 또는 뒤 축중 측정 시 측정 상태를 정확하게 확인한 후 제동력 시험기의 모니터 출력값을 확인한다.

❹ 측정이 끝나면 편차와 합을 계산하고 기록표를 작성한 후 감독위원에게 제출한다.

ABS 자기진단

8안

섀시 5 주어진 자동차의 ABS에서 자기진단기(스캐너)를 이용하여 각종 센서 및 시스템 작동상태를 점검하고 기록표에 기록하시오.

1 앞 좌측, 뒤 우측 휠 스피드 센서 커넥터가 탈거된 경우

① 자동차 번호 :			② 비번호		③ 감독위원 확 인	
항목	측정(또는 점검)			⑥ 정비 및 조치할 사항		⑦ 득점
	④ 측정값	⑤ 규정(정비한계)값				
ABS 자기진단	앞 좌측 휠 스피드 센서	커넥터 탈거		앞 좌측 및 뒤 우측 휠 스피드 센서 커넥터 체결, ECU 과거 기억 소거 후 재점검		
	뒤 우측 휠 스피드 센서	커넥터 탈거				

① **자동차 번호** : 측정하는 자동차 번호를 기록한다(측정 차량이 1대인 경우 생략할 수 있다).

② **비번호** : 책임관리위원(공단 본부)이 배부한 등번호(비번호)를 기록한다.

③ **감독위원 확인** : 시험 전 또는 시험 후 감독위원이 채점 후 확인한다(날인).

④ **고장 부분** : 스캐너 자기진단으로 확인된 고장 부분을 기록한다.
- 고장 부분 : **앞 좌측 휠 스피드 센서, 뒤 우측 휠 스피드 센서**

⑤ **내용 및 상태** : 고장 부분으로 확인된 내용 및 상태를 기록한다.
- 내용 및 상태 : **커넥터 탈거**

⑥ **정비 및 조치할 사항** : 앞 좌측, 뒤 우측 휠 스피드 센서 커넥터가 탈거되었으므로 **앞 좌측 및 뒤 우측 휠 스피드 센서 커넥터 체결, ECU 과거 기억 소거 후 재점검**을 기록한다.

⑦ **득점** : 감독위원이 해당 문항을 채점하고 점수를 기록한다.

ABS 하이드롤릭 유닛과 휠 스피드 센서

하이드롤릭 유닛

휠 스피드 센서

8안 와이퍼 모터 소모 전류 점검

주어진 자동차에서 와이퍼 모터를 탈거한 후(감독위원에게 확인) 다시 부착하여 와이퍼 브러시의 작동상 태를 확인하고 와이퍼 작동 시 소모 전류를 점검하여 기록표에 기록하시오.

1 와이퍼 모터 소모 전류가 규정값보다 작을 경우

① 자동차 번호 :				② 비번호		③ 감독위원 확 인		
측정 항목		측정(또는 점검)		판정 및 정비(또는 조치) 사항				⑧ 득점
		④ 측정값	⑤ 규정(정비한계)값	⑥ 판정(□에 'V'표)		⑦ 정비 및 조치할 사항		
소모 전류	Low 모드	1.5 A	3.0~3.5 A	□ 양호 ☑ 불량		와이퍼 모터 링키지 체결 후 재점검		
	High 모드	2.7 A	4.0~4.5 A					

① **자동차 번호** : 측정하는 자동차 번호를 기록한다(측정 차량이 1대인 경우 생략할 수 있다).
② **비번호** : 책임관리위원(공단 본부)이 배부한 등번호(비번호)를 기록한다.
③ **감독위원 확인** : 시험 전 또는 시험 후 감독위원이 채점 후 확인한다(날인).
④ **측정값** : 와이퍼 모터 소모 전류를 측정한 값을 기록한다.
      • Low 모드 : 1.5 A   • High 모드 : 2.7 A
⑤ **규정(정비한계)값** : 감독위원이 제시한 값이나 정비지침서를 보고 규정값을 기록한다.
      • Low 모드 : 3.0~3.5 A   • High 모드 : 4.0~4.5 A
⑥ **판정** : 측정값이 규정값 범위를 벗어났으므로 ☑ 불량에 표시한다.
⑦ **정비 및 조치할 사항** : 판정이 불량이므로 와이퍼 모터 링키지 체결 후 재점검을 기록한다.
⑧ **득점** : 감독위원이 해당 문항을 채점하고 점수를 기록한다.

2 와이퍼 모터 소모 전류가 규정값보다 클 경우

자동차 번호 :				비번호		감독위원 확 인		
측정 항목		측정(또는 점검)		판정 및 정비(또는 조치) 사항				득점
		측정값	규정(정비한계)값	판정(□에 'V'표)		정비 및 조치할 사항		
소모 전류	Low 모드	4.7 A	3.0~3.5 A	□ 양호 ☑ 불량		와이퍼 모터 교체 후 재점검		
	High 모드	7.4 A	4.0~4.5 A					

※ **판정** : 와이퍼 모터 소모 전류가 규정값 범위를 벗어났으므로 ☑ 불량에 표시하고, 와이퍼 모터 교체 후 재점검한다.

3 와이퍼 모터 소모 전류가 규정값 범위 내에 있을 경우

<table>
<tr><td colspan="4">자동차 번호 :</td><td>비번호</td><td></td><td>감독위원
확 인</td><td></td></tr>
<tr><td colspan="2" rowspan="2">측정 항목</td><td colspan="2">측정(또는 점검)</td><td colspan="3">판정 및 정비(또는 조치) 사항</td><td rowspan="2">득점</td></tr>
<tr><td>측정값</td><td>규정(정비한계)값</td><td>판정(□에 'V'표)</td><td colspan="2">정비 및 조치할 사항</td></tr>
<tr><td rowspan="2">소모
전류</td><td>Low 모드</td><td>3.3 A</td><td>3.0~3.5 A</td><td rowspan="2">☑ 양호
☐ 불량</td><td colspan="2" rowspan="2">정비 및 조치할 사항
없음</td><td rowspan="2"></td></tr>
<tr><td>High 모드</td><td>4.4 A</td><td>4.0~4.5 A</td></tr>
<tr><td colspan="8">※ 판정 : 와이퍼 모터 소모 전류가 규정값 범위 내에 있으므로 ☑ 양호에 표시하고, 정비 및 조치할 사항 없음을 기록한다.</td></tr>
</table>

4 와이퍼 모터 소모 전류 규정값

차 종	기준 전류	최대 전류
쏘나타 Ⅲ	3.5 A	–
싼타페	4 A	23 A
아반떼 XD	4.5 A	28 A

※ 규정값은 일반적으로 Low 모드 3.0~3.5 A, High 모드 4.0~4.5 A를 적용하거나 감독위원이 제시한 규정값을 적용한다.

5 와이퍼 모터 소모 전류 측정

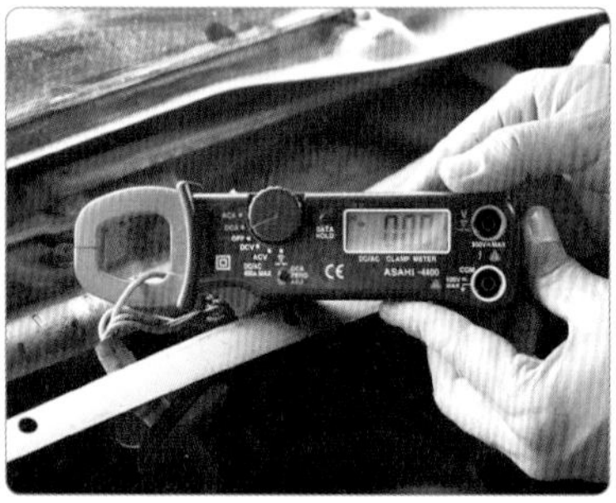

0점 조정

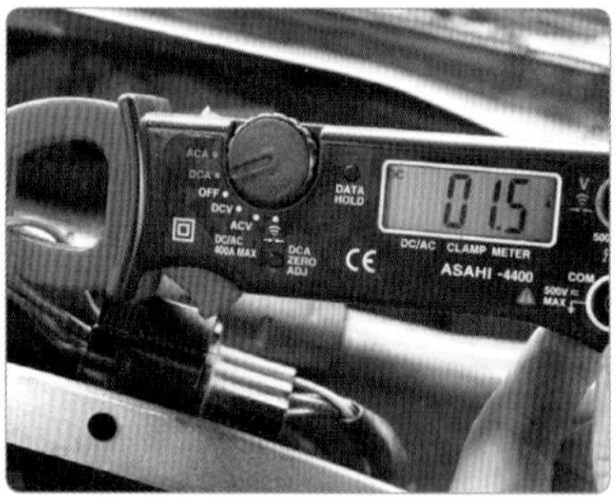

와이퍼 모터 LOW 모드 작동 시
출력된 전류 측정값(1.5 A)

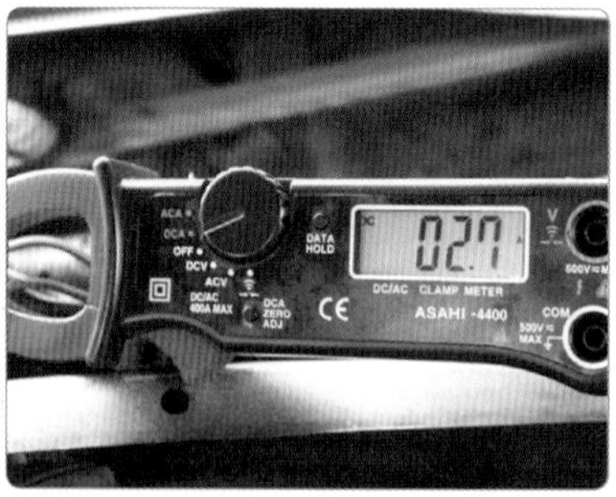

와이퍼 모터 HIGH 모드 작동 시
출력된 전류 측정값(2.7 A)

와이퍼 모터 소모 전류가 규정값 범위를 벗어난 경우 정비 및 조치할 사항

❶ 와이퍼 모터 링키지 탈거 → 와이퍼 모터 링키지 체결
❷ 와이퍼 모터 불량 → 와이퍼 모터 재장착
❸ 축전지 터미널 연결상태 불량 → 축전지 터미널 재장착
❹ 와이퍼 암 설치 부분의 세레이션 마모 → 링키지 어셈블리 교체

8안 전조등 점검

전기 2   주어진 자동차에서 전조등 시험기로 전조등을 점검하여 기록표에 기록하시오.

1 광축이 기준값 범위를 벗어난 경우(좌측 전조등, 4등식)

① 자동차 번호 :			② 비번호		③ 감독위원 확 인	
측정(또는 점검)					⑦ 판정 (□에 'V'표)	⑧ 득점
④ 구분	항목	⑤ 측정값		⑥ 기준값		
(□에 'V'표) 위치 : ☑ 좌 □ 우 등식 : □ 2등식 ☑ 4등식	광도	18000 cd		<u>12000 cd 이상</u>	☑ 양호 □ 불량	
	광축	☑ 상 □ 하 (□에 'V'표)	15 cm	10 cm 이하	□ 양호 ☑ 불량	
		□ 좌 ☑ 우 (□에 'V'표)	15 cm	30 cm 이하	☑ 양호 □ 불량	

① **자동차 번호** : 측정하는 자동차 번호를 기록한다(측정 차량이 1대인 경우 생략할 수 있다).
② **비번호** : 책임관리위원(공단 본부)이 배부한 등번호(비번호)를 기록한다.
③ **감독위원 확인** : 시험 전 또는 시험 후 감독위원이 채점 후 확인한다(날인).
④ **구분** : 감독위원이 지정한 위치와 등식에 ☑ 표시를 한다(운전석 착석 시 좌우 기준).
       • 위치 ; ☑ **좌**   • 등식 ; ☑ **4등식**
⑤ **측정값** : 광도와 광축을 측정한 값을 기록한다.
       • 광도 : 18000 cd   • 광축 : **상 – 15 cm, 우 – 15 cm**
⑥ **기준값** : 검사 기준값을 수험자가 암기하여 기록한다.
       • 광도 : 12000 cd 이상   • 광축 : **상 – 10 cm 이하, 우 – 30 cm 이하**
⑦ **판정** : 광도는 ☑ **양호**, 광축에서 상, 하는 ☑ **불량**, 좌, 우는 ☑ **양호**에 표시한다.
⑧ **득점** : 감독위원이 해당 문항을 채점하고 점수를 기록한다.

※ 측정 위치는 감독위원이 지정하는 위치의 □에 'V' 표시한다.   ※ 자동차 검사기준 및 방법에 의하여 기록 · 판정한다.

전조등에서 좌 · 우측등이 상향과 하향으로 분리되어 작동되는 것은 4등식이며, 상향과 하향이 하나의 등에서 회로 구성이 되어 작동되는 것은 2등식이다(차종별 정비지침서, 전기 회로도 참고).

2 전조등 광도, 광축 기준값

[자동차관리법 시행규칙 별표 15 적용]

구 분			기준값
광도	2등식		15000cd 이상
	4등식		12000 cd 이상
광축	좌·우측등	상향 진폭	10 cm 이하
	좌·우측등	하향 진폭	30 cm 이하
	좌측등	좌진폭	15 cm 이하
		우진폭	30 cm 이하
	우측등	좌진폭	30 cm 이하
		우진폭	30 cm 이하

3 전조등 광도, 광축 측정

1. 전조등 시험기(좌우, 상하), 다이얼 눈금을 모두 0으로 맞춘다.

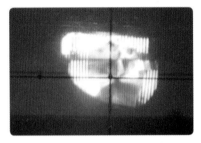

2. 전조등 시험기 몸체를 상하로 움직여 십자 중심에 오도록 조정한다.

3. 전조등 시험기의 기둥 눈금을 읽는다.
(하향 진폭 = 전조등 높이 × $\frac{3}{10}$)

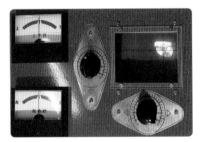

4. 좌우 지침이 중앙(0)에 오도록 시험기 몸체를 이동한다.

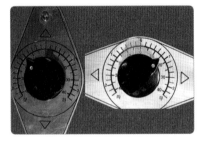

5. 다이얼 게이지 눈금을 전조등 중앙에 오도록 조정한 후 측정값을 확인한다(상 : 15 cm, 우 : 15 cm).

6. 엔진 rpm을 2000~2500 rpm으로 유지하고 광도를 측정한다.
(상향 하이빔 : 18000 cd)

전조등 광도 측정 시 유의사항

❶ 시험용 차량은 공회전상태(2000 rpm), 공차상태, 운전자(관리원) 1인이 승차하여 전조등 상향등(주행)을 점등시킨다.

❷ 시험장 여건에 따라 엔진 시동 OFF 후, DC 컨버터를 축전지에 연결한 다음 측정하기도 한다.

8안   외기온도 입력 신호값 점검

전기 3   주어진 자동차의 에어컨 회로에서 외기온도 입력 신호값을 점검하여 이상 여부를 확인하고 기록표에 기록하시오.

1 외기온도 센서 전압이 규정값 범위 내에 있을 경우

측정 항목	① 자동차 번호 :		② 비번호		③ 감독위원 확 인	
측정 항목	측정(또는 점검)		판정 및 정비(또는 조치) 사항			⑧ 득점
	④ 측정값	⑤ 규정(정비한계)값	⑥ 판정(□에 'V'표)	⑦ 정비 및 조치할 사항		⑧ 득점
외기온도 입력 신호값	4.3 V (10℃)	4.0~4.4 V (10℃)	☑ 양호 □ 불량	정비 및 조치할 사항 없음		

① **자동차 번호** : 측정하는 자동차 번호를 기록한다(측정 차량이 1대인 경우 생략할 수 있다).
② **비번호** : 책임관리위원(공단 본부)이 배부한 등번호(비번호)를 기록한다.
③ **감독위원 확인** : 시험 전 또는 시험 후 감독위원이 채점 후 확인한다(날인).
④ **측정값** : 외기온도 센서 전압을 측정한 값을 기록한다.
      • 측정값 : 4.3 V (10℃)
⑤ **규정(정비한계)값** : 감독위원이 제시한 값이나 정비지침서를 보고 규정값을 기록한다.
      • 규정값 : 4.0~4.4 V (10℃)
⑥ **판정** : 측정값이 규정값 범위 내에 있으므로 ☑ **양호**에 표시한다.
⑦ **정비 및 조치할 사항** : 판정이 양호이므로 **정비 및 조치할 사항 없음**을 기록한다.
⑧ **득점** : 감독위원이 해당 문항을 채점하고 점수를 기록한다.

2 외기온도 센서 전압이 규정값보다 클 경우

측정 항목	자동차 번호 :		비번호		감독위원 확 인	
측정 항목	측정(또는 점검)		판정 및 정비(또는 조치) 사항			득점
	측정값	규정(정비한계)값	판정(□에 'V'표)	정비 및 조치할 사항		득점
외기온도 입력 신호값	4.8 V (10℃)	4.0~4.4 V (10℃)	□ 양호 ☑ 불량	외기온도 센서 교체 후 재점검		

※ 판정 : 외기온도 센서 전압이 규정값 범위를 벗어났으므로 ☑ 불량에 표시하고, 외기온도 센서 교체 후 재점검한다.

3 외기온도 센서 저항이 규정값보다 작을 경우

측정 항목	측정(또는 점검)		판정 및 정비(또는 조치) 사항		득점
	측정값	규정(정비한계)값	판정(□에 '∨'표)	정비 및 조치할 사항	
외기온도 입력 신호값	46 Ω (10℃)	58~60 Ω (10℃)	□ 양호 ☑ 불량	외기온도 센서 교체 후 재점검	

자동차 번호 : / 비번호 / 감독위원 확 인

4 외기온도 센서 저항과 출력 전압의 규정값

온 도	저 항	출력 전압	온 도	저 항	출력 전압
−10℃	157.8 kΩ	4.20 V	10℃	58.8 kΩ	4.20 V
−5℃	122.0 kΩ	4.01 V	20℃	37.3 kΩ	4.01 V
0℃	95.0 kΩ	3.80 V	30℃	24.3 kΩ	3.80 V
5℃	74.5 kΩ	3.56 V	40℃	16.1 kΩ	3.56 V

※ 규정값은 일반적으로 감독위원이 제시한 규정값을 적용한다.

5 에어컨 외기온도 센서 전압 측정

1. 에어컨 시스템의 외기온도 센서 위치를 확인한 후, 엔진을 시동(공회전상태)한다.

2. 에어컨 컨트롤 유닛 6번 단자, 외기온도 센서 1번 단자에 멀티테스터 (+) 프로브를, (−) 프로브는 차체에 접지시킨다.

3. 멀티테스터 출력 전압을 확인한다. (4.3 V)

외기온도 입력 신호값 측정 시 유의사항

외기온도 센서는 콘덴서의 전방부에 설치되어 있으며, 시험장에서는 대부분 외기온도 센서 전압을 측정하지만 측정 차량이 노후되었거나 가스가 없는 경우 외기온도 센서 저항을 측정하기도 한다.

답안지 작성법

파트별	안별 문제		9안
엔진	1	엔진 분해 조립/측정	엔진 분해 조립/ 크랭크축 메인 저널 마모량 측정
	2	엔진 시동/작업	1가지 부품 탈·부착/ 엔진 시동(시동, 점화, 연료)
	3	엔진 작동상태/측정	공회전 속도 점검/배기가스 측정
	4	파형 점검	스텝 모터 파형 분석(공회전상태)
	5	부품 교환/측정	CRDI 연료압력 센서 탈·부착/ 공회전 속도 점검
섀시	1	부품 탈·부착 작업	파워스티어링 오일펌프, 벨트 탈·부착 후 공기 빼기 작업/ 작동상태 확인
	2	장치별 측정/부품 교환 조정	링 기어 백래시, 런아웃 측정
	3	브레이크 부품 교환/ 작동상태 점검	캘리퍼 탈·부착/ 브레이크 작동상태 확인
	4	제동력 측정	전륜 또는 후륜 제동력 측정
	5	부품 탈·부착/ 이상 부위 측정	자동변속기 자기진단
전기	1	부품 탈·부착 작업/측정	다기능 스위치 탈·부착/ 경음기 음량 점검
	2	전조등 점검	전조등 시험기 점검/광도, 광축
	3	편의 안전장치 점검	도어 중앙 잠금장치 스위치 입력 신호 점검
	4	전기 회로 점검/측정	와이퍼 회로 점검

엔진 1) 주어진 엔진을 기록표의 측정 항목까지 분해하여 기록표의 요구사항을 측정 및 점검하고 본래 상태로 조립하시오.

1 크랭크축 마모량이 규정값 범위 내에 있을 경우

① 엔진 번호 :			② 비번호		③ 감독위원 확 인	
측정 항목	측정(또는 점검)		판정 및 정비(또는 조치) 사항			⑧ 득점
	④ 측정값	⑤ 규정(정비한계)값	⑥ 판정(□에 '∨'표)	⑦ 정비 및 조치할 사항		
메인 저널 마모량	56.97 mm	57.00 mm (한계값 0.05 mm)	☑ 양호 □ 불량	정비 및 조치할 사항 없음		

① **엔진 번호** : 측정하는 엔진 번호를 기록한다(측정 엔진이 1대인 경우 생략할 수 있다).
② **비번호** : 책임관리위원(공단 본부)이 배부한 등번호(비번호)를 기록한다.
③ **감독위원 확인** : 시험 전 또는 시험 후 감독위원이 채점 후 확인한다(날인).
④ **측정값** : 크랭크축 메인 저널 바깥지름을 측정한 것 중 최솟값을 기록한다.
  • 측정값 : 56.97 mm
⑤ **규정(정비한계)값** : 감독위원이 제시한 값이나 정비지침서를 보고 규정(정비한계)값을 기록한다.
  • 규정값 : 57.00 mm (한계값 0.05 mm)
⑥ **판정** : 크랭크축 마모량 측정값이 규정값 범위 내에 있으므로 ☑ 양호에 표시한다.
⑦ **정비 및 조치할 사항** : 판정이 양호이므로 정비 및 조치할 사항 없음을 기록한다.
⑧ **득점** : 감독위원이 해당 문항을 채점하고 점수를 기록한다.

2 크랭크축 마모량이 규정값보다 클 경우

엔진 번호 :			비번호		감독위원 확 인	
항목	측정(또는 점검)		판정 및 정비(또는 조치) 사항			득점
	측정값	규정(정비한계)값	판정(□에 '∨'표)	정비 및 조치할 사항		
메인 저널 마모량	56.90 mm	57.00mm (한계값 0.05mm)	□ 양호 ☑ 불량	크랭크축 교체 후 재점검		

※ **판정** : 크랭크축 마모량이 한계값보다 크므로 ☑ 불량에 표시하고, 크랭크축 교체 후 재점검한다.

3 크랭크축 규정값 및 마모량 규정(한계)값

차 종		메인 저널 규정값	한계값
아반떼	1.5DOHC	50.00 mm	–
	1.8DOHC	57.00 mm	0.05 mm
엑셀		48.00 mm	0.05 mm
쏘나타 Ⅲ		56.980~57.000 mm	0.05 mm
엑센트		50.00 mm	–
그랜저(2.4)		56.980~56.995 mm	–
그레이스	디젤(D4BB) mm	66.00 mm	–
	LPG(L4CS) mm	56.980~56.995 mm	0.05 mm

4 크랭크축 마모량 측정

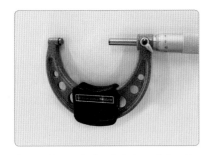

1. 마이크로미터 게이지 0점이 맞는 지 확인한다.

2. 감독위원이 지정한 크랭크축 메인 저널 바깥지름을 측정한다.
   (4군데 중 최솟값)

3. 마이크로미터 클램프를 앞으로 고 정하고 측정값을 확인한다.
   (56.97 mm)

크랭크축 메인 저널 측정
크랭크축 메인 저널은 핀 저널 방향 2군데, 핀 저널의 직각 방향 2군데의 총 4군데를 측정하여 최솟값을 측정값으로 한다.

크랭크축 마모량 측정 시 유의사항
❶ 감독위원이 지정한 크랭크축 저널을 확인한다.
❷ 크랭크축 앞(풀리) 방향과 저널 위치를 정확하게 확인한 후 측정한다.
❸ 측정하고자 하는 저널을 면 걸레(헝겊)로 깨끗하게 닦은 후 메인 저널 바깥지름을 측정한다.
❹ 마이크로미터 측정 시 0점이 맞는지 확인한다.
❺ 측정 눈금을 확인할 경우 마이크로미터를 측정부에서 탈거하고 눈높이(수평) 위치에서 소수점 눈금까지 정확하게 확인 한다.

9
안

엔진

엔진 3 2항의 시동된 엔진에서 공회전상태를 확인하고, 공회전 시 배기가스를 측정하여 기록표에 기록하시오 (단, 시동이 정상적으로 되지 않은 경우 본 항의 작업은 할 수 없다).

1 CO 배출량이 기준값보다 높게 측정될 경우

					③ 감독위원 확 인	
① 자동차 번호 :			② 비번호			
측정 항목	측정(또는 점검)			⑥ 판정(□에 'ν'표)		⑦ 득점
	④ 측정값		⑤ 기준값			
CO	2.9%		1.0% 이하	□ 양호 ☑ 불량		
HC	70 ppm		120 ppm 이하			

① **자동차 번호** : 측정하는 자동차 번호를 기록한다(측정 차량이 1대인 경우 생략할 수 있다).
② **비번호** : 책임관리위원(공단 본부)이 배부한 등번호(비번호)를 기록한다.
③ **감독위원 확인** : 시험 전 또는 시험 후 감독위원이 채점 후 확인한다(날인).
④ **측정값** : 배기가스를 측정한 값을 기록한다.
　　　　· CO : 2.9%　　· HC : 70 ppm
⑤ **기준값** : 운행 차량의 배출 허용 기준값을 기록한다.
　　　　KLATA69BDAB753159(차대번호 3번째 자리 : A ➡ 승용차, 10번째 자리 : A ➡ 2010년식)
　　　　· CO : 1.0% 이하　　· HC : 120 ppm 이하
⑥ **판정** : CO 측정값이 기준값 범위를 벗어났으므로 ☑ **불량**에 표시한다.
⑦ **득점** : 감독위원이 해당 문항을 채점하고 점수를 기록한다.

※ 감독위원이 제시한 자동차등록증(또는 차대번호)을 활용하여 차종 및 연식을 적용한다.
※ HC 측정값은 소수 첫째 자리 이하를 버림하여 기입한다.　　※ CO 측정값은 소수 둘째 자리 이하를 버림하여 기입한다.
※ 자동차 검사기준 및 방법에 의하여 기록 · 판정한다.

2 CO와 HC 배출량 모두 기준값보다 높게 측정될 경우

					감독위원 확 인	
자동차 번호 :			비번호			
측정 항목	측정(또는 점검)			판정 (□에 'ν'표)		득점
	측정값		기준값			
CO	2.4%		1.0% 이하	□ 양호 ☑ 불량		
HC	125 ppm		120 ppm 이하			

3 배기가스 배출 허용 기준값(CO, HC)   [개정 2015.7.21.]

차 종		제작일자	일산화탄소	탄화수소	공기 과잉률
경자동차		1997년 12월 31일 이전	4.5% 이하	1200 ppm 이하	
		1998년 1월 1일부터 2000년 12월 31일까지	2.5% 이하	400 ppm 이하	
		2001년 1월 1일부터 2003년 12월 31일까지	1.2% 이하	220 ppm 이하	
		2004년 1월 1일 이후	1.0% 이하	150 ppm 이하	
승용자동차		1987년 12월 31일 이전	4.5% 이하	1200 ppm 이하	1±0.1 이내 기화기식 연료 공급장치 부착 자동차는 1±0.15 이내 촉매 미부착 자동차는 1±0.20 이내
		1988년 1월 1일부터 2000년 12월 31일까지	1.2% 이하	220 ppm 이하 (휘발유·알코올 자동차) 400 ppm 이하 (가스자동차)	
		2001년 1월 1일부터 2005년 12월 31일까지	1.2% 이하	220 ppm 이하	
		2006년 1월 1일 이후	1.0% 이하	120 ppm 이하	
승합· 화물· 특수 자동차	소형	1989년 12월 31일 이전	4.5% 이하	1200 ppm 이하	
		1990년 1월 1일부터 2003년 12월 31일까지	2.5% 이하	400 ppm 이하	
		2004년 1월 1일 이후	1.2% 이하	220 ppm 이하	
	중형· 대형	2003년 12월 31일 이전	4.5% 이하	1200 ppm 이하	
		2004년 1월 1일 이후	2.5% 이하	400 ppm 이하	

4 배기가스 측정

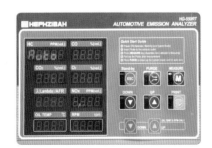 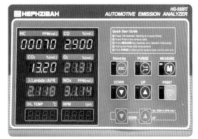 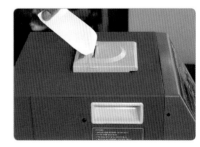

1. MEASURE(측정) : M(측정) 버튼을 누른다.
2. 측정한 배기가스를 확인한다. HC : 70 ppm, CO : 2.9%
3. 배기가스 측정 결과를 출력한다.

자 동 차 등 록 증

제2010 - 03260호 　　　　　　　　　　　　　　　최초등록일 : 2010년 08월 05일

① 자동차 등록번호	08다 1402	② 차종	승용(대형)	③ 용도	자가용
④ 차명	라노스	⑤ 형식 및 연식	2010		
⑥ 차대번호	KLATA69BDAB753159		⑦ 원동기형식		
⑧ 사용자 본거지	서울특별시 영등포구 번영로				

소유자	⑨ 성명(상호)	기동찬	⑩ 주민(사업자)등록번호	******-******
	⑪ 주소	서울특별시 영등포구 번영로		

자동차관리법 제8조 규정에 의하여 위와 같이 등록하였음을 증명합니다.

2010년 08월 05일

서울특별시장

● **차대번호 식별방법**

차대번호는 총 17자리로 구성되어 있다.

KLATA69BDAB753159

① 첫 번째 자리는 제작국가(K＝대한민국)
② 두 번째 자리는 제작회사(L＝GM 대우, N＝기아, P＝쌍용, M＝현대)
③ 세 번째 자리는 자동차 종별(A＝**승용차**(내수용), J＝승합차, F＝화물차)
④ 네 번째 자리는 차종 구분(J＝누비라, T＝라노스, V＝레간자)
⑤ 다섯 번째 자리는 세부 차종(A＝전륜 자동변속기, F＝전륜 수동변속기)
⑥⑦ 여섯 번째, 일곱 번째 자리는 차체 형상(69＝4도어 노치백, 48＝4도어 해치백)
⑧ 여덟 번째 자리는 엔진 형식(배기량) (W＝2200 cc, A＝1800 cc, B＝2000 cc, G＝2500 cc)
⑨ 아홉 번째 자리는 기타사항 용도 구분(D＝내수용)
⑩ 열 번째 자리는 제작연도(영문 I, O, Q, U, Z 제외)
　　～1(2001)～4(2004)～7(2007)～A(2010)～L(2020)～
⑪ 열한 번째 자리는 제작 공장(B＝부평, K＝군산)
⑫ 열두 번째～열일곱 번째 자리는 차량 제작 일련번호

9안 스텝 모터 파형 분석

주어진 자동차 엔진에서 스텝 모터 파형을 출력·분석하여 결과를 기록표에 기록하시오(조건 : 공회전상태).

● 스텝 모터 파형

자동차 번호 :		비번호		감독위원 확　인	
측정 항목	파형 상태				득점
파형 측정	요구사항 조건에 맞는 파형을 프린트하여 아래 사항을 분석 후 뒷면에 첨부 • 출력된 파형에 불량 요소가 있는 경우에는 반드시 표기 및 설명되어야 함 • 파형의 주요 특징에 대하여 표기 및 설명되어야 함				

1 스텝 모터 정상 파형

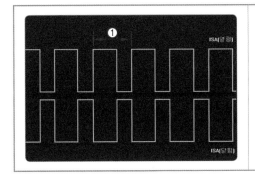

(1) 전원 전압 : 12 V 이상, 접지 전압 : 1 V 이하
(2) 열림 듀티율 : 30~40%, 닫힘 듀티율 : 60~70%
　　(공회전 시)
(3) LOW 전압 : 1 V 이하, HIGH 전압 : 축전지 전압

※ 공기 유량을 제어하는 요소는 ① 사이클 안에서 (−) 듀티율이다.

2 스텝 모터 측정 파형 분석

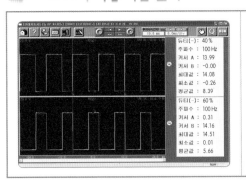

(1) 전원 전압은 **14.08 V**(규정값 : 12 V 이상), 접지 전압은 **−0.26 V**(규정값 : 1 V 이하)로 출력되었다.
(2) 공회전 시 열림 듀티율이 **40%**(규정값 : 30~40%), 닫힘 듀티율이 **60%**(규정값 : 60~70%)로 양호한 값을 나타내고 있으므로 엔진 부하상태 및 액추에이터 작동상태는 양호하다.

3 분석 결과 및 판정

전원 전압 상단부는 14.08 V(규정값 : 12 V 이상), 접지 전압 하단부는 −0.26 V(규정값 : 1 V 이하), 공회전 시 열림 듀티율은 40%(규정값 : 30~40%), 닫힘 듀티율은 60%(규정값 : 60~70%)이므로 스텝 모터 파형은 **양호**이다.

※ 불량일 경우 스텝 모터 배선 회로를 점검하고 이상이 없으면 스텝 모터 교체 후 재점검한다.

공회전 속도 점검

엔진 5 주어진 전자제어 디젤 엔진에서 연료압력 센서를 탈거한 후(감독위원에게 확인) 다시 부착하여 시동을 걸고, 공회전 속도를 점검하여 기록표에 기록하시오.

1 공회전 속도가 규정값 범위 내에 있을 경우

측정 항목	① 엔진 번호 :		② 비번호		③ 감독위원 확 인	
	측정(또는 점검)		판정 및 정비(또는 조치) 사항			⑧ 득점
	④ 측정값	⑤ 규정(정비한계)값	⑥ 판정(□에 'V'표)	⑦ 정비 및 조치할 사항		
공회전 속도	790 rpm	750±50 rpm	☑ 양호 □ 불량	정비 및 조치할 사항 없음		

① **엔진 번호** : 측정하는 엔진 번호를 기록한다(측정 엔진이 1대인 경우 생략할 수 있다).
② **비번호** : 책임관리위원(공단 본부)이 배부한 등번호(비번호)를 기록한다.
③ **감독위원 확인** : 시험 전 또는 시험 후 감독위원이 채점 후 확인한다(날인).
④ **측정값** : 공회전 속도를 측정한 값을 기록한다.
     • 측정값 : 790 rpm
⑤ **규정(정비한계)값** : 스캐너 내 기준값을 기록하거나 감독위원이 제시한 규정값을 기록한다.
     • 규정값 : 750±50 rpm
⑥ **판정** : 측정값이 규정값 범위 내에 있으므로 ☑ **양호**에 표시한다.
⑦ **정비 및 조치할 사항** : 판정이 양호이므로 **정비 및 조치할 사항 없음**을 기록한다.
⑧ **득점** : 감독위원이 해당 문항을 채점하고 점수를 기록한다.

2 공회전 속도가 규정값보다 작을 경우

측정 항목	엔진 번호 :		비번호		감독위원 확 인	
	측정(또는 점검)		판정 및 정비(또는 조치) 사항			득점
	측정값	규정(정비한계)값	판정(□에 'V'표)	정비 및 조치할 사항		
공회전 속도	500~600 rpm	750±50 rpm	□ 양호 ☑ 불량	전자제어장치 재점검		

※ **판정** : 공회전 속도가 규정값 범위를 벗어났으므로 ☑ **불량**에 표시하고, 전자제어장치를 재점검한다.

3 공회전 속도가 규정값보다 클 경우

측정 항목	측정(또는 점검)		판정 및 정비(또는 조치) 사항		득점
	측정값	규정(정비한계)값	판정(□에 'V'표)	정비 및 조치할 사항	
공회전 속도	1000~1100 rpm	750±50 rpm	□ 양호 ☑ 불량	연료장치 재점검	

엔진 번호 :　　　비번호　　　감독위원 확 인

4 디젤 엔진 공회전 속도 규정값

차 종	엔진 형식	분사 시기	공회전 속도
그레이스	D4BB	ATDC5°	850±100 rpm
	D4BH	ATDC9°	750±30 rpm
무쏘/코란도	OM601	BTDC15±1°	700±50 rpm
	OM602	BTDC15±1°	750±50 rpm

5 공회전 속도 측정

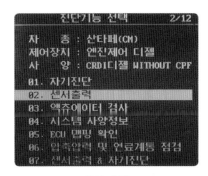

센서 출력　　공회전 속도 측정(790 rpm)

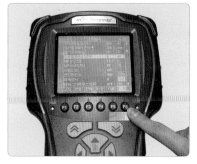

기준값 확인

● 연료압력 상태에 따른 원인과 정비 및 조치할 사항(엔진 공회전상태)

공회전 속도	원인	정비 및 조치할 사항
공회전 속도가 규정값보다 높거나 낮을 때	공회전 속도 밸브 불량, ECU 제어 불량	공회전 속도 밸브 교체, 전자제어장치나 연료장치 재점검
주행 중 정지 시 엔진 시동이 꺼질 때	공회전 속도 밸브 통로가 막힘	통로 청소, 공회전 속도 밸브 위치를 정상 위치(정상 스텝)로 적용

9안   링 기어 백래시, 런아웃 측정

섀시 2   주어진 종감속 장치에서 링 기어의 백래시와 런아웃을 측정하여 기록표에 기록한 후, 백래시가 규정값이 되도록 조정하시오.

1   백래시 측정값이 규정값 범위 내에 있을 경우

측정 항목	① 엔진 번호 :		② 비번호		③ 감독위원 확 인	
	측정(또는 점검)		판정 및 정비(또는 조치) 사항			⑧ 득점
	④ 측정값	⑤ 규정(정비한계)값	⑥ 판정(□에 '∨'표)	⑦ 정비 및 조치할 사항		
백래시	0.14 mm	0.11~0.16 mm	☑ 양호 □ 불량	정비 및 조치할 사항 없음		
런아웃	0.02 mm	0.05 mm 이하				

① **엔진 번호** : 측정하는 엔진 번호를 기록한다(측정 엔진이 1대인 경우 생략할 수 있다).
② **비번호** : 책임관리위원(공단 본부)이 배부한 등번호(비번호)를 기록한다.
③ **감독위원 확인** : 시험 전 또는 시험 후 감독위원이 채점 후 확인한다(날인).
④ **측정값** : 링 기어 백래시와 런아웃을 측정한 값을 기록한다.
         • 백래시 : 0.14 mm   • 런아웃 : 0.02 mm
⑤ **규정(정비한계)값** : 감독위원이 제시한 값이나 정비지침서를 보고 규정값을 기록한다.
         • 백래시 : 0.11~0.16 mm   • 런아웃 : 0.05 mm 이하
⑥ **판정** : 백래시, 런아웃 측정값이 규정값 범위 내에 있으므로 ☑ **양호**에 표시한다.
⑦ **정비 및 조치할 사항** : 판정이 양호이므로 **정비 및 조치할 사항 없음**을 기록한다.
⑧ **득점** : 감독위원이 해당 문항을 채점하고 점수를 기록한다.

2   백래시 측정값이 규정값보다 클 경우

측정 항목	엔진 번호 :		비번호		감독위원 확 인	
	측정(또는 점검)		판정 및 정비(또는 조치) 사항			득점
	측정값	규정(정비한계)값	판정(□에 '∨'표)	정비 및 조치할 사항		
백래시	0.30 mm	0.11~0.16 mm	□ 양호 ☑ 불량	조정 나사, 조정 심으로 조정 후 재점검 (밖의 나사는 풀고 안쪽 나사는 조여 준다.)		
런아웃	0.02 mm	0.05 mm 이하				

※ **판정** : 백래시 측정값이 규정값 범위를 벗어났으므로 ☑ **불량**에 표시하고, 조정나사나 조정 심으로 조정 후 재점검한다.

3 런아웃 측정값이 규정값보다 클 경우

| 측정 항목 | 측정(또는 점검) | | 판정 및 정비(또는 조치) 사항 | | 득점 |
	측정값	규정(정비한계)값	판정(□에 '∨'표)	정비 및 조치할 사항	
엔진 번호 :			비번호		감독위원 확 인
백래시	0.15 mm	0.11~0.16 mm	□ 양호 ☑ 불량	링 기어 교체 후 재점검	
런아웃	0.28 mm	0.05 mm 이하			

4 백래시 및 런아웃 규정값

| 차 종 | 링 기어 | |
	백래시	런아웃
스타렉스	0.11~0.16 mm	0.05 mm 이하
싼타페	0.08~0.13 mm	–
그레이스	0.11~0.16 mm	0.05 mm 이하

※ 감독위원이 규정값을 제시한 경우 감독위원이 제시한 규정값으로 판정한다.

5 링 기어 백래시 및 런아웃 측정

1. 다이얼 게이지 스핀들을 링 기어에 직각이 되도록 설치한 후 0점 조정한다.

2. 구동 피니언 기어를 고정하고 링 기어를 움직여 백래시를 측정한다. (0.14 mm)

3. 링 기어 뒷면에 다이얼 게이지를 설치한 후 링 기어 런아웃을 측정한다(0.02 mm).

> **링 기어 백래시 조정 방법**
> ❶ 백래시 조정은 심으로 조정하는 심 조정식과 조정 나사로 조정하는 조정 나사식이 있다.
> ❷ 심으로 조정할 경우 바깥쪽 심을 빼고 안쪽 심을 넣어 백래시를 조정한다.
> ❸ 링 기어를 안쪽으로 밀고 피니언 기어를 바깥쪽으로 밀면 백래시가 작아지고, 반대로 하면 백래시가 커진다.

9 안
샤시

섀시 4 3항의 작업 자동차에서 감독위원 지시에 따라 전(앞) 또는 후(뒤) 제동력을 측정하여 기록표에 기록하시오.

1 제동력 편차가 기준값보다 클 경우(뒷바퀴)

① 자동차 번호 :					② 비번호		③ 감독위원 확 인	
측정(또는 점검)				산출 근거 및 판정				
④ 항목	구분	⑤ 측정값 (kgf)	⑥ 기준값 (□에 'ν'표)		⑦ 산출 근거		⑧ 판정 (□에 'ν'표)	⑨ 득점
제동력 위치 (□에 'ν'표) □ 앞 ☑ 뒤	좌	210 kgf	□ 앞 축중의 ☑ 뒤		편차	$\dfrac{260-210}{500} \times 100 = 10$	□ 양호 ☑ 불량	
			편차	8.0% 이하	합	$\dfrac{260+210}{500} \times 100 = 94$		
	우	260 kgf	합	20% 이상				

① **자동차 번호** : 측정하는 자동차 번호를 기록한다(측정 차량이 1대인 경우 생략할 수 있다).
② **비번호** : 책임관리위원(공단 본부)이 배부한 등번호(비번호)를 기록한다.
③ **감독위원 확인** : 시험 전 또는 시험 후 감독위원이 채점 후 확인한다(날인).
④ **항목** : 감독위원이 지정하는 축에 ☑ 표시를 한다.　　• 위치 : ☑ 뒤
⑤ **측정값** : 제동력을 측정한 값을 기록한다.　　• 좌 : 210 kgf　　• 우 : 260 kgf
⑥ **기준값** : 검사 기준에 따라 제동력 편차와 합의 기준값을 기록한다.
　　　　• 편차 : 뒤 축중의 **8.0% 이하**　　• 합 : 뒤 축중의 **20% 이상**
⑦ **산출 근거** : 공식에 대입하여 산출한 계산식을 기록한다.
　　　　• 편차 : $\dfrac{260-210}{500} \times 100 = 10$　　• 합 : $\dfrac{260+210}{500} \times 100 = 94$
⑧ **판정** : 뒷바퀴 제동력의 편차가 기준값 범위를 벗어났으므로 ☑ **불량**에 표시한다.
⑨ **득점** : 감독위원이 해당 문항을 채점하고 점수를 기록한다.
※ 측정 차량 크루즈 1.5DOHC A/T의 공차 중량(1130 kgf)의 뒤(후) 축중(500 kgf)으로 산출하였다.

■ **제동력 계산**
　• 뒷바퀴 제동력의 편차 $= \dfrac{\text{큰 쪽 제동력} - \text{작은 쪽 제동력}}{\text{해당 축중}} \times 100$ ➡ 뒤 축중의 8.0% 이하이면 양호
　• 뒷바퀴 제동력의 총합 $= \dfrac{\text{좌우 제동력의 합}}{\text{해당 축중}} \times 100$ ➡ 뒤 축중의 20% 이상이면 양호

※ 측정 위치는 감독위원이 지정하는 위치의 □에 'ν' 표시한다.　　※ 자동차 검사 기준 및 방법에 의하여 기록 · 판정한다.
※ 측정값의 단위는 시험장비 기준으로 기록한다.　　※ 산출 근거에는 단위를 기록하지 않아도 된다.

2 제동력 편차와 합이 기준값 범위 내에 있을 경우 (뒷바퀴)

자동차 번호 :				비번호			감독위원 확 인	
측정(또는 점검)				산출 근거 및 판정				
항목	구분	측정값 (kgf)	기준값 (□에 'V'표)	산출 근거		판정 (□에 'V'표)		득점
제동력 위치 (□에 'V'표) □ 앞 ☑ 뒤	좌	240 kgf	□ 앞 축중의 ☑ 뒤	편차	$\dfrac{240-200}{500} \times 100 = 8$	☑ 양호 □ 불량		
			편차	8.0% 이하				
	우	200 kgf	합	20% 이상	합	$\dfrac{240+200}{500} \times 100 = 88$		

■ 제동력 계산

- 뒷바퀴 제동력의 편차 $= \dfrac{240-200}{500} \times 100 = 8\% \le 8.0\%$ ➡ 양호
- 뒷바퀴 제동력의 총합 $= \dfrac{240+200}{500} \times 100 = 88\% \ge 20\%$ ➡ 양호

3 제동력 측정

제동력 측정

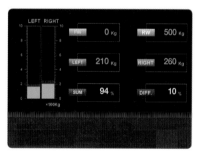

측정값(좌 : 210 kgf, 우 : 260 kgf)

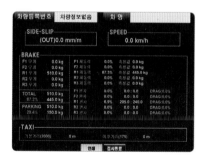

결과 출력

제동력 측정 시 유의사항

❶ 시험장 여건에 따라 감독위원이 임의의 측정값을 제시한 후 제동력 편차와 합을 계산하기도 한다.

❷ 제동력 측정 시 브레이크 페달 압력을 최대한 유지한 상태에서 측정값을 확인한다.

❸ 앞 축중 또는 뒤 축중 측정 시 측정 상태를 정확하게 확인한 후 제동력 시험기의 모니터 출력값을 확인한다.

❹ 측정이 끝나면 편차와 합을 계산하고 기록표를 작성한 후 감독위원에게 제출한다.

자동변속기 자기진단

9안

섀시 5 주어진 자동차의 자동변속기에서 자기진단기(스캐너)를 이용하여 각종 센서 및 시스템 작동상태를 점검하고 기록표에 기록하시오.

1 유온 센서 커넥터가 탈거되고 A/T 릴레이가 단선된 경우

측정 항목	① 자동차 번호 :		② 비번호		③ 감독위원 확 인	
측정 항목	측정(또는 점검)		⑥ 정비 및 조치할 사항			⑦ 득점
측정 항목	④ 고장 부분	⑤ 내용 및 상태	⑥ 정비 및 조치할 사항			⑦ 득점
자기진단	유온 센서	커넥터 탈거	유온 센서 커넥터 체결, A/T 릴레이 교체, ECU 과거 기억 소거 후 재점검			
자기진단	A/T 릴레이	릴레이 단선				

① **자동차 번호** : 측정하는 자동차 번호를 기록한다(측정 차량이 1대인 경우 생략할 수 있다).
② **비번호** : 책임관리위원(공단 본부)이 배부한 등번호(비번호)를 기록한다.
③ **감독위원 확인** : 시험 전 또는 시험 후 감독위원이 채점 후 확인한다(날인).
④ **고장 부분** : 스캐너 자기진단으로 확인된 고장 부분을 기록한다.
　　　　　　　 • 고장 부분 : **유온 센서, A/T 릴레이**
⑤ **내용 및 상태** : 고장 부분으로 확인된 내용 및 상태를 기록한다.
　　　　　　　 • 내용 및 상태 : **커넥터 탈거, 릴레이 단선**
⑥ **정비 및 조치할 사항** : 유온 센서 커넥터가 탈거되고 A/T 릴레이가 단선되었으므로 **유온 센서 커넥터 체결, A/T 릴레이 교체, ECU 과거 기억 소거 후 재점검**을 기록한다.
⑦ **득점** : 감독위원이 해당 문항을 채점하고 점수를 기록한다.

2 유온 센서, 브레이크 스위치 커넥터가 탈거된 경우

측정 항목	자동차 번호 :		비번호		감독위원 확 인	
측정 항목	측정(또는 점검)		정비 및 조치할 사항			득점
측정 항목	고장 부분	내용 및 상태	정비 및 조치할 사항			득점
자기진단	유온 센서	커넥터 탈거	유온 센서 및 브레이크 스위치 커넥터 체결, ECU 과거 기억 소거 후 재점검			
자기진단	브레이크 스위치	커넥터 탈거				

※ **판정** : 유온 센서, 브레이크 스위치 커넥터가 탈거되었으므로 유온 센서 및 브레이크 스위치 커넥터 체결, ECU 과거 기억 소거 후 재점검한다.

9안   경음기 음량 측정

전기 1 주어진 자동차에서 다기능(콤비네이션) 스위치를 교환(탈·부착)하여 스위치의 작동상태를 확인하고 경음기 음량 상태를 점검하여 기록표에 기록하시오.

1 경음기 음량이 기준값 범위 내에 있을 경우

항목	① 자동차 번호 :		② 비번호	③ 감독위원 확 인	
	측정(또는 점검)			⑥ 판정 (□에 '∨'표)	⑦ 득점
	④ 측정값	⑤ 기준값			
경음기 음량	99 dB	<u>90 dB</u> 이상 <u>110 dB</u> 이하		☑ 양호 □ 불량	

① **자동차 번호** : 측정하는 자동차 번호를 기록한다(측정 차량이 1대인 경우 생략할 수 있다).
② **비번호** : 책임관리위원(공단 본부)이 배부한 등번호(비번호)를 기록한다.
③ **감독위원 확인** : 시험 전 또는 시험 후 감독위원이 채점 후 확인한다(날인).
④ **측정값** : 경음기 음량을 측정한 값을 기록한다.   • 측정값 : 99 dB
⑤ **기준값** : 경음기 음량 기준값을 수험자가 암기하여 기록한다.
　　　　• 기준값 : 90 dB 이상 110 dB 이하
⑥ **판정** : 측정값이 기준값 범위 내에 있으므로 ☑ 양호에 표시한다.
⑦ **득점** : 감독위원이 해당 문항을 채점하고 점수를 기록한다.

※ 감독위원이 제시한 자동차등록증(차대번호)을 활용하여 차종 및 연식을 적용한다.
※ 자동차 검사기준 및 방법에 의하여 기록·판정한다.   ※ 암소음은 무시한다.

2 경음기 음량이 기준값보다 높을 경우

항목	자동차 번호 :		비번호	감독위원 확 인	
	측정(또는 점검)			판정 (□에 '∨'표)	(F) 득점
	측정값	기준값			
경음기 음량	125 dB	<u>90 dB</u> 이상 <u>110 dB</u> 이하		□ 양호 ☑ 불량	

※ 판정 : 경음기 음량이 기준값 범위를 벗어났으므로 ☑ 불량에 표시한다.

③ 경음기 음량 기준값

[2006년 1월 1일 이후 제작된 자동차]

자동차 종류	소음 항목	경적 소음(dB(C))
경자동차		110 이하
승용자동차	소형, 중형	**110 이하**
	중대형, 대형	112 이하
화물자동차	소형, 중형	110 이하
	대형	112 이하

※ 경음기 음량의 크기는 최소 90 dB 이상일 것[자동차 및 자동차 성능과 기준에 관한 규칙 제53조]

④ 경음기 음량 측정

1. 음량계 높이를 1.2±0.05 m로, 자동차 전방 2 m가 되도록 설치한다.

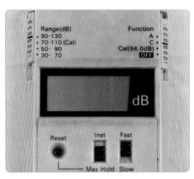

2. 리셋 버튼을 눌러 초기화시킨 후 C 특성, Fast 90~130 dB을 선택한다.

3. 경음기를 3~5초 동안 작동시켜 배출되는 소음 크기의 최댓값을 측정한다(측정값 : 99 dB).

> **경음기 음량이 기준값 범위를 벗어난 경우**
> ❶ 축전지 방전
> ❷ 경음기 불량
> ❸ 경음기 릴레이 불량
> ❹ 경음기 접지 불량
> ❺ 경음기 음량 조정 불량
> ❻ 경음기 커넥터 접촉 불량
> ❼ 경음기 스위치 접촉 불량
> ❽ 규격품이 아닌 경음기 사용

9안

전조등 점검

전기 2   주어진 자동차에서 전조등 시험기로 전조등을 점검하여 기록표에 기록하시오.

1 광축이 기준값 범위를 벗어난 경우(좌측 전조등, 4등식)

① 자동차 번호 :				② 비번호		③ 감독위원 확 인	
측정(또는 점검)						⑦ 판정 (□에 'V'표)	⑧ 득점
④ 구분	항목	⑤ 측정값		⑥ 기준값			
(□에 'V'표) 위치 : ☑ 좌 □ 우 등식 : □ 2등식 ☑ 4등식	광도	29000 cd		12000 cd 이상		☑ 양호 □ 불량	
	광축	☑ 상 □ 하 (□에 'V'표)	9 cm	10 cm 이하		☑ 양호 □ 불량	
		☑ 좌 □ 우 (□에 'V'표)	25 cm	15 cm 이하		□ 양호 ☑ 불량	

① **자동차 번호** : 측정하는 자동차 번호를 기록한다(측정 차량이 1대인 경우 생략할 수 있다).
② **비번호** : 책임관리위원(공단 본부)이 배부한 등번호(비번호)를 기록한다.
③ **감독위원 확인** : 시험 전 또는 시험 후 감독위원이 채점 후 확인한다(날인).
④ **구분** : 감독위원이 지정한 위치와 등식에 표시를 한다.
   • 위치 : ☑ 좌   • 등식 : ☑ 4등식
⑤ **측정값** : 광도와 광축을 측정한 값을 기록한다.
   • 광도 : 29000 cd   광축 : 상 9 cm, 좌 25 cm
⑥ **기준값** : 검사 기준값을 수험자가 암기하여 기록한다.
   • 광도 : 12000 cd 이상   • 광축 : 상 – 10 cm 이하, 좌 – 15 cm 이하
⑦ **판정** : 광도는 ☑ 양호, 광축에서 상, 하는 ☑ 양호, 좌, 우는 ☑ 불량에 표시한다.
⑧ **득점** : 감독위원이 해당 문항을 채점하고 점수를 기록한다.

※ 측정 위치는 감독위원이 지정하는 위치의 □에 'V' 표시한다.   ※ 자동차 검사기준 및 방법에 의하여 기록 · 판정한다.

전조등 광도 측정 시 유의사항

❶ 시험용 차량은 공회전상태(2000 rpm), 공차상태, 운전자(관리원) 1인이 승차하여 전조등 상향등(주행)을 점등시킨다.
❷ 시험장 여건에 따라 엔진 시동 OFF 후, DC 컨버터를 축전지에 연결한 다음 측정하기도 한다.

9안 센트롤 도어 록킹 작동신호 측정

전기 3 │ 주어진 자동차에서 센트롤 도어 록킹(도어 중앙 잠금장치) 스위치 조작 시 편의장치(ETACS 또는 ISU) 및 운전석 도어 모듈(DDM) 커넥터에서 작동신호를 측정하고 이상 여부를 확인하여 기록표에 기록하시오.

1 센트롤 도어 록킹 신호 측정값이 규정값 범위를 벗어날 경우

점검 항목	① 자동차 번호 :				② 비번호		③ 감독위원 확　인		⑧ 득점
	측정(또는 점검)				판정 및 정비(또는 조치) 사항				
	④ 측정값			⑤ 규정(정비한계)값	⑥ 판정(□에 '∨'표)		⑦ 정비 및 조치할 사항		
도어 중앙 잠금장치 신호 (전압)	잠김	ON : 0.243 V		ON : 0 V OFF : 축전지 전압	□ 양호 ☑ 불량		에탁스 교체 후 재점검		
		OFF : 0 V							
	풀림	ON : 0.103 V		ON : 0 V OFF : 축전지 전압					
		OFF : 0 V							

① **자동차 번호** : 측정하는 자동차 번호를 기록한다(측정 차량이 1대인 경우 생략할 수 있다).

② **비번호** : 책임관리위원(공단 본부)이 배부한 등번호(비번호)를 기록한다.

③ **감독위원 확인** : 시험 전 또는 시험 후 감독위원이 채점 후 확인한다(날인).

④ **측정값** : 도어 중앙 잠금장치 신호(전압)를 측정한 값을 기록한다.
　　　　• 잠김 : ON − 0.243 V, OFF − 0 V　　• 풀림 : ON − 0.103 V, OFF − 0 V

⑤ **규정(정비한계)값** : • 잠김 : ON − 0 V, OFF − 축전지 전압　　• 풀림 : ON − 0 V, OFF − 축전지 전압

⑥ **판정** : 측정값이 규정값 범위를 벗어났으므로 ☑ 불량에 표시한다.

⑦ **정비 및 조치할 사항** : 판정이 불량이므로 에탁스 교체 후 재점검을 기록한다.

⑧ **득점** : 감독위원이 해당 문항을 채점하고 점수를 기록한다.

2 컨트롤 유닛(에탁스) 전압 규정값

입출력 요소		전압	
입력	운전석, 조수석 도어 록 스위치	도어 닫힘상태	5 V
		도어 열림상태	0 V
출력	도어 록 릴레이	작동되지 않을 때(OFF 시)	12 V(접지 해제)
		도어 록 작동(ON 시)	0 V(접지시킴)
	도어 언록 릴레이	작동되지 않을 때(OFF 시)	12 V(접지 해제)
		도어 언록 작동(ON 시)	0 V(접지시킴)

※ 12 V는 축전지 전압을 의미하며, 컨트롤 유닛(에탁스) 출력 전압이다.

자동차정비산업기사 실기 10안

답안지 작성법

파트별		안별 문제	10안
엔진	1	엔진 분해 조립/측정	엔진 분해 조립/ 크랭크축 축방향 유격 측정
	2	엔진 시동/작업	1가지 부품 탈 · 부착/ 엔진 시동(시동, 점화, 연료)
	3	엔진 작동상태/측정	공회전 속도 점검/연료압력 점검
	4	파형 점검	TDC(캠) 센서 파형 분석 (공회전상태)
	5	부품 교환/측정	CRDI 인젝터 탈 · 부착 시동/매연 측정
섀시	1	부품 탈 · 부착 작업	전륜 허브 및 너클 탈 · 부착/작동상태 확인
	2	장치별 측정/부품 교환 조정	휠 얼라인먼트 시험기(캠버, 토) 측정/타이로드 엔드 교환
	3	브레이크 부품 교환/ 작동상태 점검	브레이크 휠 실린더 탈 · 부착/ 브레이크 작동상태 확인
	4	제동력 측정	전륜 또는 후륜 제동력 측정
	5	부품 탈 · 부착/ 이상 부위 측정	ABS 자기진단
전기	1	부품 탈 · 부착 작업/측정	파워윈도 레귤레이터 탈 · 부착/ 전류 소모 시험 점검
	2	전조등 점검	전조등 시험기 점검/광도, 광축
	3	편의 안전장치 점검	자동차 편의장치 컨트롤 유닛 기본 입력 전압 점검
	4	전기회로 점검/측정	실내등, 도어 오픈 경고등 회로 점검

10안 크랭크축 축방향 유격 측정

엔진 1 주어진 엔진을 기록표의 측정 항목까지 분해하여 기록표의 요구사항을 측정 및 점검하고 본래 상태로 조립하시오.

1 크랭크축 축방향 유격(간극)이 규정값 범위 내에 있을 경우

항목	① 엔진 번호 :		② 비번호		③ 감독위원 확 인	
	측정(또는 점검)		판정 및 정비(또는 조치) 사항			⑧ 득점
	④ 측정값	⑤ 규정(정비한계)값	⑥ 판정(□에 'ν'표)	⑦ 정비 및 조치할 사항		
크랭크축 축방향 유격	0.08 mm	0.05~0.18 mm (한계값 0.25 mm)	☑ 양호 □ 불량	정비 및 조치할 사항 없음		

① **엔진 번호** : 측정하는 엔진 번호를 기록한다(측정 엔진이 1대인 경우 생략할 수 있다).
② **비번호** : 책임관리위원(공단 본부)이 배부한 등번호(비번호)를 기록한다.
③ **감독위원 확인** : 시험 전 또는 시험 후 감독위원이 채점 후 확인한다(날인).
④ **측정값** : 크랭크축 축방향 유격을 측정한 값을 기록한다.
  • 측정값 : 0.08 mm
⑤ **규정(정비한계)값** : 감독위원이 제시한 값이나 정비지침서를 보고 규정값을 기록한다.
  • 규정값 : 0.05~0.18 mm (한계값 0.25 mm)
⑥ **판정** : 측정값이 규정값 범위 내에 있으므로 ☑ 양호에 표시한다.
⑦ **정비 및 조치할 사항** : 판정이 양호이므로 **정비 및 조치할 사항 없음**을 기록한다.
⑧ **득점** : 감독위원이 해당 문항을 채점하고 점수를 기록한다.

2 크랭크축 축방향 유격이 한계값보다 클 경우

항목	엔진 번호 :		비번호		감독위원 확 인	
	측정(또는 점검)		판정 및 정비(또는 조치) 사항			득점
	측정값	규정(정비한계)값	판정(□에 'ν'표)	정비 및 조치할 사항		
크랭크축 축방향 유격	0.30 mm	0.05~0.18 mm (한계값 0.25 mm)	□ 양호 ☑ 불량	스러스트 베어링 교체 후 재점검		

※ **판정** : 크랭크축 축방향 유격이 규정값 범위를 벗어나 한계값보다 크므로 ☑ 불량에 표시하고, 스러스트 베어링 교체 후 재점검한다.

3 크랭크축 축방향 유격 규정값

차 종		규정값	한계값
EF 쏘나타		0.05~0.25 mm	–
포텐샤		0.08~0.18 mm	0.30 mm
쏘나타, 엑셀		0.05~0.18 mm	0.25 mm
세피아		0.08~0.28 mm	0.3 mm
아반떼	1.5DOHC	0.05~0.175 mm	–
	1.8DOHC	0.06~0.260 mm	–
그레이스	디젤(D4BB)	0.05~0.18 mm	0.25 mm
	LPG(L4CS)	0.05~0.18 mm	0.4 mm

4 크랭크축 축방향 유격 측정

1. 측정할 크랭크축에 다이얼 게이지를 설치하고, 크랭크축을 엔진 앞쪽으로 최대한 민다.

2. 다이얼 게이지 0점 조정 후 앞쪽으로 최대한 밀어 눈금을 확인한다. (0.04 mm)

3. 다시 반대로 크랭크축을 최대한 밀어 측정값을 확인한다(0.04 mm).
측정값 : 0.04 + 0.04 = 0.08 mm

크랭크축 축방향 유격이 규정값 범위를 벗어난 경우 정비 및 조치할 사항

❶ 크랭크축 축방향 유격이 규정값보다 클 경우 → 스러스트 베어링 교체
❷ 크랭크축 축방향 유격이 규정값보다 작을 경우 → 스러스트 베어링 연마

10안 연료압력 측정

엔진 3 2항의 시동된 엔진에서 공회전상태를 확인하고, 감독위원의 지시에 따라 연료 공급 시스템의 연료압력을 측정하여 기록표에 기록하시오(단, 시동이 정상적으로 되지 않은 경우 본 항의 작업은 할 수 없다).

1 연료압력이 규정값 범위 내에 있을 경우

측정 항목	① 엔진 번호 :		② 비번호		③ 감독위원 확　인	
	측정(또는 점검)		판정 및 정비(또는 조치) 사항			⑧ 득점
	④ 측정값	⑤ 규정(정비한계)값	⑥ 판정(□에 'ᐯ'표)	⑦ 정비 및 조치할 사항		
연료압력	3.45 kgf/cm² (공회전 rpm)	3.3~3.5 kgf/cm² (공회전 rpm)	☑ 양호 □ 불량	정비 및 조치할 사항 없음		

① **엔진 번호** : 측정하는 엔진 번호를 기록한다(측정 엔진이 1대인 경우 생략할 수 있다).
② **비번호** : 책임관리위원(공단 본부)이 배부한 등번호(비번호)를 기록한다.
③ **감독위원 확인** : 시험 전 또는 시험 후 감독위원이 채점 후 확인한다(날인).
④ **측정값** : 연료압력을 측정한 값을 기록한다.
  • 측정값 : 3.45 kgf/cm²(공회전 rpm)
⑤ **규정(정비한계)값** : 감독위원이 제시한 값이나 정비지침서를 보고 규정값을 기록한다.
  • 규정값 : 3.3~3.5 kgf/cm²(공회전 rpm)
⑥ **판정** : 측정값이 규정값 범위 내에 있으므로 ☑ **양호**에 표시한다.
⑦ **정비 및 조치할 사항** : 판정이 양호이므로 **정비 및 조치할 사항 없음**을 기록한다.
⑧ **득점** : 감독위원이 해당 문항을 채점하고 점수를 기록한다.

※ 공회전상태에서 측정한다.

2 연료압력이 규정값보다 낮을 경우

측정 항목	엔진 번호 :		비번호		감독위원 확　인	
	측정(또는 점검)		판정 및 정비(또는 조치) 사항			득점
	측정값	규정(정비한계)값	판정(□에 'ᐯ'표)	정비 및 조치할 사항		
연료압력	0.9 kgf/cm² (공회전 rpm)	3.3~3.5 kgf/cm² (공회전 rpm)	□ 양호 ☑ 불량	연료필터 교체 후 재점검		

※ 판정 : 연료압력이 규정값 범위를 벗어났으므로 ☑ **불량**에 표시하고, 연료필터 교체 후 재점검한다.

3 가솔린 엔진 연료압력 규정값

차 종	규정값	
	연료압력 진공호스 연결 시	연료압력 진공호스 탈거 시
EF 쏘나타(SOHC, DOHC)	2.75 kgf/cm² (공회전 rpm)	3.26~3.47 kgf/cm² (공회전 rpm)
그랜저 XG	3.3~3.5 kgf/cm² (공회전 rpm)	2.7 kgf/cm² (공회전 rpm)
아반떼 XD, 베르나	―	3.5 kgf/cm² (공회전 rpm)

4 연료압력 측정

1. 엔진을 시동하고 공회전상태를 유지한다.

2. 연료압력을 확인한다.
(3.45 kgf/cm²)

3. 압력이 높으면 연료압력 조절기 진공호스 탈거상태를 확인한다.

● 연료압력상태에 따른 원인과 정비 및 조치할 사항(엔진 공회전상태)

연료압력상태	원인	정비 및 조치할 사항
연료압력이 낮을 때	연료필터 막힘	연료필터 교체
	연료압력 조절기 구환구 쪽 연료 누설	연료압력 조절기 교체
	연료펌프 공급압력 누설	연료펌프 교체
연료압력이 높을 때	연료압력 조절기 내의 밸브 고착	연료압력 조절기 교체
		연료호스, 파이프 수리 및 교체
엔진 정지 후 연료압력이 서서히 저하될 때	연료 인젝터에서 연료 누설	인젝터 교체
엔진 정지 후 연료압력이 급격히 저하될 때	연료펌프 내 체크밸브 불량	연료펌프 교체

엔진 4 주어진 자동차 엔진에서 TDC 센서의 파형을 출력 · 분석하여 결과를 기록표에 기록하시오(조건 : 공회전상태).

● TDC 센서 파형

자동차 번호 :		비번호		감독위원 확　인	
측정 항목	파형 상태				득점
파형 측정	요구사항 조건에 맞는 파형을 프린트하여 아래 사항을 분석 후 뒷면에 첨부 • 출력된 파형에 불량 요소가 있는 경우에는 반드시 표기 및 설명되어야 함 • 파형의 주요 특징에 대하여 표기 및 설명되어야 함				

1 TDC 센서 정상 파형

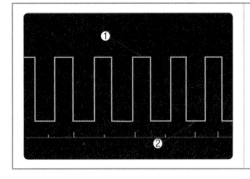

(1) ① 지점 : 파형이 빠지거나 윗부분과 아랫부분에 노이즈 없이 일
정하게 출력되어야 한다.
(2) ② 지점 : 파형의 아랫부분은 0.8 V 이하가 유지되어야 하며, 파
형의 윗부분은 2.5 V 이상 출력되어야 한다.

2 TDC 센서 측정 파형 분석

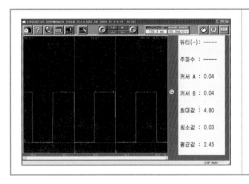

(1) 파형이 빠지거나 윗부분과 아랫부분에 노이즈 없이 일정하게 출
력되고 있으므로 양호이다.
(2) 파형의 아랫부분은 0.03 V(규정값 : 0.8 V 이하)이고 파형의 윗
부분은 4.80 V(규정값 : 2.5 V 이상)로 센서, 배선 및 커넥터의
이상 없이 양호이다.

3 분석 결과 및 판정

파형이 빠지거나 윗부분과 아랫부분에 노이즈 없이 일정하게 출력되고 있으며, 파형의 아랫부분은 0.03 V(규정값 :
0.8 V 이하), 윗부분은 4.80 V(규정값 : 2.5 V 이상)로 안정된 상태이므로 TDC 센서 파형은 **양호**이다.

※ 불량일 경우 배선 및 커넥터를 점검하고, 이상이 있으면 TDC 센서 교체 후 재점검한다.

디젤 엔진 매연 측정

10안

엔진 5 주어진 전자제어 디젤 엔진에서 인젝터를 탈거한 후(감독위원에게 확인) 다시 부착하여 시동을 걸고 매연을 측정하여 기록표에 기록하시오.

1 매연 측정값이 기준값 범위 내에 있을 경우(터보차량, 5% 가산)

① 자동차 번호 :					② 비번호		③ 감독위원 확 인		
측정(또는 점검)					산출 근거 및 판정				⑪ 득점
④ 차종	⑤ 연식	⑥ 기준값	⑦ 측정값	⑧ 측정	⑨ 산출 근거(계산) 기록		⑩ 판정 (□에 'V'표)		
화물차	2012	25% 이하 (터보차량)	18%	1회 : 18.3% 2회 : 19.7% 3회 : 17.4%	$\dfrac{18.3 + 19.7 + 17.4}{3} = 18.46$		☑ 양호 □ 불량		

① **자동차 번호** : 측정하는 자동차 번호를 기록한다(측정 차량이 1대인 경우 생략할 수 있다).
② **비번호** : 책임관리위원(공단 본부)이 배부한 등번호(비번호)를 기록한다.
③ **감독위원 확인** : 시험 전 또는 시험 후 감독위원이 채점 후 확인한다(날인).
④ **차종** : KN**C**SE0142CS153624(차대번호 3번째 자리 : C) ➡ 화물차
⑤ **연식** : KNCSE0142**C**S153624(차대번호 10번째 자리 : C) ➡ 2012
⑥ **기준값** : 자동차등록증 차대번호의 연식을 확인하고, 터보차량이므로 기준값 20%에 5%를 가산하여 기록한다.
  · 기준값 : **25% 이하**
⑦ **측정값** : 3회 산출한 값의 평균값을 기록한다(소수점 이하는 버림).
  · 측정값 : **18%**
⑧ **측정** : 1회부터 3회까지 측정한 값을 기록한다.
  · 1회 : 18.3% · 2회 : 19.7% · 3회 : 17.4%
⑨ **산출 근거(계산) 기록** : $\dfrac{18.3 + 19.7 + 17.4}{3} = 18.46$
⑩ **판정** : 측정값이 기준값 범위 내에 있으므로 ☑ **양호**에 표시한다.
⑪ **득점** : 감독위원이 해당 문항을 채점하고 점수를 기록한다.

※ 감독위원이 제시한 자동차등록증(또는 차대번호)을 활용하여 차종 및 연식을 적용한다. ※ 측정 및 판정은 무부하 조건으로 한다.
※ 측정값은 매연 농도를 산술평균하여 소수점 이하는 버린 값으로 기입한다. ※ 자동차 검사 기준 및 방법에 의하여 기록·판정한다.

> **매연 측정 시 유의사항**
> 엔진을 충분히 워밍업시킨 후 매연 측정을 한다(정상온도 70~80℃).

2 매연 측정값이 기준값보다 클 경우(터보차량, 5% 가산)

자동차 번호 :					비번호		감독위원 확 인	
측정(또는 점검)					산출 근거 및 판정			득점
차종	연식	기준값	측정값	측정	산출 근거(계산) 기록		판정 (□에 'ⅴ'표)	
화물차	2012	25% 이하 (터보차량)	51%	1회 : 50.1% 2회 : 52.3% 3회 : 50.9%	$\dfrac{50.1 + 52.3 + 50.9}{3} = 51.1$		□ 양호 ☑ 불량	

※ 판정 : 매연 측정값이 기준값 범위를 벗어났으므로 ☑ 불량에 표시한다.

3 매연 기준값(자동차등록증 차대번호 확인)

차 종		제 작 일 자		매 연
경자동차 및 승용자동차		1995년 12월 31일 이전		60% 이하
		1996년 1월 1일부터 2000년 12월 31일까지		55% 이하
		2001년 1월 1일부터 2003년 12월 31일까지		45% 이하
		2004년 1월 1일부터 2007년 12월 31일까지		40% 이하
		2008년 1월 1일 이후		20% 이하
승합 · 화물 · 특수자동차	소형	1995년 12월 31일까지		60% 이하
		1996년 1월 1일부터 2000년 12월 31일까지		55% 이하
		2001년 1월 1일부터 2003년 12월 31일까지		45% 이하
		2004년 1월 1일부터 2007년 12월 31일까지		40% 이하
		2008년 1월 1일 이후		20% 이하
	중형 · 대형	1992년 12월 31일 이전		60% 이하
		1993년 1월 1일부터 1995년 12월 31일까지		55% 이하
		1996년 1월 1일부터 1997년 12월 31일까지		45% 이하
		1998년 1월 1일부터 2000년 12월 31일까지	시내버스	40% 이하
			시내버스 외	45% 이하
		2001년 1월 1일부터 2004년 9월 30일까지		45% 이하
		2004년 10월 1일부터 2007년 12월 31일까지		40% 이하
		2008년 1월 1일 이후		20% 이하

자 동 차 등 록 증

제2012 - 3854호 최초등록일 : 2012년 03월 07일

① 자동차 등록번호	08다 1402	② 차종		화물차(소형)	③ 용도	자가용
④ 차명	봉고Ⅲ	⑤ 형식 및 연식		2012		
⑥ 차대번호	KNCSE0142CS153624		⑦ 원동기형식			
⑧ 사용자 본거지	서울특별시 금천구 번영로					
소유자 ⑨ 성명(상호)	기동찬	⑩ 주민(사업자)등록번호		******-******		
소유자 ⑪ 주소	서울특별시 금천구 번영로					

자동차관리법 제8조 규정에 의하여 위와 같이 등록하였음을 증명합니다.

2012년 03월 07일

서울특별시장

● **차대번호 식별방법**

차대번호는 총 17자리로 구성되어 있다.

KNCSE0142CS153624

① 첫 번째 자리는 제작국가(K＝대한민국)

② 두 번째 자리는 제작회사(M＝현대, N＝기아, P＝쌍용, L＝GM 대우)

③ 세 번째 자리는 자동차 종별(A＝승용차, J＝승합차, C＝**화물차**, E＝전차종)

④⑤ 네, 다섯 번째 자리는 차종 구분(JC＝쏘렌토, MA＝카니발, SE＝봉고Ⅲ)

⑥⑦ 여섯, 일곱 번째 자리는 차체 형상

(01＝초장축 · 저상 · 복륜 · 싱글캡, 03＝초장축 · 저상 · 복륜 · 킹캡)

⑧ 여덟 번째 자리는 엔진 형식(1＝커먼레일, 3＝LPG, 4＝디젤, 5＝가솔린)

⑨ 아홉 번째 자리는 변속기(2＝수동변속기, 3＝자동변속기, 5＝수동(4륜구동))

⑩ 열 번째 자리는 제작연도(영문 I, O, Q, U, Z 제외)

～1(2001)～9(2009), A(2010)～C(2012)～L(2020)～

⑪ 열한 번째 자리는 제작 공장(S＝소하리(내수), K＝광주(내수), 6＝소하리(수출), 7＝광주(수출))

⑫ 열두 번째～열일곱 번째 자리는 차량 생산 일련번호

휠 얼라인먼트(캠버, 토) 측정

섀시 2 주어진 자동차에서 휠 얼라인먼트 시험기로 캠버와 토(toe) 값을 측정하여 기록표에 기록하고 타이로드 엔드를 탈거한 후(감독위원에게 확인), 다시 부착하여 토(toe)가 규정값이 되도록 조정하시오.

1 캠버각이 규정값 범위를 벗어난 경우

측정 항목	① 자동차 번호 :		② 비번호		③ 감독위원 확 인	
	측정(또는 점검)		판정 및 정비(또는 조치) 사항			⑧ 득점
	④ 측정값	⑤ 규정(정비한계)값	⑥ 판정(□에 'V'표)	⑦ 정비 및 조치할 사항		
캠버각	0.44~-1°	0±0.5°	□ 양호	캠버각 조정 후 재점검		
토(toe)	0.6 mm	0±2 mm	☑ 불량			

① **자동차 번호** : 측정하는 자동차 번호를 기록한다(측정 차량이 1대인 경우 생략할 수 있다).
② **비번호** : 책임관리위원(공단 본부)이 배부한 등번호(비번호)를 기록한다.
③ **감독위원 확인** : 시험 전 또는 시험 후 감독위원이 채점 후 확인한다(날인).
④ **측정값** : 캠버각과 토의 측정값을 기록한다.
   • 캠버각 : 0.44~-1°   • 토(toe) : 0.6 mm
⑤ **규정(정비한계)값** : 감독위원이 제시한 값이나 정비지침서를 보고 규정값을 기록한다.
   • 캠버각 : 0±0.5°   • 토(toe) : 0±2 mm
⑥ **판정** : 캠버각이 규정값 범위를 벗어났으므로 ☑ **불량**에 표시한다.
⑦ **정비 및 조치할 사항** : 판정이 불량이므로 **캠버각 조정 후 재점검**을 기록한다.
⑧ **득점** : 감독위원이 해당 문항을 채점하고 점수를 기록한다.

2 토(toe)값이 규정값보다 작을 경우

측정 항목	자동차 번호 :		비번호		감독위원 확 인	
	측정(또는 점검)		판정 및 정비(또는 조치) 사항			득점
	측정값	규정(정비한계)값	판정(□에 'V'표)	정비 및 조치할 사항		
캠버각	0.5°	0±0.5°	□ 양호	토값 조정 후 재점검		
토(toe)	-4 mm	0±2 mm	☑ 불량			

※ 판정 : 토값이 규정값 범위를 벗어났으므로 ☑ 불량에 표시하고 토값 조정 후 재점검한다.

3 캠버각 및 토(toe) 규정값

※ 스캐너에 기준값이 제시되지 않을 경우 감독위원이 제시한 값을 적용한다.

차 종	구분	캠버(°)	토(mm)	차 종	구분	캠버(°)	토(mm)
싼타페	전	0±0.5	(−)2±2	아반떼	전	(−)0.25±0.75	0±3
	후	(−)0±0.5	0±2		후	(−)0.83±0.75	5−1, 5+3
NEW 싼타페	전	(−)0.5±0.5	0±2	아반떼 XD	전	0±0.5	0±2
	후	(−)1±0.5	4±2		후	0.92±0.5	1±2
그랜저 XG	전	0±0.5	0±2	에쿠스	전	0±0.5	0±3
	후	(−)0.5±0.5	2±2		후	(−)0.5±0.5	3±2
엑센트	전	0±0.5	0±3	EF 쏘나타	전	0±0.5	0±2
	후	(−)0.68±0.5	5−1, 5+3		후	(−)0.5±0.5	2±2

4 캠버각 및 토(toe) 측정

휠 얼라인먼트 측정(F1 선택)

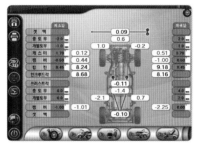

캠버각, 토값 측정

캠버 : 0.44~−1°, 토 : 0.6 mm

5 토(toe) 조정 방법

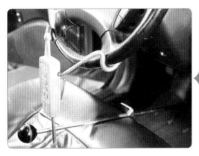

전륜 토 조정

전륜 토 조정
반드시 핸들 고정대로 핸들을 고정시킨 후 진행한다. 이때 핸들은 먼저 시동을 걸고 좌, 우로 핸들을 충분히 돌려 핸들 유격을 최소화시킨 후 고정한다.

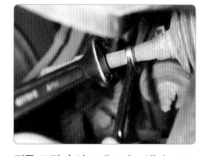

전륜 조정 순서 : 캐스터→캠버→토

휠 얼라인먼트 점검이 필요한 경우

❶ 조향 핸들이 좌우로 떨리는 경우
❷ 주행 연비 및 승차감이 떨어지는 경우
❸ 타이어 편마모 현상이 발생할 경우
❹ 주행 시 차량이 좌우 한 방향으로 쏠리는 경우

섀시 4 3항의 작업 자동차에서 감독위원 지시에 따라 전(앞) 또는 후(뒤) 제동력을 측정하여 기록표에 기록하시오.

1 제동력 편차와 합이 기준값 범위 내에 있을 경우 (앞바퀴)

① 자동차 번호 :				② 비번호		③ 감독위원 확 인	
측정(또는 점검)				산출 근거 및 판정			⑨ 득점
④ 항목	구분	⑤ 측정값 (kgf)	⑥ 기준값 (□에 'V'표)	⑦ 산출 근거		⑧ 판정 (□에 'V'표)	
제동력 위치 (□에 'V'표) ☑ 앞 □ 뒤	좌	290 kgf	☑ 앞 □ 뒤 축중의	편차	$\dfrac{290-240}{630} \times 100 = 7.93$	☑ 양호 □ 불량	
			편차 8.0% 이하				
	우	240 kgf	합 50% 이상	합	$\dfrac{290+240}{630} \times 100 = 84.12$		

① **자동차 번호** : 측정하는 자동차 번호를 기록한다(측정 차량이 1대인 경우 생략할 수 있다).

② **비번호** : 책임관리위원(공단 본부)이 배부한 등번호(비번호)를 기록한다.

③ **감독위원 확인** : 시험 전 또는 시험 후 감독위원이 채점 후 확인한다(날인).

④ **항목** : 감독위원이 지정하는 축에 ☑ 표시를 한다.   • 위치 : ☑ 앞

⑤ **측정값** : 제동력을 측정한 값을 기록한다.   • 좌 : 290 kgf   • 우 : 240 kgf

⑥ **기준값** : 검사 기준에 따라 제동력 편차와 합의 기준값을 기록한다.

　　　　• 편차 : 앞 축중의 8.0% 이하   • 합 : 앞 축중의 50% 이상

⑦ **산출 근거** : 공식에 대입하여 산출한 계산식을 기록한다.

　　　• 편차 : $\dfrac{290-240}{630} \times 100 = 7.93$ • 합 : $\dfrac{290+240}{630} \times 100 = 84.12$

⑧ **판정** : 앞바퀴 제동력의 편차와 합이 기준값 범위 내에 있으므로 ☑ **양호**에 표시한다.

⑨ **득점** : 감독위원이 해당 문항을 채점하고 점수를 기록한다.

※ 측정 차량 크루즈 1.5DOHC A/T의 공차 중량(1130 kgf)의 앞(전) 축중(630 kgf)으로 산출하였다.

■ **제동력 계산**

• 앞바퀴 제동력의 편차 = $\dfrac{\text{큰 쪽 제동력} - \text{작은 쪽 제동력}}{\text{해당 축중}} \times 100$ ➡ 앞 축중의 8.0% 이하이면 양호

• 앞바퀴 제동력의 총합 = $\dfrac{\text{좌우 제동력의 합}}{\text{해당 축중}} \times 100$ ➡ 앞 축중의 50% 이상이면 양호

※ 측정 위치는 감독위원이 지정하는 위치의 □에 'V' 표시한다.　※ 자동차 검사 기준 및 방법에 의하여 기록 · 판정한다.

※ 측정값의 단위는 시험장비 기준으로 기록한다.　※ 산출 근거에는 단위를 기록하지 않아도 된다.

2 제동력 편차와 합이 기준값 범위 내에 있을 경우(앞바퀴)

자동차 번호 :					비번호			감독위원 확 인		
측정(또는 점검)						산출 근거 및 판정				득점
항목	구분	측정값 (kgf)	기준값 (□에 'V'표)			산출 근거			판정 (□에 'V'표)	
제동력 위치 (□에 'V'표) ☑ 앞 □ 뒤	좌	190 kgf	☑ 앞 □ 뒤	축중의	편차	$\dfrac{210-190}{630} \times 100 = 3.17$			☑ 양호 □ 불량	
			편차	8.0% 이하						
	우	210 kgf	합	50% 이상	합	$\dfrac{210+190}{630} \times 100 = 63.49$				

■ **제동력 계산**

- 앞바퀴 제동력의 편차 $= \dfrac{210-190}{630} \times 100 = 3.17\% \leq 8.0\%$ ➡ 양호

- 앞바퀴 제동력의 총합 $= \dfrac{210+190}{630} \times 100 = 63.49\% \geq 50\%$ ➡ 양호

3 제동력 측정

제동력 측정

측정값(좌 : 190 kgf, 우 : 210 kgf)

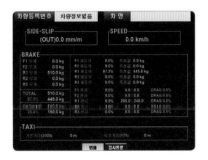

결과 출력

│ 제동력 측정 시 유의사항

❶ 시험장 여건에 따라 감독위원이 임의의 측정값을 제시한 후 제동력 편차와 합을 계산하기도 한다.

❷ 제동력 측정 시 브레이크 페달 압력을 최대한 유지한 상태에서 측정값을 확인한다.

❸ 앞 축중 또는 뒤 축중 측정 시 측정 상태를 정확하게 확인한 후 제동력 시험기의 모니터 출력값을 확인한다.

❹ 측정이 끝나면 편차와 합을 계산하고 기록표를 작성한 후 감독위원에게 제출한다.

ABS 자기진단

섀시 5 주어진 자동차의 ABS에서 자기진단기(스캐너)를 이용하여 각종 센서 및 시스템 작동상태를 점검하고 기록표에 기록하시오.

1 뒤 좌측, 뒤 우측 휠 스피드 센서 커넥터가 탈거된 경우

항목	① 자동차 번호 :		② 비번호	③ 감독위원 확 인	
항목	측정(또는 점검)		⑥ 정비 및 조치할 사항		⑦ 득점
	④ 측정값	⑤ 규정(정비한계)값			
ABS 자기진단	뒤 좌측 휠 스피드 센서	커넥터 탈거	뒤 좌측 및 뒤 우측 휠 스피드 센서 커넥터 체결, ECU 과거 기억 소거 후 재점검		
	뒤 우측 휠 스피드 센서	커넥터 탈거			

① **자동차 번호** : 측정하는 자동차 번호를 기록한다(측정 차량이 1대인 경우 생략할 수 있다).
② **비번호** : 책임관리위원(공단 본부)이 배부한 등번호(비번호)를 기록한다.
③ **감독위원 확인** : 시험 전 또는 시험 후 감독위원이 채점 후 확인한다(날인).
④ **고장 부분** : 스캐너 자기진단으로 확인된 고장 부분을 기록한다.
   • 고장 부분 : **뒤 좌측 휠 스피드 센서, 뒤 우측 휠 스피드 센서**
⑤ **내용 및 상태** : 고장 부분의 내용 및 상태를 기록한다.
   • 내용 및 상태 : **커넥터 탈거**
⑥ **정비 및 조치할 사항** : 뒤 좌측, 뒤 우측 휠 스피드 센서 커넥터가 탈거되었으므로 **뒤 좌측 및 뒤 우측 휠 스피드 센서 커넥터 체결, ECU 과거 기억 소거 후 재점검**을 기록한다.
⑦ **득점** : 감독위원이 해당 문항을 채점하고 점수를 기록한다.

2 전자제어 ABS 시스템 점검

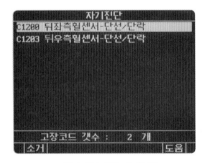

고장 부분 2군데 확인

휠 스피드 센서 커넥터(RL) 탈거 확인

휠 스피드 센서 커넥터(RR) 탈거 확인

10안 파워윈도 모터 점검

전기 1 주어진 자동차에서 파워윈도 레귤레이터를 탈거한 후(감독위원에게 확인) 다시 부착하여 작동상태를 확하고, 윈도 모터의 작동 전류 소모 시험을 하여 기록표에 기록하시오.

1 파워윈도 모터 전류 소모 측정값이 규정값 범위 내에 있을 경우

① 자동차 번호 :			② 비번호		③ 감독위원 확 인	
측정 항목	측정(또는 점검)		판정 및 정비(또는 조치) 사항			⑧ 득점
	④ 측정값	⑤ 규정(정비한계)값	⑥ 판정(□에 'ㅁ'표)	⑦ 정비 및 조치할 사항		
전류 소모	올림 : 5.1 A	6 A 이하	☑ 양호 □ 불량	정비 및 조치할 사항 없음		
	내림 : 2.1 A	5 A 이하				

① **자동차 번호** : 측정하는 자동차 번호를 기록한다(측정 차량이 1대인 경우 생략할 수 있다).
② **비번호** : 책임관리위원(공단 본부)이 배부한 등번호(비번호)를 기록한다.
③ **감독위원 확인** : 시험 전 또는 시험 후 감독위원이 채점 후 확인한다(날인).
④ **측정값** : 파워윈도 모터의 전류 소모 측정값을 기록한다.
　　　　• 올림 : 5.1 A　　• 내림 : 2.1 A
⑤ **규정(정비한계)값** : 감독위원이 제시한 값이나 정비지침서를 보고 규정값을 기록한다.
　　　　　　• 올림 : 6 A 이하　　• 내림 : 5 A 이하
⑥ **판정** : 측정값이 규정값 범위 내에 있으므로 ☑ **양호**에 표시한다.
⑦ **정비 및 조치할 사항** : 판정이 양호이므로 **정비 및 조치할 사항 없음**을 기록한다.
⑧ **득점** : 감독위원이 해당 문항을 채점하고 점수를 기록한다.

2 파워윈도 모터 전류 소모 측정값이 규정값 범위를 벗어난 경우

자동차 번호 :			비번호		감독위원 확 인	
측정 항목	측정(또는 점검)		판정 및 정비(또는 조치) 사항			득점
	측정값	규정(정비한계)값	판정(□에 'ㅁ'표)	정비 및 조치할 사항		
전류 소모	올림 : 8.3 A	6 A 이하	□ 양호 ☑ 불량	파워윈도 모터 교체 후 재점검		
	내림 : 5.5 A	5 A 이하				

※ **판정** : 파워윈도 모터 전류 소모 측정값이 규정값 범위를 벗어났으므로 ☑ **불량**에 표시하고, 파워윈도 모터 교체 후 재점검한다.

3 파워윈도 모터 전류 소모 측정

파워윈도 모터 전류 소모시험

메인 스위치 운전석 윈도 UP 시
전류 소모 측정(5.1 A)

메인 스위치 운전석 윈도 DOWN 시
전류 소모 측정(2.1 A)

4 파워윈도 모터 전류 소모 규정값

차 종	출력 전류		작동 온도
아반떼	올림	6 A 이하	$-40 \sim 50℃$
	내림	5 A 이하	

※ 규정값은 올림 : 6 A 이하, 내림 : 5 A 이하의 일반적인 값을 제시하거나 감독위원이 제시한 값을 적용한다.

파워윈도 모터 전류 소모가 규정값 범위를 벗어난 경우 정비 및 조치할 사항

❶ 축전지 불량 → 축전지 교체
❷ 축전지 터미널 연결상태 불량 → 축전지 터미널 재장착
❸ 파워윈도 레귤레이터 와이어 단선 → 파워윈도 레귤레이터 교체
❹ 파워윈도 모터 불량 → 파워윈도 모터 교체
❺ 파워윈도 스위치 불량 → 파워윈도 스위치 교체
❻ 파워윈도 레일 마모 → 파워윈도 레일 교체
❼ 유리창 가이드 실 마모 → 유리창 가이드 실 교체

파워윈도 뒤 한쪽(등조수석 뒤)이 작동되지 않는 경우

❶ 퓨즈나 릴레이를 점검하여 이상이 있으면 해당 부품을 교체한다.
❷ 뒷좌석 좌우 파워윈도 스위치를 교체하여 작동시켰을 때 작동이 되면 스위치 불량이므로 파워윈도 스위치를 교체한다.

전조등 점검

10안

전기 2 주어진 자동차에서 전조등 시험기로 전조등을 점검하여 기록표에 기록하시오.

1 광도와 광축이 기준값 범위 내에 있을 경우(우측 전조등, 2등식)

① 자동차 번호 :			② 비번호		③ 감독위원 확 인	
측정(또는 점검)					⑦ 판정 (□에 'V'표)	⑧ 득점
④ 구분	항목	⑤ 측정값		⑥ 기준값		
(□에 'V'표) 위치 : □ 좌 ☑ 우 등식 : ☑ 2등식 □ 4등식	광도	23000 cd		<u>15000 cd 이상</u>	☑ 양호 □ 불량	
	광축	☑ 상 □ 하 (□에 'V'표)	5 cm	10 cm 이하	☑ 양호 □ 불량	
		☑ 좌 □ 우 (□에 'V'표)	28 cm	30 cm 이하	☑ 양호 □ 불량	

① **자동차 번호** : 측정하는 자동차 번호를 기록한다(측정 차량이 1대인 경우 생략할 수 있다).
② **비번호** : 책임관리위원(공단 본부)이 배부한 등번호(비번호)를 기록한다.
③ **감독위원 확인** : 시험 전 또는 시험 후 감독위원이 채점 후 확인한다(날인).
④ **구분** : 감독위원이 지정한 위치와 등식에 ☑ 표시를 한다(운전석 착석 시 좌우 기준).
      • 위치 ; ☑ 우   • 등식 ; ☑ 2등식
⑤ **측정값** : 광도와 광축을 측정한 값을 기록한다.
      • 광도 : 23000 cd   • 광축 : 상 – 5 cm, 좌 – 28 cm
⑥ **기준값** : 검사 기준값을 수험자가 암기하여 기록한다.
      • 광도 : 15000 cd 이상   • 광축 : 상 – 10 cm 이하, 좌 – 30 cm 이하
⑦ **판정** : 광도와 광축이 모두 기준값 범위 내에 있으므로 각각 ☑ 양호에 표시한다.
⑧ **득점** : 감독위원이 해당 문항을 채점하고 점수를 기록한다.

※ 측정 위치는 감독위원이 지정하는 위치의 □에 'V' 표시한다.   ※ 자동차 검사기준 및 방법에 의하여 기록 · 판정한다.

> 전조등에서 좌 · 우측등이 상향과 하향으로 분리되어 작동되는 것은 4등식이며, 상향과 하향이 하나의 등에서 회로 구성이 되어 작동되는 것은 2등식이다(차종별 정비지침서, 전기 회로도 참고).

2 광도가 기준값 범위를 벗어난 경우(우측 전조등, 2등식)

자동차 번호 :			비번호		감독위원 확 인	
측정(또는 점검)				기준값	판정 (□에 'V'표)	득점
구분	항목	측정값				
(□에 'V'표) 위치 : □ 좌 ☑ 우 등식 : ☑ 2등식 □ 4등식	광도	11500 cd		15000 cd 이상	□ 양호 ☑ 불량	
	광축	☑ 상 □ 하 (□에 'V'표)	1 cm	10 cm 이하	☑ 양호 □ 불량	
		☑ 좌 □ 우 (□에 'V'표)	25 cm	30 cm 이하	☑ 양호 □ 불량	

3 전조등 광도, 광축 기준값

[자동차관리법 시행규칙 별표 15 적용]

구 분			기준값
광도	2등식		15000 cd 이상
	4등식		12000 cd 이상
광축	좌 · 우측등	상향 진폭	10 cm 이하
	좌 · 우측등	하향 진폭	30 cm 이하
	좌측등	좌진폭	15 cm 이하
		우진폭	30 cm 이하
	우측등	좌진폭	30 cm 이하
		우진폭	30 cm 이하

4 전조등 광도, 광축 측정

전조등 시험기 준비

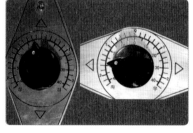

전조등 광축 측정
(상 : 5 cm, 좌 : 28 cm)

전조등 광도 측정
(23000 cd)

10안 컨트롤 유닛 기본 입력전압 점검

전기 3 주어진 자동차의 편의장치(ETACS 또는 ISU) 커넥터에서 전원전압을 점검하여 기록표에 기록하시오.

1 컨트롤 유닛의 기본 입력전압이 규정값 범위 내에 있을 경우

점검 항목	① 자동차 번호 :			② 비번호		③ 감독위원 확 인	
	측정(또는 점검)			판정 및 정비(또는 조치) 사항			⑧ 득점
	④ 측정값		⑤ 규정(정비한계)값	⑥ 판정(□에 'ㄴ'표)	⑦ 정비 및 조치할 사항		
컨트롤 유닛의 기본 입력전압	+	12 V	12 V(축전지 전압)	☑ 양호 □ 불량	정비 및 조치할 사항 없음		
	−	0 V	0 V				
	IG	12 V	12 V(축전지 전압)				

① **자동차 번호** : 측정하는 자동차 번호를 기록한다(측정 차량이 1대인 경우 생략할 수 있다).
② **비번호** : 책임관리위원(공단 본부)이 배부한 등번호(비번호)를 기록한다.
③ **감독위원 확인** : 시험 전 또는 시험 후 감독위원이 채점 후 확인한다(날인).
④ **측정값** : 축전지 (+), (−) 전압과 IG 전압을 측정한 값을 기록한다.
  • (+) : 12 V   • (−) : 0 V   • (IG) : 12 V
⑤ **규정(정비한계)값** : 감독위원이 제시한 값이나 정비지침서를 보고 규정값을 기록한다.
  • (+) : 12 V   • (−) : 0 V   • (IG) : 12 V
⑥ **판정** : 측정값이 규정값 범위 내에 있으므로 ☑ **양호**에 표시한다.
⑦ **정비 및 조치할 사항** : 판정이 양호이므로 **정비 및 조치할 사항 없음**을 기록한다.
⑧ **득점** : 감독위원이 해당 문항을 채점하고 점수를 기록한다.

2 컨트롤 유닛의 기본 입력전압이 규정값 범위를 벗어날 경우

점검 항목	자동차 번호 :			비번호		감독위원 확 인	
	측정(또는 점검)			판정 및 정비(또는 조치) 사항			득점
	측정값		규정(정비한계)값	판정(□에 'ㄴ'표)	정비 및 조치할 사항		
컨트롤 유닛의 기본 입력전압	+	0 V	12 V(축전지 전압)	□ 양호 ☑ 불량	에탁스 입력 배선 및 접지회로 재점검		
	−	0 V	0 V				
	IG	12 V	12 V(축전지 전압)				

※ **판정** : 컨트롤 유닛 기본 입력전압이 규정값 범위를 벗어났으므로 ☑ **불량**에 표시하고, 에탁스 입력 배선 및 접지회로를 재점검한다.

3 컨트롤 유닛의 기본 입력전압이 규정값 범위를 벗어날 경우

점검 항목	측정(또는 점검)			판정 및 정비(또는 조치) 사항		득점
엔진 번호 :			비번호		감독위원 확 인	
점검 항목	측정값		규정(정비한계)값	판정(□에 'V'표)	정비 및 조치할 사항	득점
컨트롤 유닛의 기본 입력전압	+	12 V	12 V(축전지 전압)	□ 양호 ☑ 불량	에탁스 교체 후 재점검	
	–	0 V	0 V			
	IG	0 V	12 V(축전지 전압)			

4 컨트롤 유닛의 기본 입력전압 규정값

입출력 요소		전압 규정값	
기본 입력전압	축전지 B단자	점화스위치 ON	12 V(축전지 전압)
		점화스위치 OFF	12 V(축전지 전압)
	IG단자	점화스위치 ON	12 V(축전지 전압)
		점화스위치 OFF	0 V

※ 기본 전압은 전기회로의 접지상태를 측정하는 것으로 전압이 0~1.5V 이내로 계측되는 것이 좋다.

5 컨트롤 유닛의 기본 입력전압 측정

에탁스 컨트롤 유닛 기본 전압 점검

차량의 에탁스 위치 및 단자 확인

(+) 전압 측정(12 V)

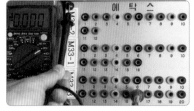

(−) 전압 측정(0 V)

IG 전압 측정(12 V)

파트별		안별 문제	11안
엔진	1	엔진 분해 조립/측정	엔진 분해 조립/크랭크축 핀 저널 오일 간극 측정
	2	엔진 시동/작업	1가지 부품 탈 · 부착/ 엔진 시동(시동, 점화, 연료)
	3	엔진 작동상태/측정	공회전 속도 점검/ 인젝터 파형 분석 점검
	4	파형 점검	AFS 파형 분석 (공회전상태)
	5	부품 교환/측정	CRDI 인젝터 탈 · 부착 시동/매연 측정
섀시	1	부품 탈 · 부착 작업	종감속 기어(어셈블리 시임 교환)/ 링 기어 백래시, 접촉면 상태 점검
	2	장치별 측정/부품 교환 조정	타이로드 엔드 탈 · 부착/ 휠 얼라인먼트 시험기 셋백, 토(toe) 값 측정
	3	브레이크 부품 교환/ 작동상태 점검	캘리퍼 탈 · 부착/ 브레이크 작동상태 확인
	4	제동력 측정	전륜 또는 후륜 제동력 측정
	5	부품 탈 · 부착/ 이상 부위 측정	자동변속기 자기진단
전기	1	부품 탈 · 부착 작업/측정	에어컨 벨트, 블로어 모터 탈 · 부착/에어컨라인 압력 확인 점검
	2	전조등 점검	전조등 시험기 점검/광도, 광축
	3	편의 안전장치 점검	와이퍼 간헐 시간 조정 스위치 입력 신호 점검
	4	전기회로 점검/측정	파워윈도 회로 점검

11안 크랭크축 오일 간극 점검

엔진 1 주어진 엔진을 기록표의 측정 항목까지 분해하여 기록표의 요구사항을 측정 및 점검하고 본래 상태로 조립하시오.

1 크랭크축 핀 저널 오일 간극(유막 간극)이 규정값 범위 내에 있을 경우

① 엔진 번호 :			② 비번호		③ 감독위원 확 인	
측정 항목	측정(또는 점검)		판정 및 정비(또는 조치) 사항			⑧ 득점
	④ 측정값	⑤ 규정(정비한계)값	⑥ 판정(□에 'V'표)	⑦ 정비 및 조치할 사항		
핀 저널 오일 간극	0.022 mm	0.022~0.050 mm	☑ 양호 □ 불량	정비 및 조치할 사항 없음		

① **엔진 번호** : 측정하는 엔진 번호를 기록한다(측정 엔진이 1대인 경우 생략할 수 있다).
② **비번호** : 책임관리위원(공단 본부)이 배부한 등번호(비번호)를 기록한다.
③ **감독위원 확인** : 시험 전 또는 시험 후 감독위원이 채점 후 확인한다(날인).
④ **측정값** : 크랭크축 핀 저널 오일 간극을 측정한 값을 기록한다.
　　　• 측정값 : 0.022 mm
⑤ **규정(정비한계)값** : 감독위원이 제시한 값이나 정비지침서를 보고 규정값을 기록한다.
　　　• 규정값 : 0.022~0.050 mm
⑥ **판정** : 측정값이 규정값 범위 내에 있으므로 ☑ 양호에 표시한다.
⑦ **정비 및 조치할 사항** : 판정이 양호이므로 **정비 및 조치할 사항 없음**을 기록한다.
⑧ **득점** : 감독위원이 해당 문항을 채점하고 점수를 기록한다.

2 크랭크축 핀 저널 오일 간극이 규정값보다 클 경우

엔진 번호 :			비번호		감독위원 확 인	
항목	측정(또는 점검)		판정 및 정비(또는 조치) 사항			득점
	측정값	규정(정비한계)값	판정(□에 'V'표)	정비 및 조치할 사항		
핀 저널 오일 간극	0.051 mm	0.022~0.050 mm	□ 양호 ☑ 불량	핀 저널 베어링 교체 후 재점검		

※ 판정 : 크랭크축 핀 저널 오일 간극이 규정값 범위를 벗어났으므로 ☑ 불량에 표시하고, 핀 저널 베어링 교체 후 재점검한다.

3 크랭크축 핀 저널 오일 간극 규정값

차 종	핀 저널 지름	핀 저널 오일 간극
레간자	48.981~48.987 mm	0.019~0.063 mm
아반떼	45 mm	0.024~0.042 mm
쏘나타	44.980~45.000 mm	0.022~0.050 mm
엑셀	44.000 mm	0.014~0.044 mm

4 크랭크축 핀 저널 오일 간극 측정(플라스틱 게이지 측정)

1. 플라스틱 게이지를 준비한다. 1회 측정 후 버린다.

2. 핀 저널 위에 플라스틱 게이지를 놓고 규정 토크로 조인다.

3. 크랭크축 핀 저널에 압착된 플라스틱 게이지를 측정한다.
(0.051 mm)

크랭크축 오일 간극이 규정값 범위를 벗어난 경우 일어나는 현상
❶ 크랭크축 오일 간극이 작을 때 → 베어링 마멸 촉진, 베어링 고착 현상 발생
❷ 크랭크축 오일 간극이 클 때 → 엔진 작동 시 소음 및 진동 발생, 유압 저하

크랭크축 오일 간극 측정 시 유의사항
❶ 일회용 소모성 측정 게이지인 플라스틱 게이지로 측정하며, 수험자 한 사람씩 측정하도록 게이지가 주어진다.
❷ 플라스틱 게이지는 크랭크축 위에 놓고 저널 베어링 캡을 규정 토크로 조립한 후, 다시 분해하여 압착된 게이지 폭이 외관 게이지 수치에 가장 근접한 것을 측정값으로 한다.
❸ 시험장에 따라 실납으로 측정하는 경우도 있으며, 실납으로 측정 시 압착된 실납 두께를 마이크로미터로 측정한다.

인젝터 파형 점검

엔진 3   2항의 시동된 엔진에서 공회전 속도를 확인하고 감독위원의 지시에 따라 인젝터 파형을 측정 및 분석하여 기록표에 기록하시오(단, 시동이 정상적으로 되지 않은 경우 본 항의 작업은 할 수 없다).

1 분사 시간과 서지 전압이 규정값 범위를 벗어난 경우

측정 항목	① 엔진 번호 :		② 비번호		③ 감독위원 확 인	
	측정(또는 점검)		판정 및 정비(또는 조치) 사항			⑧ 득점
	④ 측정값	⑤ 규정(정비한계)값	⑥ 판정(□에 '∨'표)	⑦ 정비 및 조치할 사항		
분사 시간	3.7 ms	2.2~2.9 ms	□ 양호 ☑ 불량	인젝터 및 ECU 배선 접지상태 재점검		
서지 전압	58 V	60~80 V				

① **엔진 번호** : 측정하는 엔진 번호를 기록한다(측정 엔진이 1대인 경우 생략할 수 있다).
② **비번호** : 책임관리위원(공단 본부)이 배부한 등번호(비번호)를 기록한다.
③ **감독위원 확인** : 시험 전 또는 시험 후 감독위원이 채점 후 확인한다(날인).
④ **측정값** : 인젝터 분사 시간과 서지 전압을 측정한 값을 기록한다.
       • 분사 시간 : 3.7 ms   • 서지 전압 : 58 V
⑤ **규정(정비한계)값** : 감독위원이 제시한 값이나 정비지침서를 보고 규정값을 기록한다.
       • 분사 시간 : 2.2~2.9 ms   • 서지 전압 : 60~80 V
⑥ **판정** : 측정값이 규정값 범위를 벗어났으므로 ☑ 불량에 표시한다.
⑦ **정비 및 조치할 사항** : 판정이 불량이므로 **인젝터 및 ECU 배선 접지상태 재점검**을 기록한다.
⑧ **득점** : 감독위원이 해당 문항을 채점하고 점수를 기록한다.

※ 공회전상태에서 측정하고 기준값은 정비지침서를 찾아 판정한다.

2 서지 전압이 규정값보다 작을 경우

측정 항목	엔진 번호 :		비번호		감독위원 확 인	
	측정(또는 점검)		판정 및 정비(또는 조치) 사항			득점
	측정값	규정(정비한계)값	판정(□에 '∨'표)	정비 및 조치할 사항		
분사 시간	2.6 ms	2.2~2.9 ms	□ 양호 ☑ 불량	전자제어 입력 센서 재점검		
서지 전압	55 V	60~80 V				

※ 판정 : 서지 전압이 규정값 범위를 벗어났으므로 ☑ 불량에 표시하고, 전자제어 입력 센서를 재점검한다.

3 분사 시간 및 서지 전압 규정값

차 종	분사 시간	서지 전압
쏘나타	2.5~4 ms(700±100 rpm)	60~80 V (일반적인 규정값)
EF 쏘나타	3~5 ms(700±100 rpm)	
아반떼 XD	3~5 ms(700±100 rpm)	

※ 규정값은 일반적으로 분사 시간 2.2~2.9 ms, 서지 전압 60~80 V를 적용하거나 감독위원이 제시한 규정값을 적용한다.

4 인젝터 파형 점검부위

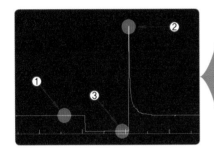

① 전원 전압 : 발전기에서 발생되는 전압(12~13.5 V 정도)
② 서지 전압 : 70 V 정도 예 아반떼 : 68 V
③ 접지 전압 : 인젝터에서 연료가 분사되는 구간(0.8 V 이하)

5 인젝터 파형 측정

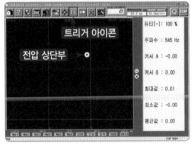

트리거 아이콘, 전압 상단부 선택

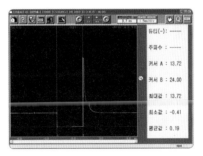

분사 시간 측정(3.7 ms)

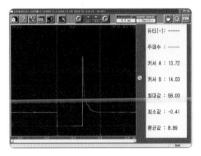

서지 전압 측정(58 V)

> ### 인젝터 파형 점검 시 유의사항
> 시험장에서는 인젝터 파형을 출력(모니터)한 후 파형 측정값을 확인하여 분석·판정하는 경우도 있다.
>
> ### 분사 시간과 서지 전압이 규정값 범위를 벗어난 경우 정비 및 조치할 사항
> ❶ 분사 시간이 규정값을 벗어난 경우 → 전자제어 입력 센서 및 회로 재점검
> ❷ 서지 전압이 규정값을 벗어난 경우 → 인젝터 배선 및 ECU 배선 접지상태 재점검

11안 흡입 공기 유량 센서 파형 분석

엔진 4 주어진 자동차 엔진에서 흡입 공기 유량 센서 파형을 출력·분석하여 결과를 기록표에 기록하시오(공회전상태).

● 공기 유량 센서(AFS) 파형

측정 항목	자동차 번호 :	비번호		감독위원 확 인	
		파형 상태			득점
파형 측정	요구사항 조건에 맞는 파형을 프린트하여 아래 사항을 분석 후 뒷면에 첨부 • 출력된 파형에 불량 요소가 있는 경우에는 반드시 표기 및 설명되어야 함 • 파형의 주요 특징에 대하여 표기 및 설명되어야 함				

1 공기 유량 센서 정상 파형 (핫와이어형)

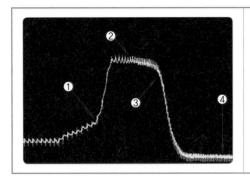

(1) ① 지점 : 가속 시점 − 0.5~1.0 V
(2) ② 지점 : 흡입 맥동(공기량 최대 유입) − 4.0~5.0 V
(3) ③ 지점 : 밸브가 닫히는 순간 − 흡입 공기 줄어듦
(4) ④ 지점 : 공회전 구간 − 0.5 V 이하

2 공기 유량 센서 측정 파형 분석

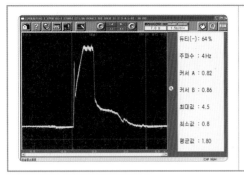

(1) **가속 시점** : 스로틀 밸브가 열려 공기량이 증가하는 시점(0.82 V)으로, 공기량이 증가하여 전압이 증가하였다.
(2) **흡입 맥동** : 공기량이 최대로 유입되도록 스로틀 밸브가 최대로 열린 상태(4.5 V)이다.
(3) **밸브가 닫히는 순간** : 흡입되는 공기량이 줄어드는 상태이다.
(4) **공회전 구간** : 스로틀 밸브가 닫혀 순간적으로 진공이 높아지므로 공회전 시 전압보다 낮아졌다(0.8 V).

3 분석 결과 및 판정

공회전 rpm 상태에서 0.82 V(규정값 : 0.5~1.0 V)가 출력되었고 가속 시 전압이 상승하여 다음 피크점에서 4.5 V(규정값 : 4.0~5.0 V)가 되었다. 따라서 공기 유량 센서 파형은 **양호**이다.

11안 디젤 엔진 매연 측정

엔진 5 주어진 전자제어 디젤 엔진에서 인젝터를 탈거한 후(감독위원에게 확인) 다시 조립하여 시동을 걸고, 매연을 측정하여 기록표에 기록하시오.

1 매연 측정값이 기준값 범위 내에 있을 경우(터보차량, 5% 가산)

① 자동차 번호 :			② 비번호		③ 감독위원 확인		
측정(또는 점검)					산출 근거 및 판정		⑪ 득점
④ 차종	⑤ 연식	⑥ 기준값	⑦ 측정값	⑧ 측정	⑨ 산출 근거(계산) 기록	⑩ 판정 (□에 '∨'표)	
화물차 (소형)	2010	25% 이하 (터보차량)	14%	1회 : 13.2% 2회 : 13.5% 3회 : 15.6%	$\dfrac{13.2+13.5+15.6}{3}=14.1$	☑ 양호 □ 불량	

① **자동차 번호** : 측정하는 자동차 번호를 기록한다(측정 차량이 1대인 경우 생략할 수 있다).
② **비번호** : 책임관리위원(공단 본부)이 배부한 등번호(비번호)를 기록한다.
③ **감독위원 확인** : 시험 전 또는 시험 후 감독위원이 채점 후 확인한다(날인).
④ **차종** : KM**F**YAS7JPAU087414(차대번호 3번째 자리 : F) ➡ 화물차(소형)
⑤ **연식** : KMFYAS7JP**A**U087414(차대번호 10번째 자리 : A) ➡ 2010
⑥ **기준값** : 차대번호의 연식을 확인하고, 터보차량이므로 기준값 20%에 5%를 가산하여 25% 이하를 기록한다.
⑦ **측정값** : 3회 산출한 값의 평균값 14%를 기록한다(소수점 이하는 버림).
⑧ **측정** : 1회부터 3회까지 측정한 값을 기록한다.   • 1회 : 13.2%   • 2회 : 13.5%   • 3회 : 15.6%
⑨ **산출 근거(계산) 기록** : $\dfrac{13.2+13.5+15.6}{3}=14.1$
⑩ **판정** : 측정값이 기준값 범위 내에 있으므로 ☑ 양호에 표시한다.
⑪ **득점** : 감독위원이 해당 문항을 채점하고 점수를 기록한다.

※ 감독위원이 제시한 자동차등록증(또는 차대번호)을 활용하여 차종 및 연식을 적용한다.   ※ 측정 및 판정은 무부하 조건으로 한다.
※ 측정값은 매연 농도를 산술평균하여 소수점 이하는 버린 값으로 기입한다.   ※ 자동차 검사 기준 및 방법에 의하여 기록·판정한다.

2 매연 측정값이 기준값보다 클 경우(터보차량, 5% 가산)

자동차 번호 :			비번호		감독위원 확인		
측정(또는 점검)					산출 근거 및 판정		득점
차종	연식	기준값	측정값	측정	산출 근거(계산) 기록	판정 (□에 '∨'표)	
화물차 (소형)	2010	25% 이하 (터보차량)	26%	1회 : 28.3% 2회 : 25.3% 3회 : 24.7%	$\dfrac{28.3+25.3+24.7}{3}=26.1$	□ 양호 ☑ 불량	

3 **매연 기준값**(자동차등록증 차대번호 확인)

차 종		제 작 일 자		매 연
경자동차 및 승용자동차		1995년 12월 31일 이전		60% 이하
		1996년 1월 1일부터 2000년 12월 31일까지		55% 이하
		2001년 1월 1일부터 2003년 12월 31일까지		45% 이하
		2004년 1월 1일부터 2007년 12월 31일까지		40% 이하
		2008년 1월 1일 이후		20% 이하
승합 · 화물 · 특수자동차	소형	1995년 12월 31일까지		60% 이하
		1996년 1월 1일부터 2000년 12월 31일까지		55% 이하
		2001년 1월 1일부터 2003년 12월 31일까지		45% 이하
		2004년 1월 1일부터 2007년 12월 31일까지		40% 이하
		2008년 1월 1일 이후		20% 이하
	중형 · 대형	1992년 12월 31일 이전		60% 이하
		1993년 1월 1일부터 1995년 12월 31일까지		55% 이하
		1996년 1월 1일부터 1997년 12월 31일까지		45% 이하
		1998년 1월 1일부터 2000년 12월 31일까지	시내버스	40% 이하
			시내버스 외	45% 이하
		2001년 1월 1일부터 2004년 9월 30일까지		45% 이하
		2004년 10월 1일부터 2007년 12월 31일까지		40% 이하
		2008년 1월 1일 이후		20% 이하

4 **매연 측정**

1회 측정값(13.2%)

2회 측정값(13.5%)

3회 측정값(15.6%)

자 동 차 등 록 증

제2010 – 8255호   최초등록일 : 2010년 08월 22일

① 자동차 등록번호	09다 8255	② 차종		화물차(소형)	③ 용도	자가용
④ 차명	리베로	⑤ 형식 및 연식		2010		
⑥ 차대번호	KMFYAS7JPAU087414			⑦ 원동기형식		
⑧ 사용자 본거지	서울특별시 금천구 번영로					

소 유 자	⑨ 성명(상호)	기동찬	⑩ 주민(사업자)등록번호	******-******
	⑪ 주소	서울특별시 금천구 번영로		

자동차관리법 제8조 규정에 의하여 위와 같이 등록하였음을 증명합니다.

2010년 08월 22일

서울특별시장

● **차대번호 식별방법**

KMFYAS7JPAU087414

① 첫 번째 자리는 제작국가(K = 대한민국)
② 두 번째 자리는 제작회사(M = 현대, N = 기아, P = 쌍용, L = GM 대우)
③ 세 번째 자리는 자동차 종별(H = 승용차, J = 승합차, F = 화물차)
④ 네 번째 자리는 차종 구분(Y = 리베로, Z = 포터)
⑤ 다섯 번째 자리는 세부 차종(A = 장축 저상, B = 장축 고상, C = 초장축 저상, D = 초장축 고상)
⑥ 여섯 번째 자리는 차체 형상(D = 더블캡, S = 슈퍼캡, N = 일반캡)
⑦ 일곱 번째 자리는 안전벨트 안전장치(7 = 유압식 제동장치, 8 = 공기식 제동장치)
⑧ 여덟 번째 자리는 엔진 형식(배기량) (H = 4D56 2.5 TCI, J = A-Engine 2.5 TCI)
⑨ 아홉 번째 자리는 기타 사항 용도 구분(P = 왼쪽 운전석, R = 오른쪽 운전석)
⑩ 열 번째 자리는 제작연도(영문 I, O, Q, U, Z 제외)
　　~Y(2000), 1(2001)~9(2009), A(2010)~L(2020)~
⑪ 열한 번째 자리는 제작공장(A = 아산, C = 전주, U = 울산)
⑫ 열두 번째~열일곱 번째 자리는 차량제작 일련번호

11안 휠 얼라인먼트(셋백, 토) 측정

섀시 2 주어진 자동차에서 휠 얼라인먼트 시험기로 셋백(setback)과 토(toe) 값을 측정하여 기록표에 기록하고, 타이로드 엔드를 탈거한 후(감독위원에게 확인), 다시 부착하여 토(toe)가 규정값이 되도록 조정하시오.

1 셋백과 토 측정값이 규정값 범위 내에 있을 경우

측정 항목	① 자동차 번호 :		② 비번호		③ 감독위원 확 인	
	측정(또는 점검)		판정 및 정비(또는 조치) 사항			⑧ 득점
	④ 측정값	⑤ 규정(정비한계)값	⑥ 판정(□에 'ᐯ'표)	⑦ 정비 및 조치할 사항		
셋백	0.12 mm	18 mm 이하	☑ 양호 □ 불량	정비 및 조치할 사항 없음		
토(toe)	0.6 mm	0±2 mm				

① **자동차 번호** : 측정하는 자동차 번호를 기록한다(측정 차량이 1대인 경우 생략할 수 있다).
② **비번호** : 책임관리위원(공단 본부)이 배부한 등번호(비번호)를 기록한다.
③ **감독위원 확인** : 시험 전 또는 시험 후 감독위원이 채점 후 확인한다(날인).
④ **측정값** : 셋백과 토를 측정한 값을 기록한다.
       • 셋백 : 0.12 mm   • 토 : 0.6 mm
⑤ **규정(정비한계)값** : 감독위원이 제시한 값이나 정비지침서를 보고 규정값을 기록한다.
       • 셋백 : 18 mm 이하   • 토 : 0±2 mm
⑥ **판정** : 측정값이 규정값 범위 내에 있으므로 ☑ **양호**에 표시한다.
⑦ **정비 및 조치할 사항** : 판정이 양호이므로 **정비 및 조치할 사항 없음**을 기록한다.
⑧ **득점** : 감독위원이 해당 문항을 채점하고 점수를 기록한다.

2 셋백과 토 측정값이 규정값보다 클 경우

측정 항목	자동차 번호 :		비번호		감독위원 확 인	
	측정(또는 점검)		판정 및 정비(또는 조치) 사항			득점
	측정값	규정(정비한계)값	판정(□에 'ᐯ'표)	정비 및 조치할 사항		
셋백	22 mm	18 mm 이하	□ 양호 ☑ 불량	셋백과 토값 조정 후 재점검		
토(toe)	2.5 mm	0±2 mm				

※ **판정** : 셋백과 토 측정값이 규정값 범위를 벗어났으므로 ☑ **불량**에 표시하고, 셋백과 토값 조정 후 재점검한다.

3 셋백 측정값이 규정값보다 클 경우

측정 항목	자동차 번호 :		비번호		감독위원 확 인	
	측정(또는 점검)		판정 및 정비(또는 조치) 사항			득점
	측정값	규정(정비한계)값	판정(□에 'V'표)	정비 및 조치할 사항		
셋백	22 mm	18 mm 이하	□ 양호 ☑ 불량	셋백값 조정 후 재점검		
토(toe)	1.5 mm	0±2 mm				

4 셋백, 토(toe) 규정값

차 종	구분	토(mm)	차 종	구분	토(mm)
싼타페	전	(−)2±2	아반떼	전	0±3
	후	0±2		후	5−1, 5+3
NEW 싼타페	전	0±2	아반떼 XD	전	0±2
	후	4±2		후	1±2
그랜저 XG	전	0±2	에쿠스	전	0±3
	후	2±2		후	3±2
뉴그랜저	전	0±3	엑센트	전	0±3
	후	0−2, 0+3		후	5−1, 5+3
라비타	전	0±2	EF 쏘나타	전	0±2
	후	1±2		후	2±2
베르나	전	0±3	트르기니	전	0±2
	후	3±2		후	1±2

※ 셋백은 0이 되어야 한다. 허용 기준은 6mm 이내이며, 셋백의 정비 기준 규정(정비한계)값은 18 mm 이하이다.

5 셋백, 토(toe) 측정

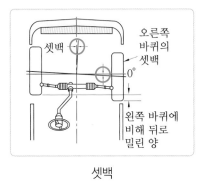

셋백

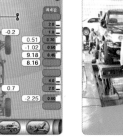

셋백, 토값 측정

셋백 : 0.12 mm, 토 : 0.6 mm

섀시 4　3항의 작업 자동차에서 감독위원 지시에 따라 전(앞) 또는 후(뒤) 제동력을 측정하여 기록표에 기록하시오.

1 제동력 편차가 기준값보다 클 경우(뒷바퀴)

① 자동차 번호 :				② 비번호		③ 감독위원 확　인	
측정(또는 점검)				산출 근거 및 판정			⑨ 득점
④ 항목	구분	⑤ 측정값 (kgf)	⑥ 기준값 (□에 'V'표)	⑦ 산출 근거		⑧ 판정 (□에 'V'표)	
제동력 위치 (□에 'V'표) □ 앞 ☑ 뒤	좌	210 kgf	□ 앞 축중의 ☑ 뒤	편차	$\dfrac{270-210}{500} \times 100 = 12$	□ 양호 ☑ 불량	
			편차　8.0% 이하	합	$\dfrac{270+210}{500} \times 100 = 96$		
	우	270 kgf	합　20% 이상				

① **자동차 번호 :** 측정하는 자동차 번호를 기록한다(측정 차량이 1대인 경우 생략할 수 있다).
② **비번호 :** 책임관리위원(공단 본부)이 배부한 등번호(비번호)를 기록한다.
③ **감독위원 확인 :** 시험 전 또는 시험 후 감독위원이 채점 후 확인한다(날인).
④ **항목 :** 감독위원이 지정하는 축에 ☑ 표시를 한다.　• 위치 : ☑ 뒤
⑤ **측정값 :** 제동력을 측정한 값을 기록한다.　• 좌 : 210 kgf　• 우 : 270 kgf
⑥ **기준값 :** 검사 기준에 따라 제동력 편차와 합의 기준값을 기록한다.
　　　• 편차 : 뒤 축중의 8.0% 이하　• 합 : 뒤 축중의 20% 이상
⑦ **산출 근거 :** 공식에 대입하여 산출한 계산식을 기록한다.
　　　• 편차 : $\dfrac{270-210}{500} \times 100 = 12$　• 합 : $\dfrac{270+210}{500} \times 100 = 96$
⑧ **판정 :** 뒷바퀴 제동력의 편차가 기준값 범위를 벗어났으므로 ☑ 불량에 표시한다.
⑨ **득점 :** 감독위원이 해당 문항을 채점하고 점수를 기록한다.
※ 측정 차량 크루즈 1.5DOHC A/T의 공차 중량(1130 kgf)의 뒤(후) 축중(500 kgf)으로 산출하였다.

■ **제동력 계산**
　• 뒷바퀴 제동력의 편차 $= \dfrac{\text{큰 쪽 제동력} - \text{작은 쪽 제동력}}{\text{해당 축중}} \times 100$ ➡ 뒤 축중의 8.0% 이하이면 양호
　• 뒷바퀴 제동력의 총합 $= \dfrac{\text{좌우 제동력의 합}}{\text{해당 축중}} \times 100$ ➡ 뒤 축중의 20% 이상이면 양호

※ 측정 위치는 감독위원이 지정하는 위치의 □에 'V' 표시한다.　※ 자동차 검사 기준 및 방법에 의하여 기록 · 판정한다.
※ 측정값의 단위는 시험장비 기준으로 기록한다.　※ 산출 근거에는 단위를 기록하지 않아도 된다.

2 제동력 편차와 합이 기준값 범위 내에 있을 경우(뒷바퀴)

자동차 번호 :					비번호			감독위원 확 인	
측정(또는 점검)					산출 근거 및 판정				득점
항목	구분	측정값 (kgf)	기준값 (□에 'V'표)		산출 근거			판정 (□에 'V'표)	
제동력 위치 (□에 'V'표) □ 앞 ☑ 뒤	좌	170 kgf	□ 앞 축중의 ☑ 뒤		편차	$\dfrac{170-130}{500} \times 100 = 8$		☑ 양호 □ 불량	
	우	130 kgf	편차	8.0% 이하	합	$\dfrac{170+130}{500} \times 100 = 60$			
			합	20% 이상					

■ 제동력 계산

- 뒷바퀴 제동력의 편차 $= \dfrac{170-130}{500} \times 100 = 8\% \leq 8.0\%$ ➡ 양호
- 뒷바퀴 제동력의 총합 $= \dfrac{170+130}{500} \times 100 = 60\% \geq 20\%$ ➡ 양호

3 제동력 측정

제동력 측정

측정값(좌 : 210 kgf, 우 : 270 kgf)

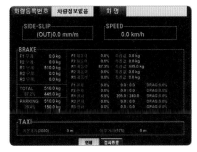

결과 출력

제동력 측정 시 유의사항

❶ 시험장 여건에 따라 감독위원이 임의의 측정값을 제시한 후 제동력 편차와 합을 계산하기도 한다.

❷ 제동력 측정 시 브레이크 페달 압력을 최대한 유지한 상태에서 측정값을 확인한다.

❸ 앞 축중 또는 뒤 축중 측정 시 측정 상태를 정확하게 확인한 후 제동력 시험기의 모니터 출력값을 확인한다.

❹ 측정이 끝나면 편차와 합을 계산하고 기록표를 작성한 후 감독위원에게 제출한다.

섀시 5 주어진 자동차의 자동변속기에서 자기진단기(스캐너)를 이용하여 각종 센서 및 시스템 작동상태를 점검하고 기록표에 기록하시오.

1 UD 및 OD 솔레노이드 밸브 커넥터가 탈거된 경우

① 자동차 번호 :			② 비번호		③ 감독위원 확 인	
항목	측정(또는 점검)		⑥ 정비 및 조치할 사항			⑦ 득점
	④ 고장 부분	⑤ 내용 및 상태				
자기진단	UD 솔레노이드 밸브	커넥터 탈거	UD 및 OD 솔레노이드 밸브 커넥터 체결, ECU 과거 기억 소거 후 재점검			
	OD 솔레노이드 밸브	커넥터 탈거				

① **자동차 번호** : 측정하는 자동차 번호를 기록한다(측정 차량이 1대인 경우 생략할 수 있다).
② **비번호** : 책임관리위원(공단 본부)이 배부한 등번호(비번호)를 기록한다.
③ **감독위원 확인** : 시험 전 또는 시험 후 감독위원이 채점 후 확인한다(날인).
④ **고장 부분** : 스캐너 자기진단으로 확인된 고장 부분을 기록한다.
         • 고장 부분 : UD 솔레노이드 밸브, OD 솔레노이드 밸브
⑤ **내용 및 상태** : 고장 부분으로 확인된 내용 및 상태를 기록한다.
         • 내용 및 상태 : 커넥터 탈거
⑥ **정비 및 조치할 사항** : UD, OD 솔레노이드 밸브 커넥터가 탈거되었으므로 UD 및 OD 솔레노이드 밸브 커넥터
         체결, ECU 과거 기억 소거 후 재점검을 기록한다.
⑦ **득점** : 감독위원이 해당 문항을 채점하고 점수를 기록한다.

2 자동변속기 입출력과 제어시스템

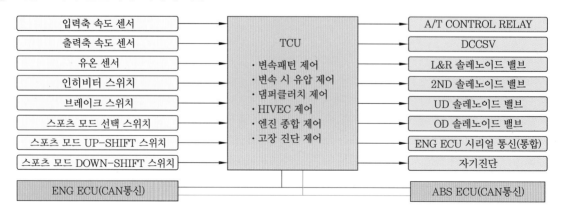

11안 에어컨 라인 압력 점검

전기 1 자동차에서 에어컨 벨트와 블로어 모터를 탈거한 후(감독위원에게 확인), 다시 부착하여 작동상태를 확인하고, 에어컨의 압력을 측정하여 기록표에 기록하시오.

1 에어컨 라인 압력이 규정값보다 클 경우

① 자동차 번호 :			② 비번호		③ 감독위원 확 인	
측정 항목	측정(또는 점검)		판정 및 정비(또는 조치) 사항			⑧ 득점
	④ 측정값	⑤ 규정(정비한계)값	⑥ 판정(□에 'ㄴ'표)	⑦ 정비 및 조치할 사항		
저압	4.2 kgf/cm²	2~4 kgf/cm²	□ 양호 ✔ 불량	콘덴서 청소 후 재점검		
고압	20 kgf/cm²	15~18 kgf/cm²				

① **자동차 번호** : 측정하는 자동차 번호를 기록한다(측정 차량이 1대인 경우 생략할 수 있다).
② **비번호** : 책임관리위원(공단 본부)이 배부한 등번호(비번호)를 기록한다.
③ **감독위원 확인** : 시험 전 또는 시험 후 감독위원이 채점 후 확인한다(날인).
④ **측정값** : 에어컨 라인 압력 측정값을 기록한다.
       • 저압 : 4.2 kgf/cm²   • 고압 : 20 kgf/cm²
⑤ **규정(정비한계)값** : 감독위원이 제시한 값이나 정비지침서를 보고 규정값을 기록한다.
       • 저압 : 2~4 kgf/cm²   • 고압 : 15~18 kgf/cm²
⑥ **판정** : 측정값이 규정값 범위를 벗어났으므로 ✔ **불량**에 표시한다.
⑦ **정비 및 조치할 사항** : 판정이 불량이므로 **콘덴서 청소 후 재점검**을 기록한다.
⑧ **득점** : 감독위원이 해당 문항을 채점하고 점수를 기록한다.

2 에어컨 라인 압력이 규정값보다 작을 경우

자동차 번호 :			비번호		감독위원 확 인	
측정 항목	측정(또는 점검)		판정 및 정비(또는 조치) 사항			득점
	측정값	규정(정비한계)값	판정(□에 'ㄴ'표)	정비 및 조치할 사항		
저압	1 kgf/cm²	2~4 kgf/cm²	□ 양호 ✔ 불량	리시버 드라이버 교체 후 재점검		
고압	8 kgf/cm²	15~18 kgf/cm²				

※ **판정** : 에어컨 라인 압력이 규정값 범위를 벗어났으므로 ✔ 불량에 표시하고 리시버 드라이버 교체 후 재점검한다.

3 에어컨 라인(냉매가스) 압력 규정값

[ON : 컴프레서 작동상태, OFF : 컴프레서 정지상태]

압력 스위치 / 차 종	고압(kgf/cm²)		중압(kgf/cm²)		저압(kgf/cm²)	
	ON	OFF	ON	OFF	ON	OFF
EF 쏘나타	32.0±2.0	−	15.5±0.8	−	2.0±0.2	−
그랜저 XG	32.0±2.0	26.0±2.0	15.5±0.8	11.5±1.2	2.0±0.2	2.3±0.25
아반떼 XD	32.0	26.0	14.0	18.0	2.0	2.25
엑셀	15~18		−		2~4	

※ 냉매가스 압력은 주변 온도에 따라 달라질 수 있다.

4 에어컨 라인 압력 점검

1. 고압 라인(적색) 호스를 연결한다.

2. 저압 라인(청색) 호스를 연결한다.

3. 시동 후 공회전상태를 유지한다.

4. 엔진을 시동한 후 에어컨 온도는 17℃로 설정하여 가동한다.

5. 2500~3000 rpm으로 서서히 가속하면서 압력 변화를 확인한다.

6. 저압과 고압을 확인하고 측정한다. (저압 : 1 kgf/cm², 고압 : 8 kgf/cm²)

> **에어컨 라인 압력이 규정값 범위를 벗어난 경우 정비 및 조치할 사항**
>
> ❶ 콘덴서 막힘 → 콘덴서 교체   ❷ 콘덴서 냉각 불량 → 콘덴서 청소
> ❸ 냉매가스 과충전 → 냉매가스 회수 후 재충전   ❹ 팽창밸브의 과다 열림 → 팽창밸브 교체
> ❺ 냉매가스 부족 → 냉매가스 충전   ❻ 리시버 드라이버의 막힘 → 리시버 드라이버 교체
> ❼ 에어컨 라인 압력 스위치 불량 → 에어컨 라인 압력 스위치 교체

전조등 점검

전기 2 주어진 자동차에서 전조등 시험기로 전조등을 점검하여 기록표에 기록하시오.

1 광도가 기준값 범위를 벗어난 경우(우측 전조등, 2등식)

① 자동차 번호 :			② 비번호		③ 감독위원 확 인	
측정(또는 점검)					⑦ 판정 (□에 'V'표)	⑧ 득점
④ 구분	항목	⑤ 측정값		⑥ 기준값		
(□에 'V'표) 위치 : □ 좌 ☑ 우 등식 : ☑ 2등식 □ 4등식	광도	12000 cd		<u>15000 cd 이상</u>	□ 양호 ☑ 불량	
	광축	□ 상 ☑ 하 (□에 'V'표)	20 cm	30 cm 이하	☑ 양호 □ 불량	
		□ 좌 ☑ 우 (□에 'V'표)	20 cm	30 cm 이하	☑ 양호 □ 불량	

① **자동차 번호 :** 측정하는 자동차 번호를 기록한다(측정 차량이 1대인 경우 생략할 수 있다).

② **비번호 :** 책임관리위원(공단 본부)이 배부한 등번호(비번호)를 기록한다.

③ **감독위원 확인 :** 시험 전 또는 시험 후 감독위원이 채점 후 확인한다(날인).

④ **구분 :** 감독위원이 지정한 위치와 등식에 ☑ 표시를 한다.

　　• 위치 : ☑ 우　　• 등식 : ☑ 2등식

⑤ **측정값 :** 광도와 광축을 측정한 값을 기록한다.

　　• 광도 : 12000 cd　　• 광축 : 하 – 20 cm, 우 – 20 cm

⑥ **기준값 :** 검사 기준값을 수험자가 암기하여 기록한다.

　　• 광도 : 15000 cd 이상　　• 광축 : 하 – 30 cm 이하, 우 – 30 cm 이하

⑦ **판정 :** 광도는 ☑ 불량, 광축에서 상, 하는 ☑ 양호, 좌, 우는 ☑ 양호에 표시한다.

⑧ **득점 :** 감독위원이 해당 문항을 채점하고 점수를 기록한다.

※ 측정 위치는 감독위원이 지정하는 위치의 □에 'V'표시한다.　※ 자동차 검사기준 및 방법에 의하여 기록 · 판정한다.

전조등에서 좌 · 우측등이 상향과 하향으로 분리되어 작동되는 것은 4등식이며, 상향과 하향이 하나의 등에서 회로 구성이 되어 작동되는 것은 2등식이다(차종별 정비지침서, 전기 회로도 참고).

에탁스 와이퍼 신호 점검

전기 3 주어진 자동차에서 와이퍼 간헐(INT) 시간 조정 스위치 조작 시 편의장치(ETACS 또는 ISU) 커넥터에서 스위치 신호(전압)를 측정하고 이상 여부를 확인하여 기록표에 기록하시오.

1 와이퍼 신호 측정 전압이 규정값 범위 내에 있을 경우

① 자동차 번호 :			② 비번호		③ 감독위원 확 인	
측정 항목	④ 측정(또는 점검)		판정 및 정비(또는 조치) 사항			⑦ 득점
			⑤ 판정(□에 'ⅴ'표)	⑥ 정비 및 조치할 사항		
와이퍼 간헐 시간 조정 스위치 위치별 작동신호	INT S/W 전압	ON : 0 V OFF : 4.95 V	☑ 양호 □ 불량	정비 및 조치할 사항 없음		
	INT 스위치 위치별 전압	FAST(빠름)~SLOW(느림) 전압 기록 : 0~3.75 V				

① **자동차 번호** : 측정하는 자동차 번호를 기록한다(측정 차량이 1대인 경우 생략할 수 있다).
② **비번호** : 책임관리위원(공단 본부)이 배부한 등번호(비번호)를 기록한다.
③ **감독위원 확인** : 시험 전 또는 시험 후 감독위원이 채점 후 확인한다(날인).
④ **측정값** : 와이퍼 간헐 시간 조정 스위치 위치별 작동신호를 측정한 값을 기록한다.
　　　　• INT S/W 전압 : ON − 0 V, OFF − 4.95 V
　　　　• INT 스위치 위치별 전압 : 0~3.75 V
⑤ **판정** : 측정값이 규정값 범위 내에 있으므로 ☑ **양호**에 표시한다.
⑥ **정비 및 조치할 사항** : 판정이 양호이므로 **정비 및 조치할 사항 없음**을 기록한다.
⑦ **득점** : 감독위원이 해당 문항을 채점하고 점수를 기록한다.

2 와이퍼 간헐시간 조정 시 작동 전압 규정값

입출력 요소	항목	조 건	전 압
입력	INT(간헐) 스위치	OFF	5 V
		INT 선택	0 V
출력	INT 가변 볼륨	FAST(빠름)	0 V
		SLOW(느림)	3.8 V

12안

답안지 작성법

파트별		안별 문제	12안
엔진	1	엔진 분해 조립/측정	엔진 분해 조립/크랭크축 메인 저널 오일 간극 측정
	2	엔진 시동/작업	1가지 부품 탈 · 부착/ 엔진 시동(시동, 점화, 연료)
	3	엔진 작동상태/측정	공회전 속도 점검/ 배기가스 측정
	4	파형 점검	점화 1차 파형 분석(공회전상태)
	5	부품 교환/측정	CRDI 연료압력 조절기 탈 · 부착 시동/연료압력 점검
섀시	1	부품 탈 · 부착 작업	후륜 쇽업소버 스프링 탈 · 부착 확인
	2	장치별 측정/부품 교환 조정	휠 얼라인먼트 시험기(캐스터, 토) 측정/타이로드 엔드 교환
	3	브레이크 부품 교환/ 작동상태 점검	ABS 브레이크 패드 교환/ 브레이크 작동상태 확인
	4	제동력 측정	전륜 또는 후륜 제동력 측정
	5	부품 탈 · 부착/ 이상 부위 측정	ABS 자기진단
전기	1	부품 탈 · 부착 작업/측정	시동모터 탈 · 부착/ 전류 소모, 전압 강하 점검
	2	전조등 점검	전조등 시험기 점검/광도, 광축
	3	편의 안전장치 점검	열선 스위치 입력 신호 점검
	4	전기회로 점검	전조등 회로 점검

12안 크랭크축 오일 간극 점검

엔진 1 주어진 엔진을 기록표의 측정 항목까지 분해하여 기록표의 요구사항을 측정 및 점검하고 본래 상태로 조립하시오.

1 크랭크축 메인 저널 오일 간극(유막 간극)이 규정값 범위 내에 있을 경우

측정 항목	① 엔진 번호 :		② 비번호		③ 감독위원 확　인	
	측정(또는 점검)		판정 및 정비(또는 조치) 사항			⑧ 득점
	④ 측정값	⑤ 규정(정비한계)값	⑥ 판정(□에 'ㄴ'표)	⑦ 정비 및 조치할 사항		
크랭크축 메인 저널 오일 간극	0.038 mm	0.028~0.046 mm	☑ 양호 □ 불량	정비 및 조치할 사항 없음		

① **엔진 번호** : 측정하는 엔진 번호를 기록한다(측정 엔진이 1대인 경우 생략할 수 있다).
② **비번호** : 책임관리위원(공단 본부)이 배부한 등번호(비번호)를 기록한다.
③ **감독위원 확인** : 시험 전 또는 시험 후 감독위원이 채점 후 확인한다(날인).
④ **측정값** : 크랭크축 메인 저널 오일 간극을 측정한 값을 기록한다.
　　　　• 측정값 : 0.038 mm
⑤ **규정(정비한계)값** : 감독위원이 제시한 값이나 정비지침서를 보고 규정값을 기록한다.
　　　　• 규정값 : 0.028~0.046 mm
⑥ **판정** : 측정값이 규정값 범위 내에 있으므로 ☑ 양호에 표시한다.
⑦ **정비 및 조치할 사항** : 판정이 양호이므로 **정비 및 조치할 사항 없음**을 기록한다.
⑧ **득점** : 감독위원이 해당 문항을 채점하고 점수를 기록한다.

2 크랭크축 메인 저널 오일 간극이 규정값보다 클 경우

측정 항목	엔진 번호 :		비번호		감독위원 확　인	
	측정(또는 점검)		판정 및 정비(또는 조치) 사항			득점
	측정값	규정(정비한계)값	판정(□에 'ㄴ'표)	정비 및 조치할 사항		
크랭크축 메인 저널 오일 간극	0.076 mm	0.028~0.046 mm	□ 양호 ☑ 불량	메인 베어링 교체 후 재점검		

※ **판정** : 크랭크축 메인 저널 오일 간극이 규정값 범위를 벗어났으므로 ☑ 불량에 표시하고, 메인 베어링 교체 후 재점검한다.

3 크랭크축 메인 저널 오일 간극 규정값

차 종	규정값	
아반떼 XD(1.5D)	3번	0.028~0.046 mm
	그 외	0.022~0.040 mm
베르나(1.5)	3번	0.34~0.52 mm
	그 외	0.28~0.46 mm
EF 쏘나타(2.0)	3번	0.024~0.042 mm
쏘나타 Ⅱ·Ⅲ	0.020~0.050 mm	
레간자	0.015~0.040 mm	
그랜저 XG	0.004~0.022 mm	
아반떼 1.5D	0.028~0.046 mm	

4 크랭크축 메인 저널 오일 간극 측정(플라스틱 게이지 측정)

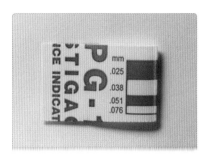

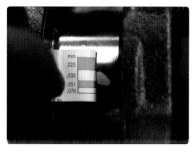

1. 플라스틱 게이지를 준비한다. 1회 측정 후 버린다.

2. 메인 저널 위에 플라스틱 게이지를 놓고 규정 토크로 조인다.

3. 크랭크축에 압착된 플라스틱 게이지를 측정한다(0.038 mm).

크랭크축 오일 간극 측정 시 유의사항

❶ 일회용 소모성 측정 게이지인 플라스틱 게이지로 측정하며, 수험자 한 사람씩 측정하도록 게이지가 주어진다.

❷ 플라스틱 게이지는 크랭크축 위에 놓고 저널 베어링 캡을 규정 토크로 조립한 후, 다시 분해하여 압착된 게이지 폭이 외관 게이지 수치에 가장 근접한 것을 측정값으로 한다.

❸ 시험장에 따라 실납으로 측정하는 경우도 있으며, 실납으로 측정 시 압착된 실납 두께를 마이크로미터로 측정한다.

12안 배기가스 측정

엔진 3 2항의 시동된 엔진에서 공회전 속도를 확인하고, 감독위원의 지시에 따라 공회전 시 배기가스를 측정하여 기록표에 기록하시오(단, 시동이 정상적으로 되지 않은 경우 본 항의 작업은 할 수 없다).

1 CO와 HC 배출량이 기준값 범위 내에 있을 경우

측정 항목	① 자동차 번호 :		② 비번호		③ 감독위원 확 인	
	측정(또는 점검)				⑥ 판정 (□에 'V'표)	⑦ 득점
	④ 측정값	⑤ 기준값				
CO	0.7%	1.2% 이하			☑ 양호 ☐ 불량	
HC	83 ppm	220 ppm 이하				

① **자동차 번호** : 측정하는 자동차 번호를 기록한다(측정 차량이 1대인 경우 생략할 수 있다).
② **비번호** : 책임관리위원(공단 본부)이 배부한 등번호(비번호)를 기록한다.
③ **감독위원 확인** : 시험 전 또는 시험 후 감독위원이 채점 후 확인한다(날인).
④ **측정값** : 배기가스 측정값을 기록한다.
       • CO : 0.7%   • HC : 83 ppm
⑤ **기준값** : 운행 차량의 배출 허용 기준값을 기록한다.
       KMHEF41BP4U478923(차대번호 3번째 자리 : H ➡ 승용차, 10번째 자리 : 4 ➡ 2004년식)
       • CO : 1.2% 이하   • HC : 220 ppm 이하
⑥ **판정** : 측정값이 기준값 범위 내에 있으므로 ☑ **양호**에 표시한다.
⑦ **득점** : 감독위원이 해당 문항을 채점하고 점수를 기록한다.

※ 감독위원이 제시한 자동차등록증(또는 차대번호)을 활용하여 차종 및 연식을 적용한다.
※ HC 측정값은 소수 첫째 자리 이하를 버림하여 기입한다.   ※ CO 측정값은 소수 둘째 자리 이하를 버림하여 기입한다.
※ 자동차 검사기준 및 방법에 의하여 기록 · 판정한다.

2 CO와 HC 배출량이 기준값보다 높게 측정될 경우

측정 항목	자동차 번호 :		비번호		감독위원 확 인	
	측정(또는 점검)				판정 (□에 'V'표)	득점
	측정값	기준값				
CO	1.9%	1.2 % 이하			☐ 양호 ☑ 불량	
HC	280 ppm	220 ppm 이하				

③ 배기가스 배출 허용 기준값(CO, HC)

[개정 2015.7.21.]

차 종		제작일자	일산화탄소	탄화수소	공기 과잉률
경자동차		1997년 12월 31일 이전	4.5% 이하	1200 ppm 이하	1±0.1 이내 기화기식 연료 공급장치 부착 자동차는 1±0.15 이내 촉매 미부착 자동차는 1±0.20 이내
		1998년 1월 1일부터 2000년 12월 31일까지	2.5% 이하	400 ppm 이하	
		2001년 1월 1일부터 2003년 12월 31일까지	1.2% 이하	220 ppm 이하	
		2004년 1월 1일 이후	1.0% 이하	150 ppm 이하	
승용자동차		1987년 12월 31일 이전	4.5% 이하	1200 ppm 이하	
		1988년 1월 1일부터 2000년 12월 31일까지	1.2% 이하	220 ppm 이하 (휘발유 · 알코올 자동차) 400 ppm 이하 (가스자동차)	
		2001년 1월 1일부터 2005년 12월 31일까지	1.2% 이하	220 ppm 이하	
		2006년 1월 1일 이후	1.0% 이하	120 ppm 이하	
승합 · 화물 · 특수 자동차	소형	1989년 12월 31일 이전	4.5% 이하	1200 ppm 이하	
		1990년 1월 1일부터 2003년 12월 31일까지	2.5% 이하	400 ppm 이하	
		2004년 1월 1일 이후	1.2% 이하	220 ppm 이하	
	중형 · 대형	2003년 12월 31일 이전	4.5% 이하	1200 ppm 이하	
		2004년 1월 1일 이후	2.5% 이하	400 ppm 이하	

④ 배기가스 측정

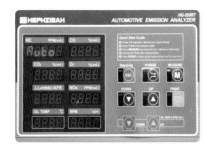

1. MEASURE(측정) : M(측정) 버튼을 누른다.

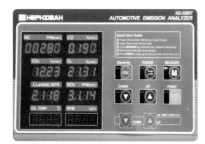

2. 측정한 배기가스를 확인한다.
   HC : 280 ppm, CO : 1.9%

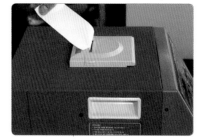

3. 배기가스 측정 결과를 출력한다.

<table>
<tr><td>**엔진 4**</td><td>주어진 자동차 엔진에서 점화코일 1차 파형을 측정·분석하여 출력물에 기록·판정하시오(조건 : 공회전상태).</td></tr>
</table>

● **점화 1차 파형**

자동차 번호 :		비번호		감독위원 확 인	
측정 항목	**파형 상태**				**득점**
파형 측정	요구사항 조건에 맞는 파형을 프린트하여 아래 사항을 분석 후 뒷면에 첨부 • 출력된 파형에 불량 요소가 있는 경우에는 반드시 표기 및 설명되어야 함 • 파형의 주요 특징에 대하여 표기 및 설명되어야 함				

1 점화 1차 정상 파형

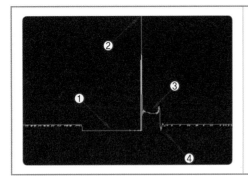

(1) ① 지점 : 드웰 구간 − 점화 1차 회로에 전류가 흐르는 시간 지점, 3 V 이하~TR OFF 전압(드웰 끝부분)
(2) ② 지점 : 서지 전압(점화 전압) − 300~400 V
(3) ③ 지점 : 점화 라인 − 연소가 진행되는 구간(0.8~2.0 ms)
(4) ④ 지점 : 감쇄 진동 구간, 3~4회 진동이 발생
(5) 축전지 전압 발전기에서 발생되는 전압 : 13.2~14.7 V

2 점화 1차 측정 파형 분석

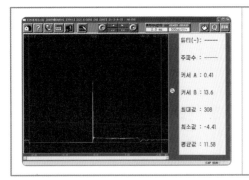

(1) 드웰 구간 : 파워 TR의 ON~OFF까지의 구간
(2) 1차 유도 전압(서지 진압) : 308 V(규정값 : 300~400 V)
(3) 점화 라인(점화 시간) : 2.0 ms(규정값 : 0.8~2.0 ms)
(4) 감쇄 진동부 : 점화코일에 잔류한 에너지가 1차 코일을 통해 감쇄 소멸되는 전압으로 3~4회 진동이 발생되었다.
(5) 축전지 전압 발전기에서 발생되는 전압 : 13.6 V
    (규정값 : 13.2~14.7 V)

3 분석 결과 및 판정

점화 1차 서지 전압은 308 V(규정값 : 300~400 V), 점화 시간은 2.0 ms(규정값 : 0.8~2.0 ms), 축전지 전압 발전기에서 발생되는 전압은 13.6 V(13.2~14.7 V)로 안정된 상태이므로 점화 1차 파형은 **양호**이다.

※ 불량일 경우 점화계통 배선회로를 점검하고, 점화코일 및 스파크 플러그 하이텐션 케이블 등 관련 부품 교체 후 재점검한다.

디젤 엔진 연료압력 점검

엔진 5 주어진 전자제어 디젤 엔진에서 연료압력 조절 밸브를 탈거한 후(감독위원에게 확인) 다시 부착하여 시동을 걸고, 공회전 시 연료압력을 점검하여 기록표에 기록하시오.

1 연료압력이 규정값보다 클 경우

① 엔진 번호 :			② 비번호		③ 감독위원 확 인		
측정 항목	측정(또는 점검)		판정 및 정비(또는 조치) 사항				⑧ 득점
	④ 측정값	⑤ 규정(정비한계)값	⑥ 판정(□에 'ⱽ'표)	⑦ 정비 및 조치할 사항			
연료압력	360 bar	220~320 bar	□ 양호 ☑ 불량	연료압력 조절 밸브 커넥터 체결			

① **엔진 번호 :** 측정하는 엔진 번호를 기록한다(측정 엔진이 1대인 경우 생략할 수 있다).

② **비번호 :** 책임관리위원(공단 본부)이 배부한 등번호(비번호)를 기록한다.

③ **감독위원 확인 :** 시험 전 또는 시험 후 감독위원이 채점 후 확인한다(날인).

④ **측정값 :** 연료압력 측정값 360 bar를 기록한다.

⑤ **규정(정비한계)값 :** 감독위원이 제시한 값이나 정비지침서를 보고 규정값 220~320 bar를 기록한다.

⑥ **판정 :** 측정값이 규정값 범위를 벗어났으므로 ☑ **불량**에 표시한다.

⑦ **정비 및 조치할 사항 :** 판정이 불량이므로 **연료압력 조절 밸브 커넥터 체결**을 기록한다.

⑧ **득점 :** 감독위원이 해당 문항을 채점하고 점수를 기록한다.

2 연료압력 규정값 (엔진 공회전상태)

차 종	연료압력	차 종	연료압력
아반떼 XD	270 bar	싼타페	220~320 bar
카렌스	220~320 bar	테라칸	220~320 bar

연료압력이 규정값 범위를 벗어난 경우 정비 및 조치할 사항

❶ 연료압력 조절기 고장 → 연료압력 조절기 교체

❷ 연료압력 조절 밸브 커넥터 탈거 → 연료압력 조절 밸브 커넥터 체결

❸ 저압 라인 연료압력이 규정값보다 낮을 때 → 저압 펌프 교체

섀시 2 주어진 자동차에서 휠 얼라인먼트 시험기로 캐스터와 토(toe) 값을 측정하여 기록표에 기록한 후 타이로 드 엔드를 탈거하고(감독위원 확인), 다시 부착하여 토(toe)가 규정값이 되도록 조정하시오.

1 토(toe)값이 규정값보다 클 경우

측정 항목	① 자동차 번호 :		② 비번호		③ 감독위원 확 인	
	측정(또는 점검)		판정 및 정비(또는 조치) 사항			⑧ 득점
	④ 측정값	⑤ 규정(정비한계)값	⑥ 판정(□에 'V'표)	⑦ 정비 및 조치할 사항		
캐스터각	1.3˚	1.75±0.5˚	□ 양호 ☑ 불량	토값 조정 후 재점검		
토(toe)	4 mm	0±3 mm				

① **자동차 번호** : 측정하는 자동차 번호를 기록한다(측정 차량이 1대인 경우 생략할 수 있다).
② **비번호** : 책임관리위원(공단 본부)이 배부한 등번호(비번호)를 기록한다.
③ **감독위원 확인** : 시험 전 또는 시험 후 감독위원이 채점 후 확인한다(날인).
④ **측정값** : 캐스터각과 토(toe)의 측정값을 기록한다.　•캐스터각 : 1.3˚ 　•토 : 4 mm
⑤ **규정(정비한계)값** : 감독위원이 제시한 값이나 정비지침서를 보고 규정값을 기록한다.
　　　　　　•캐스터각 : 1.75±0.5˚ 　•토 : 0±3 mm
⑥ **판정** : 토(toe)값이 규정값 범위를 벗어났으므로 ☑ 불량에 표시한다.
⑦ **정비 및 조치할 사항** : 판정이 불량이므로 **토값 조정 후 재점검**을 기록한다.
⑧ **득점** : 감독위원이 해당 문항을 채점하고 점수를 기록한다.

2 캐스터각, 토(toe) 규정값

차 종	캐스터(˚)	토(mm)	차 종	캐스터(˚)	토(mm)
싼타페	2.5±0.5	(−)2±2	아반떼	2.35±0.5	0±3
		0±2			5−1, 5+3
NEW 싼타페	4.4±0.5	0±2	아반떼 XD	2.82±0.5	0±2
		4±2			1±2
그랜저 XG	2.7±1	0±2	에쿠스	3.5±0.5	0±3
		2±2			3±2
EF 쏘나타	2.7±1	0±2	베르나	1.75±0.5	0±3
		2±2			3±2

12안 제동력 측정

샤시 4   3항 작업 자동차에서 감독위원 지시에 따라 전(앞) 또는 후(뒤) 제동력을 측정하여 기록표에 기록하시오.

1 제동력 편차가 기준값보다 클 경우(뒷바퀴)

① 자동차 번호 :				② 비번호		③ 감독위원 확 인	
측정(또는 점검)				산출 근거 및 판정			⑨ 득점
④ 항목	구분	⑤ 측정값 (kgf)	⑥ 기준값 (□에 'V'표)	⑦ 산출 근거		⑧ 판정 (□에 'V'표)	
제동력 위치 (□에 'V'표) □ 앞 ☑ 뒤	좌	200 kgf	□ 앞 ☑ 뒤 축중의	편차	$\frac{260-200}{500} \times 100 = 12$	□ 양호 ☑ 불량	
	우	260 kgf	편차 8.0% 이하	합	$\frac{260+200}{500} \times 100 = 92$		
			합 20% 이상				

① **자동차 번호** : 측정하는 자동차 번호를 기록한다(측정 차량이 1대인 경우 생략할 수 있다).
② **비번호** : 책임관리위원(공단 본부)이 배부한 등번호(비번호)를 기록한다.
③ **감독위원 확인** : 시험 전 또는 시험 후 감독위원이 채점 후 확인한다(날인).
④ **항목** : 감독위원이 지정하는 축에 ☑ 표시를 한다.   • 위치 : ☑ 뒤
⑤ **측정값** : 제동력을 측정한 값을 기록한다.
　　　　• 좌 : 200 kgf   • 우 : 260 kgf
⑥ **기준값** : 검사 기준에 따라 제동력 편차와 합의 기준값을 기록한다.
　　　　• 편차 : 뒤 축중의 **8.0% 이하**   • 합 : 뒤 축중의 20% 이상
⑦ **산출 근거** : 공식에 대입하여 산출한 계산식을 기록한다.
　　　　• 편차 : $\frac{260-200}{500} \times 100 = 12$ • 합 : $\frac{260+200}{500} \times 100 = 92$
⑧ **판정** : 뒷바퀴 제동력의 편차가 기준값 범위를 벗어났으므로 ☑ 불량에 표시한다.
⑨ **득점** : 감독위원이 해당 문항을 채점하고 점수를 기록한다.
※ 측정 차량 크루즈 1.5DOHC A/T의 공차 중량(1130 kgf)의 뒤(후) 축중(500 kgf)으로 산출하였다.

■ 제동력 계산
• 뒷바퀴 제동력의 편차 = $\frac{\text{큰 쪽 제동력 – 작은 쪽 제동력}}{\text{해당 축중}} \times 100$ ➡ 뒤 축중의 8.0% 이하이면 양호
• 뒷바퀴 제동력의 총합 = $\frac{\text{좌우 제동력의 합}}{\text{해당 축중}} \times 100$ ➡ 뒤 축중의 20% 이상이면 양호

※ 측정 위치는 감독위원이 지정하는 위치의 □에 'V' 표시한다.　※ 자동차 검사 기준 및 방법에 의하여 기록·판정한다.
※ 측정값의 단위는 시험장비 기준으로 기록한다.　※ 산출 근거에는 단위를 기록하지 않아도 된다.

2 제동력 편차와 합이 기준값 범위 내에 있을 경우(뒷바퀴)

자동차 번호 :				비번호			감독위원 확 인	
측정(또는 점검)					산출 근거 및 판정			득점
항목	구분	측정값 (kgf)	기준값 (□에 'V'표)		산출 근거		판정 (□에 'V'표)	
제동력 위치 (□에 'V'표) □ 앞 ☑ 뒤	좌	220 kgf	□ 앞 축중의 ☑ 뒤		편차	$\dfrac{230-220}{500} \times 100 = 2$	☑ 양호 □ 불량	
			편차	8.0% 이하				
	우	230 kgf	합	20% 이상	합	$\dfrac{230+220}{500} \times 100 = 90$		

■ 제동력 계산

- 뒷바퀴 제동력의 편차 $= \dfrac{230-220}{500} \times 100 = 2\% \leq 8.0\%$ ➡ 양호

- 뒷바퀴 제동력의 총합 $= \dfrac{230+220}{500} \times 100 = 90\% \geq 20\%$ ➡ 양호

3 제동력 측정

제동력 측정

측정값(좌 : 200 kgf, 우 : 260 kgf)

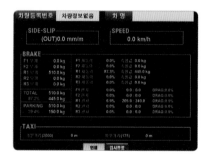

결과 출력

제동력 측정 시 유의사항

❶ 시험장 여건에 따라 감독위원이 임의의 측정값을 제시한 후 제동력 편차와 합을 계산하기도 한다.

❷ 제동력 측정 시 브레이크 페달 압력을 최대한 유지한 상태에서 측정값을 확인한다.

❸ 앞 축중 또는 뒤 축중 측정 시 측정 상태를 정확하게 확인한 후 제동력 시험기의 모니터 출력값을 확인한다.

❹ 측정이 끝나면 편차와 합을 계산하고 기록표를 작성한 후 감독위원에게 제출한다.

ABS 자기진단

12안

섀시 5 주어진 자동차의 ABS에서 자기진단기(스캐너)를 이용하여 각종 센서 및 시스템 작동상태를 점검하고 기록표에 기록하시오.

1 앞 좌측, 앞 우측 휠 스피드 센서 커넥터가 탈거된 경우

항목	측정(또는 점검)		⑥ 정비 및 조치할 사항	⑦ 득점
	④ 측정값	⑤ 규정(정비한계)값		

① 자동차 번호 :			② 비번호	③ 감독위원 확 인	

항목	측정(또는 점검) ④ 측정값	⑤ 규정(정비한계)값	⑥ 정비 및 조치할 사항	⑦ 득점
ABS 자기진단	앞 좌측 휠 스피드 센서	커넥터 탈거	앞 좌측 및 앞 우측 휠 스피드 센서 커넥터 체결, ECU 과거 기억 소거 후 재점검	
	앞 우측 휠 스피드 센서	커넥터 탈거		

① **자동차 번호** : 측정하는 자동차 번호를 기록한다(측정 차량이 1대인 경우 생략할 수 있다).
② **비번호** : 책임관리위원(공단 본부)이 배부한 등번호(비번호)를 기록한다.
③ **감독위원 확인** : 시험 전 또는 시험 후 감독위원이 채점 후 확인한다(날인).
④ **고장 부분** : 스캐너 자기진단으로 확인된 고장 부분을 기록한다.
  • 고장 부분 : **앞 좌측 휠 스피드 센서, 앞 우측 휠 스피드 센서**
⑤ **내용 및 상태** : 고장 부분의 내용 및 상태를 기록한다.
  • 내용 및 상태 : **커넥터 탈거**
⑥ **정비 및 조치할 사항** : 앞 좌측, 앞 우측 휠 스피드 센서 커넥터가 탈거되었으므로 **앞 좌측 및 앞 우측 휠 스피드 센서 커넥터 체결, ECU 과거 기억 소거 후 재점검**을 기록한다.
⑦ **득점** : 감독위원이 해당 문항을 채점하고 점수를 기록한다.

2 전자제어 ABS 시스템 점검

고장 부분 2군데 확인

휠 스피드 센서 커넥터(FL) 탈거 확인

휠 스피드 센서 커넥터(FR) 탈거 확인

시동모터 점검

12안

전기 1 주어진 자동차에서 시동모터를 탈거한 후(감독위원에게 확인), 다시 부착하여 작동상태를 확인하고, 크랭킹 시 전류 소모 및 전압 강하 시험을 하여 기록표에 기록하시오.

1 전압 강하 측정값이 규정값보다 작을 경우

측정 항목	① 자동차 번호 :		② 비번호		③ 감독위원 확 인	
	측정(또는 점검)		판정 및 정비(또는 조치) 사항			⑧ 득점
	④ 측정값	⑤ 규정(정비한계)값	⑥ 판정(□에 '∨'표)	⑦ 정비 및 조치할 사항		
전압 강하	6 V	9.6 V 이상	□ 양호 ✔ 불량	축전지 교체 후 재점검		
전류 소모	100 A	210 A 이하(규정값 제시)				

① **자동차 번호** : 측정하는 자동차 번호를 기록한다(측정 차량이 1대인 경우 생략할 수 있다).
② **비번호** : 책임관리위원(공단 본부)이 배부한 등번호(비번호)를 기록한다.
③ **감독위원 확인** : 시험 전 또는 시험 후 감독위원이 채점 후 확인한다(날인).
④ **측정값** : 전압 강하, 전류 소모를 측정한 값을 기록한다.
    • 전압 강하 : 6 V   • 전류 소모 : 100 A
⑤ **규정(정비한계)값** : 감독위원이 제시한 값이나 정비지침서를 보고 규정값을 기록한다.
        • 전압 강하 : **9.6 V 이상**(축전지 전압 12 V의 80%(12 V × 0.8 = 9.6 V) 이상)
        • 전류 소모 : **210 A 이하** (규정값 제시)
⑥ **판정** : 전압 강하 측정값이 규정값 범위를 벗어났으므로 ✔ **불량**에 표시한다.
⑦ **정비 및 조치할 사항** : 판정이 불량이므로 **축전지 교체 후 재점검**을 기록한다.
⑧ **득점** : 감독위원이 해당 문항을 채점하고 점수를 기록한다.

※ 규정값은 감독위원이 제시한 값으로 작성하고 측정·판정한다.

2 크랭킹 전압 강하, 전류 소모 규정값

항 목	전압 강하(V)	전류 소모(A)
일반적인 규정값	축전지 전압의 80% 이상	축전지 용량의 3배 이하
예 (12 V, 70 AH) (측정 축전지 참고)	9.6 V 이상	210 A 이하 (감독위원이 제시할 수 있다.)

전조등 점검

12안

전기 2 주어진 자동차에서 전조등 시험기로 전조등을 점검하여 기록표에 기록하시오.

1 광도와 광축이 기준값 범위 내에 있을 경우(좌측 전조등, 2등식)

① 자동차 번호 :			② 비번호		③ 감독위원 확 인	
측정(또는 점검)					⑦ 판정 (□에 'V'표)	⑧ 득점
④ 구분	항목	⑤ 측정값		⑥ 기준값		
(□에 'V'표) 위치 : ☑ 좌 □ 우 등식 : ☑ 2등식 □ 4등식	광도	26000 cd		<u>15000 cd 이상</u>	☑ 양호 □ 불량	
	광축	□ 상 ☑ 하 (□에 'V'표)	8 cm	30 cm 이하	☑ 양호 □ 불량	
		□ 좌 ☑ 우 (□에 'V'표)	20 cm	30 cm 이하	☑ 양호 □ 불량	

① **자동차 번호** : 측정하는 자동차 번호를 기록한다(측정 차량이 1대인 경우 생략할 수 있다).
② **비번호** : 책임관리위원(공단 본부)이 배부한 등번호(비번호)를 기록한다.
③ **감독위원 확인** : 시험 전 또는 시험 후 감독위원이 채점 후 확인한다(날인).
④ **구분** : 감독위원이 지정한 위치와 등식에 ☑ 표시를 한다(운전석 착석 시 좌우 기준).
        • 위치 : ☑ **좌**   • 등식 : ☑ **2등식**
⑤ **측정값** : 광도와 광축을 측정한 값을 기록한다.
        • 광도 : 26000 cd   • 광축 : 하 – 8 cm, 우 – 20 cm
⑥ **기준값** : 검사 기준값을 수험자가 암기하여 기록한다.
        • 광도 : 15000 cd 이상   • 광축 : 하 – 30 cm 이하, 우 – 30 cm 이하
⑦ **판정** : 광도 및 광축이 모두 기준값 범위 내에 있으므로 각각 ☑ **양호**에 표시한다.
⑧ **득점** : 감독위원이 해당 문항을 채점하고 점수를 기록한다.

※ 측정 위치는 감독위원이 지정하는 위치의 □에 'V' 표시한다.   ※ 자동차 검사기준 및 방법에 의하여 기록 · 판정한다.

> 전조등에서 좌 · 우측등이 상향과 하향으로 분리되어 작동되는 것은 4등식이며, 상향과 하향이 하나의 등에서 회로 구성이
> 되어 작동되는 것은 2등식이다(차종별 정비지침서, 전기 회로도 참고).

열선 스위치 입력신호 점검

전기 3 주어진 자동차에서 열선 스위치 조작 시 편의장치(ETACS 또는 ISU) 커넥터에서 스위치 입력신호(전압)를 측정하고 이상 여부를 확인하여 기록표에 기록하시오.

1 열선 스위치 작동 시 출력 전압이 규정값 범위 내에 있을 경우

점검 항목	① 자동차 번호 :		② 비번호		③ 감독위원 확 인	
점검 항목	**측정(또는 점검)**		**판정 및 정비(또는 조치) 사항**			⑧ 득점
	④ 측정값	⑤ 내용 및 상태	⑥ 판정(□에 'V'표)	⑦ 정비 및 조치할 사항		
열선 스위치 작동 시 전압	ON : 0.055 V OFF : 4.8 V	이상 부위 없음	☑ 양호 □ 불량	정비 및 조치할 사항 없음		

① **자동차 번호** : 측정하는 자동차 번호를 기록한다(측정 차량이 1대인 경우 생략할 수 있다).

② **비번호** : 책임관리위원(공단 본부)이 배부한 등번호(비번호)를 기록한다.

③ **감독위원 확인** : 시험 전 또는 시험 후 감독위원이 채점 후 확인한다(날인).

④ **측정값** : 열선 스위치 작동 시 출력 전압을 측정한 값을 기록한다.

　　　　　• ON : 0.055 V　　　• OFF : 4.8 V

⑤ **내용 및 상태** : 내용 및 상태를 기록한다.

　　　　　• 내용 및 상태 : **이상 부위 없음**

⑥ **판정** : 측정값이 규정값 범위 내에 있으므로 ☑ **양호**에 표시한다.

⑦ **정비 및 조치할 사항** : 판정이 양호이므로 **정비 및 조치할 사항 없음**을 기록한다.

⑧ **득점** : 감독위원이 해당 문항을 채점하고 점수를 기록한다.

2 열선 스위치 작동 시 출력 전압의 규정값

입출력 요소	항목	조건	전압
입력 요소	발전기 L단자	시동할 때 발전기 L단자 입력 전압	12 V
	열선 스위치	OFF	5 V
		ON	0 V
출력 요소	열선 릴레이	열선 작동 시작부터 열선 릴레이가 OFF될 때까지의 시간 측정	20분
		열선 작동 중 열선 스위치가 작동할 때의 현상	뒷유리 성애가 제거됨

13안

답안지 작성법

파트별		안별 문제	13안
엔진	1	엔진 분해 조립/측정	엔진 분해 조립/크랭크축 메인 저널 오일 간극 측정
	2	엔진 시동/작업	1가지 부품 탈·부착/ 엔진 시동(시동, 점화, 연료)
	3	엔진 작동상태/측정	공회전 속도 점검/인젝터 파형 분석 점검(공회전상태)
	4	파형 점검	맵 센서 파형 분석(급가감속 시)
	5	부품 교환/측정	연료압력 탈·부착 시동/매연 측정
섀시	1	부품 탈·부착 작업	전륜 쇽업소버 코일 스프링 탈·부착 확인
	2	장치별 측정/부품 교환 조정	브레이크 페달 자유 간극/ 자유 간극과 페달 높이 측정
	3	브레이크 부품 교환/ 작동상태 점검	후륜 휠 실린더(캘리퍼) 교환/ 브레이크 작동상태 확인
	4	제동력 측정	전륜 또는 후륜 제동력 측정
	5	부품 탈·부착/ 이상 부위 측정	자동변속기 자기진단
전기	1	부품 탈·부착 작업/측정	발전기 분해 조립/ 다이오드, 로터 코일 점검
	2	전조등 점검	전조등 시험기 점검/광도, 광축
	3	편의 안전장치 점검	열선 스위치 입력 신호 점검
	4	전기 회로 점검	방향지시등 회로 점검

엔진 1 주어진 엔진을 기록표의 측정 항목까지 분해하여 기록표의 요구사항을 측정 및 점검하고 본래 상태로 조립하시오.

1 크랭크축 메인 저널 오일 간극(유막 간극)이 규정값 범위 내에 있을 경우

측정 항목	① 엔진 번호 :		② 비번호		③ 감독위원 확 인	
	측정(또는 점검)		판정 및 정비(또는 조치) 사항			⑧ 득점
	④ 측정값	⑤ 규정(정비한계)값	⑥ 판정(□에 'ㅣ'표)	⑦ 정비 및 조치할 사항		
크랭크축 메인 저널 오일 간극	0.038 mm	0.015~0.040 mm	☑ 양호 □ 불량	정비 및 조치할 사항 없음		

① **엔진 번호** : 측정하는 엔진 번호를 기록한다(측정 엔진이 1대인 경우 생략할 수 있다).
② **비번호** : 책임관리위원(공단 본부)이 배부한 등번호(비번호)를 기록한다.
③ **감독위원 확인** : 시험 전 또는 시험 후 감독위원이 채점 후 확인한다(날인).
④ **측정값** : 크랭크축 메인 저널 오일 간극을 측정한 값을 기록한다.
   · 측정값 : 0.038 mm
⑤ **규정(정비한계)값** : 감독위원이 제시한 값이나 정비지침서를 보고 규정값을 기록한다.
   · 규정값 : 0.015~0.040 mm
⑥ **판정** : 측정값이 규정값 범위 내에 있으므로 ☑ **양호**에 표시한다.
⑦ **정비 및 조치할 사항** : 판정이 양호이므로 **정비 및 조치할 사항 없음**을 기록한다.
⑧ **득점** : 감독위원이 해당 문항을 채점하고 점수를 기록한다.

2 크랭크축 메인 저널 오일 간극이 규정값보다 클 경우

측정 항목	엔진 번호 :		비번호		감독위원 확 인	
	측정(또는 점검)		판정 및 정비(또는 조치) 사항			득점
	측정값	규정(정비한계)값	판정(□에 'ㅣ'표)	정비 및 조치할 사항		
크랭크축 메인 저널 오일 간극	0.076 mm	0.015~0.040 mm	□ 양호 ☑ 불량	메인 베어링 교체 후 재점검		

※ **판정** : 크랭크축 메인 저널 오일 간극이 규정값 범위를 벗어났으므로 ☑ **불량**에 표시하고, 메인 베어링 교체 후 재점검한다.

3 크랭크축 메인 저널 오일 간극 규정값

차 종		규정값	차 종		규정값
아반떼 XD(1.5D)	3번	0.028~0.046 mm	EF 쏘나타(2.0)	3번	0.024~0.042 mm
	그 외	0.022~0.040 mm	쏘나타Ⅱ·Ⅲ		0.020~0.050 mm
베르나(1.5)	3번	0.34~0.52 mm	레간자		0.015~0.040 mm
	그 외	0.28~0.46 mm	아반떼 1.5D		0.028~0.046 mm

4 크랭크축 메인 저널 오일 간극 측정(플라스틱 게이지 측정)

1. 토크 렌치를 규정 토크로 세팅한다(4.5~5.5 kgf·m).

2. 토크 렌치를 사용하여 안에서 밖으로 대각선 방향으로 조인다.

3. 메인 저널 캡 볼트를 밖에서 안으로 풀어준다.

4. 스피드 핸들을 사용하여 메인 저널 캡을 분해한다.

5. 플라스틱 게이지를 준비한다. 소모성 측정 게이지로 1회 측정 후 버린다.

6. 크랭크축에 압착된 플라스틱 게이지를 가장 근접한 눈금에 맞춰 측정한다(0.076 mm).

크랭크축 오일 간극이 규정값 범위를 벗어난 경우 일어나는 현상

❶ 크랭크축 오일 간극이 작을 때 → 베어링 마멸 촉진, 베어링 고착 현상 발생

❷ 크랭크축 오일 간극이 클 때 → 엔진 작동 시 소음 및 진동 발생, 유압 저하

13안 인젝터 파형 점검

엔진 3 2항의 시동된 엔진에서 공회전 속도를 확인하고 감독위원의 지시에 따라 인젝터 파형을 측정 및 분석하여 기록표에 기록하시오(단, 시동이 정상적으로 되지 않은 경우 본 항의 작업은 할 수 없다).

1 분사 시간과 서지 전압이 규정값 범위를 벗어난 경우

측정 항목	① 엔진 번호 :		② 비번호		③ 감독위원 확　인	
	측정(또는 점검)		판정 및 정비(또는 조치) 사항			⑧ 득점
	④ 측정값	⑤ 규정(정비한계)값	⑥ 판정(□에 'ˇ'표)	⑦ 정비 및 조치할 사항		
분사 시간	3.5 ms	2.2~2.9 ms	□ 양호 ☑ 불량	인젝터 및 ECU 배선 접지상태 재점검		
서지 전압	56 V	60~80 V				

① **엔진 번호** : 측정하는 엔진 번호를 기록한다(측정 엔진이 1대인 경우 생략할 수 있다).
② **비번호** : 책임관리위원(공단 본부)이 배부한 등번호(비번호)를 기록한다.
③ **감독위원 확인** : 시험 전 또는 시험 후 감독위원이 채점 후 확인한다(날인).
④ **측정값** : 인젝터 분사 시간과 서지 전압을 측정한 값을 기록한다.
　　　　　• 분사 시간 : 3.5 ms　　• 서지 전압 : 56 V
⑤ **규정(정비한계)값** : 감독위원이 제시한 값이나 정비지침서를 보고 규정값을 기록한다.
　　　　　　• 분사 시간 : 2.2~2.9 ms　　• 서지 전압 : 60~80 V
⑥ **판정** : 측정값이 규정값 범위를 벗어났으므로 ☑ **불량**에 표시한다.
⑦ **정비 및 조치할 사항** : 판정이 불량이므로 **인젝터 및 ECU 배선 접지상태 재점검**을 기록한다.
⑧ **득점** : 감독위원이 해당 문항을 채점하고 점수를 기록한다.

※ 공회전상태에서 측정하고 기준값은 정비지침서를 찾아 판정한다.

2 분사 시간이 규정값보다 클 경우

측정 항목	엔진 번호 :		비번호		감독위원 확　인	
	측정(또는 점검)		판정 및 정비(또는 조치) 사항			득점
	측정값	규정(정비한계)값	판정(□에 'ˇ'표)	정비 및 조치할 사항		
분사 시간	3.3 ms	2.2~2.9 ms	□ 양호 ☑ 불량	전자제어 입력 센서 재점검		
서지 전압	65.2 V	60~80 V				

※ 판정 : 분사 시간이 규정값 범위를 벗어났으므로 ☑ **불량**에 표시하고, 전자제어 입력 센서를 재점검한다.

3 분사 시간 및 서지 전압 규정값

차 종	분사 시간	서지 전압
쏘나타	2.5~4 ms(700±100 rpm)	60~80 V (일반적인 규정값)
EF 쏘나타	3~5 ms(700±100 rpm)	
아반떼 XD	3~5 ms(700±100 rpm)	

※ 규정값은 일반적으로 분사 시간 2.2~2.9 ms, 서지 전압 60~80 V를 적용하거나 감독위원이 제시한 규정값을 적용한다.

4 인젝터 파형 점검부위

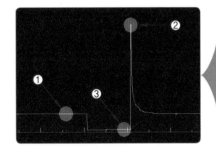

① 전원 전압 : 발전기에서 발생되는 전압(12~13.5 V 정도)
② 서지 전압 : 70 V 정도 예 아반떼 : 68 V
③ 접지 전압 : 인젝터에서 연료가 분사되는 구간(0.8 V 이하)

5 인젝터 파형 측정

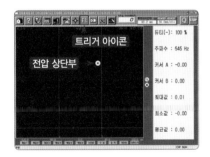

트리거 아이콘, 전압 상단부 선택

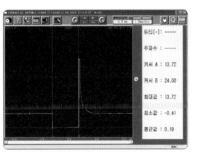

분사 시간 측정(3.5 ms)

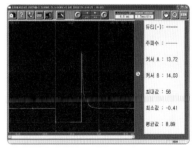

서지 전압 측정(56 V)

인젝터 파형 점검 시 유의사항

시험장에서는 인젝터 파형을 출력(모니터)한 후 파형 측정값을 확인하여 분석 · 판정하는 경우도 있다.

분사 시간과 서지 전압이 규정값 범위를 벗어난 경우 정비 및 조치할 사항

❶ 분사 시간이 규정값을 벗어난 경우 → 전자제어 입력 센서 및 회로 재점검

❷ 서지 전압이 규정값을 벗어난 경우 → 인젝터 배선 및 ECU 배선 접지상태 재점검

맵 센서 파형 분석

13안

주어진 자동차 엔진에서 맵 센서 파형을 분석하여 결과를 기록표에 기록하시오(측정 조건 : 급가감속 시).

● 맵 센서 파형

자동차 번호 :		비번호		감독위원 확 인	
측정 항목	파형 상태				득점
파형 측정	요구사항 조건에 맞는 파형을 프린트하여 아래 사항을 분석 후 뒷면에 첨부 • 출력된 파형에 불량 요소가 있는 경우에는 반드시 표기 및 설명되어야 함 • 파형의 주요 특징에 대하여 표기 및 설명되어야 함				

1 맵 센서 정상 파형

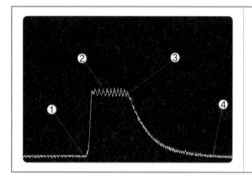

(1) ① 지점 : 1 V 이하 출력(엔진 공회전상태)
(2) ② 지점 : 흡입되는 공기의 맥동 변화가 나타나며 서징현상으로 인한 파형 변화가 나타난다.
(3) ③ 지점 : 스로틀 밸브의 닫힘 지점으로, 감속 속도에 따라 파형이 하강 변화한다.
(4) ④ 지점 : 0.5 V 이하 출력(엔진 공회전상태)

2 맵 센서 측정 파형 분석

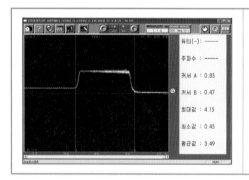

(1) 공전상태 : 0.85 V(규정값 : 1 V 이하)
(2) 흡입 맥동 파형 : 가속 시 출력 전압은 4.15 V(규정값 : 4~5 V 이하)이다.
(3) 스로틀 밸브 닫힘 : 감속 속도에 따라 파형이 변화되며 전압이 낮아지기 시작한다.
(4) 공회전상태 : 0.45 V(규정값 : 0.5 V 이하)로 안정된 전압을 나타내고 있다.

3 분석 결과 및 판정

흡입되는 공기의 맥동 변화에 따라 발생되는 공전상태는 0.85 V(규정값 : 1 V 이하), 가속 시 출력 전압은 4.15 V(규정값 : 4~5 V 이하), 공회전 전압은 0.45 V(0.5 V 이하)로 안정된 상태이므로 맵 센서 출력 파형은 **양호**이다.

13안 디젤 엔진 매연 측정

엔진 5 주어진 전자제어 디젤 엔진에서 연료압력 센서를 탈거한 후(감독위원에게 확인), 다시 부착하여 시동을 걸고, 매연을 측정하여 기록표에 기록하시오.

1 매연 측정값이 기준값보다 클 경우(5회 측정하는 경우)

① 자동차 번호 :					② 비번호		③ 감독위원 확 인		
측정(또는 점검)					산출 근거 및 판정				
④ 차종	⑤ 연식	⑥ 기준값	⑦ 측정값	⑧ 측정	⑨ 산출 근거		⑩ 판정 (□에 'V'표)		⑪ 득점
승합차	2009	20% 이하	41%	1회 : 35.5% 2회 : 37.8% 3회 : 42.3%	$\dfrac{42.3 + 43 + 39.2}{3} = 41.5$		□ 양호 ☑ 불량		

① **자동차 번호** : 측정하는 자동차 번호를 기록한다(측정 차량이 1대인 경우 생략할 수 있다).

② **비번호** : 책임관리위원(공단 본부)이 배부한 등번호(비번호)를 기록한다.

③ **감독위원 확인** : 시험 전 또는 시험 후 감독위원이 채점 후 확인한다(날인).

④ **차종** : KM**J**F1D1BP9U967856(차대번호 3번째 자리 : J) ➡ **승합차**

⑤ **연식** : KMJF1D1BP**9**U967856(차대번호 10번째 자리 : 9) ➡ **2009**

⑥ **기준값** : 자동차등록증 차대번호의 연식을 확인하여 기준값을 기록한다.

　　　　• 기준값 : 20% 이하

⑦ **측정값** : 3회 산출한 값의 평균값을 기록한다(소수점 이하는 버림).

　　　　• 측정값 : 41%

⑧ **측정** : 1회부터 3회까지 측정한 값을 기록한다.

　　　　• 1회 : 35.5%　　• 2회 : 37.8%　　• 3회 : 42.3%

⑨ **산출 근거(계산) 기록** : $\dfrac{42.3 + 43 + 39.2}{3} = 41.5$

⑩ **판정** : 측정값이 기준값 범위를 벗어났으므로 ☑ **불량**에 표시한다.

⑪ **득점** : 감독위원이 해당 문항을 채점하고 점수를 기록한다.

■ **5회 측정하는 경우**

　최댓값 − 최솟값 = 42.3% − 35.5% = 6.8% > 5% ➡ 2회 추가 측정

　• 4회 : 43%　　• 5회 : 39.2%　　∴ $\dfrac{42.3 + 43 + 39.2}{3} = 41.5\%$ ➡ 41%

※ 감독위원이 제시한 자동차등록증(또는 차대번호)을 활용하여 차종 및 연식을 적용한다.　　※ 측정 및 판정은 무부하 조건으로 한다.

※ 측정값은 매연 농도를 산술평균하여 소수점 이하는 버린 값으로 기입한다.　　※ 자동차 검사 기준 및 방법에 의하여 기록·판정한다.

2 매연 기준값(자동차등록증 차대번호 확인)

차 종		제 작 일 자	매 연
경자동차 및 승용자동차		1995년 12월 31일 이전	60% 이하
		1996년 1월 1일부터 2000년 12월 31일까지	55% 이하
		2001년 1월 1일부터 2003년 12월 31일까지	45% 이하
		2004년 1월 1일부터 2007년 12월 31일까지	40% 이하
		2008년 1월 1일 이후	20% 이하
승합 · 화물 · 특수자동차	소형	1995년 12월 31일까지	60% 이하
		1996년 1월 1일부터 2000년 12월 31일까지	55% 이하
		2001년 1월 1일부터 2003년 12월 31일까지	45% 이하
		2004년 1월 1일부터 2007년 12월 31일까지	40% 이하
		2008년 1월 1일 이후	20% 이하

3 매연 측정

매연 측정 준비

1회 측정값(35.5 %)

2회 측정값(37.8 %)

3회 측정값(42.3 %)

4회 측정값(43 %)

5회 측정값(39.2 %)

5회 측정하는 경우

3회 측정한 매연 농도의 최댓값과 최솟값의 차가 5%를 초과하거나 최종 측정값이 배출 허용 기준에 맞지 않는 경우는 1회씩 더 자동 측정한다. 최대 5회까지 측정하고 마지막 3회(3회, 4회, 5회)의 측정값을 산출하여, 마지막 3회의 최댓값과 최솟값의 차가 5% 이내이고 측정값의 산술평균값이 배출 허용 기준 이내이면 매연 측정을 마무리한다.

13
안

엔진

자 동 차 등 록 증

제2009 – 03260호 　　　　　　　　　　　　　　　　최초등록일 : 2009년 08월 22일

① 자동차 등록번호	08다 1402	② 차종		승합차(소형)	③ 용도	자가용
④ 차명	그레이스	⑤ 형식 및 연식		2009		
⑥ 차대번호	KMJF1D1BP9U967856		⑦ 원동기형식			
⑧ 사용자 본거지	서울특별시 영등포구 번영로					
소 유 자	⑨ 성명(상호)	기동찬	⑩ 주민(사업자)등록번호	******-******		
	⑪ 주소	서울특별시 영등포구 번영로				

자동차관리법 제8조 규정에 의하여 위와 같이 등록하였음을 증명합니다.

2009년 08월 22일

서울특별시장

● **차대번호 식별방법**

KMJF1D1BP9U967856

① 첫 번째 자리는 제작국가(K＝대한민국)
② 두 번째 자리는 제작회사(M＝현대, N＝기아, P＝쌍용, L＝GM 대우)
③ 세 번째 자리는 자동차 종별(H＝승용차, J＝**승합차**, F＝화물차)
④ 네 번째 자리는 차종 구분(F＝그레이스)
⑤ 다섯 번째 자리는 세부 차종(1＝스탠다드, 2＝디럭스, 3＝슈퍼 디럭스)
⑥ 여섯 번째 자리는 차체 형상(A＝카고, D＝왜건 & 밴, E＝더블캡)
⑦ 일곱 번째 자리는 안전벨트 안전장치(1＝액티브 벨트, 2＝패시브 벨트, 7＝유압 브레이크)
⑧ 여덟 번째 자리는 엔진 형식(배기량)(B＝2.6 N/A 디젤, F＝2.5 TC 디젤, L＝2.4 LPG)
⑨ 아홉 번째 자리는 기타사항 용도 구분(P＝왼쪽 운전석, R＝오른쪽 운전석)
⑩ 열 번째 자리는 제작연도(영문 I, O, Q, U, Z 제외)
　　～Y(2000), 1(2001)～**9(2009)**, A(2010)～L(2020)～
⑪ 열한 번째 자리는 제작 공장(A＝아산, C＝전주, M＝인도, U＝울산, Z＝터키)
⑫ 열두 번째～열일곱 번째자리는 차량제작 일련번호

13안 브레이크 페달 점검

섀시 2   주어진 자동차의 브레이크에서 페달 자유 간극을 측정하여 기록표에 기록한 후, 페달 자유 간극과 페달 높이가 규정값이 되도록 조정하시오.

1 브레이크 페달 높이가 규정값보다 작을 경우

항목	① 자동차 번호 :		② 비번호		③ 감독위원 확 인	
	측정(또는 점검)		판정 및 정비(또는 조치) 사항			⑧ 득점
항목	④ 측정값	⑤ 규정(정비한계)값	⑥ 판정 (□에 '∨'표)	⑦ 정비 및 조치할 사항		⑧ 득점
브레이크 페달 높이	172 mm	173~179 mm	□ 양호 ☑ 불량	페달 조정 너트로 페달 높이 조정		
브레이크 페달 유격	6 mm	3~8 mm				

① **자동차 번호** : 측정하는 자동차 번호를 기록한다(측정 차량이 1대인 경우 생략할 수 있다).
② **비번호** : 책임관리위원(공단 본부)이 배부한 등번호(비번호)를 기록한다.
③ **감독위원 확인** : 시험 전 또는 시험 후 감독위원이 채점 후 확인한다(날인).
④ **측정값** : 브레이크 페달 높이와 페달 유격을 측정한 값을 기록한다.
       • 페달 높이 : 172 mm   • 페달 유격 : 6 mm
⑤ **규정(정비한계)값** : 감독위원이 제시한 값이나 정비지침서를 보고 규정값을 기록한다.
       • 페달 높이 : 173~179 mm   • 페달 유격 : 3~8 mm
⑥ **판정** : 브레이크 페달 높이가 규정값 범위를 벗어났으므로 ☑ 불량에 표시한다.
⑦ **정비 및 조치할 사항** : 판정이 불량이므로 **페달 조정 너트로 페달 높이 조정**을 기록한다.
⑧ **득점** : 감독위원이 해당 문항을 채점하고 점수를 기록한다.

2 브레이크 페달 유격이 규정값보다 클 경우

항목	자동차 번호 :		비번호		감독위원 확 인	
	측정(또는 점검)		판정 및 정비(또는 조치) 사항			득점
항목	측정값	규정(정비한계)값	판정 (□에 '∨'표)	정비 및 조치할 사항		득점
브레이크 페달 높이	175 mm	173~179 mm	□ 양호 ☑ 불량	마스터 실린더 푸시로드의 길이로 페달 유격 조정		
브레이크 페달 유격	9 mm	3~8 mm				

3 페달 높이와 페달 유격의 규정값

차 종	페달 높이	페달 유격	여유 간극	작동 거리
그랜저 XG	176±3 mm	3~8 mm	44 mm 이상	132±3 mm
EF 쏘나타	176 mm	3~8 mm	44 mm 이상	132 mm
쏘나타 Ⅲ	177 mm	4~10 mm	44 mm 이상	133 mm
아반떼 XD	170 mm	3~8 mm	61 mm 이상	128 mm
베르나	163.5 mm	3~8 mm	50 mm 이상	135 mm

4 브레이크 페달 높이와 페달 유격 측정

1. 점검 차량의 브레이크 페달 위치를 확인한 후 운전석 매트를 제거한다.

2. 브레이크 페달 측면에 철자를 대고 페달 높이를 측정한다(175 mm).

3. 저항이 느껴지지 않는 위치까지 브레이크 페달을 지그시 눌러 페달 유격을 측정한다(9 mm).

브레이크 페달 점검 시 유의사항

❶ 브레이크 페달 높이와 페달 유격을 측정할 때는 자를 바닥에 밀착시키고 페달과 직각이 되도록 하여 측정한다.
❷ 정확한 눈금을 확인하기 위해 사인펜을 사용하여 자의 눈금에 해당 위치를 표시한다.

브레이크 페달 높이 및 유격이 규정값 범위를 벗어난 경우 정비 및 조치할 사항

❶ 페달 높이가 규정값보다 클 경우 → 페달 조정 너트를 길게 한다.
❷ 페달 높이가 규정값보다 작을 경우 → 페달 조정 너트를 짧게 한다.
❸ 페달 유격이 규정값보다 클 경우 → 마스터 실린더 푸시로드 길이를 길게 한다.
❹ 페달 유격이 규정값보다 작을 경우 → 마스터 실린더 푸시로드 길이를 짧게 한다.

제동력 측정

섀시 4　3항의 작업 자동차에서 감독위원 지시에 따라 전(앞) 또는 후(뒤) 제동력을 측정하여 기록표에 기록하시오.

1 제동력 편차는 기준값보다 크고 합은 기준값보다 작을 경우(앞바퀴)

① 자동차 번호 :					② 비번호		③ 감독위원 확　인	
측정(또는 점검)					산출 근거 및 판정			⑨ 득점
④ 항목	구분	⑤ 측정값 (kgf)	⑥ 기준값 (□에 'V'표)		⑦ 산출 근거		⑧ 판정 (□에 'V'표)	
제동력 위치 (□에 'V'표) ☑ 앞 □ 뒤	좌	160 kgf	☑ 앞　축중의 □ 뒤		편차	$\dfrac{160-60}{630} \times 100 = 15.87$	□ 양호 ☑ 불량	
			편차	8.0% 이하				
	우	60 kgf	합	50% 이상	합	$\dfrac{160+60}{630} \times 100 = 34.92$		

① **자동차 번호** : 측정하는 자동차 번호를 기록한다(측정 차량이 1대인 경우 생략할 수 있다).
② **비번호** : 책임관리위원(공단 본부)이 배부한 등번호(비번호)를 기록한다.
③ **감독위원 확인** : 시험 전 또는 시험 후 감독위원이 채점 후 확인한다(날인).
④ **항목** : 감독위원이 지정하는 축에 ☑ 표시를 한다.　• 위치 : ☑ 앞
⑤ **측정값** : 제동력을 측정한 값을 기록한다.　• 좌 : 160 kgf　• 우 : 60 kgf
⑥ **기준값** : 검사 기준에 따라 제동력 편차와 합의 기준값을 기록한다.
　　　• 편차 : 앞 축중의 **8.0% 이하**　• 합 : 앞 축중의 **50% 이상**
⑦ **산출 근거** : 공식에 대입하여 산출한 계산식을 기록한다.
　　　• 편차 : $\dfrac{160-60}{630} \times 100 = 15.87$　• 합 : $\dfrac{160+60}{630} \times 100 = 34.92$
⑧ **판정** : 앞바퀴 제동력의 편차와 합이 기준값 범위를 벗어났으므로 ☑ 불량에 표시한다.
⑨ **득점** : 감독위원이 해당 문항을 채점하고 점수를 기록한다.
※ 측정 차량은 크루즈 1.5DOHC A/T의 공차 중량(1130 kgf)의 앞(전) 축중(630 kgf)으로 산출하였다.

■ **제동력 계산**
　• 앞바퀴 제동력의 편차 $= \dfrac{\text{큰 쪽 제동력} - \text{작은 쪽 제동력}}{\text{해당 축중}} \times 100$ ➡ 앞 축중의 8.0% 이하이면 양호
　• 앞바퀴 제동력의 총합 $= \dfrac{\text{좌우 제동력의 합}}{\text{해당 축중}} \times 100$ ➡ 앞 축중의 50% 이상이면 양호

※ 측정 위치는 감독위원이 지정하는 위치의 □에 'V' 표시한다.　※ 자동차 검사 기준 및 방법에 의하여 기록·판정한다.
※ 측정값의 단위는 시험장비 기준으로 기록한다.　※ 산출 근거에는 단위를 기록하지 않아도 된다.

2 제동력 편차가 기준값보다 클 경우(앞바퀴)

자동차 번호 :					비번호			감독위원 확　인	
측정(또는 점검)					산출 근거 및 판정				득점
항목	구분	측정값 (kgf)	기준값 (□에 'ｖ'표)		산출 근거			판정 (□에 'ｖ'표)	
제동력 위치 (□에 'ｖ'표) ☑ 앞 □ 뒤	좌	280 kgf	☑ 앞 축중의 □ 뒤		편차	$\dfrac{280-220}{630} \times 100 = 9.52$		□ 양호 ☑ 불량	
	우	220 kgf	편차	8.0% 이하					
			합	50% 이상	합	$\dfrac{280+220}{630} \times 100 = 79.36$			

▦ 제동력 계산

• 앞바퀴 제동력의 편차 $= \dfrac{280-220}{630} \times 100 = 9.52\% > 8\%$ ➡ 불량

• 앞바퀴 제동력의 총합 $= \dfrac{280+220}{630} \times 100 = 79.36\% \geq 50\%$ ➡ 양호

3 제동력 측정

제동력 측정

측정값(좌 : 160 kgf, 우 : 60 kgf)

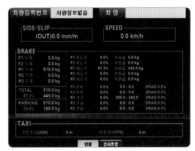

결과 출력

제동력 측정 시 유의사항

❶ 시험장 여건에 따라 감독위원이 임의의 측정값을 제시한 후 제동력 편차와 합을 계산하기도 한다.

❷ 제동력 측정 시 브레이크 페달을 최대 압력으로 유지한 상태에서 측정값을 확인한다.

❸ 앞 축중 또는 뒤 축중 측정 시 측정 상태를 정확하게 확인한 후 제동력 시험기의 모니터 출력값을 확인한다.

❹ 측정이 끝나면 편차와 합을 계산하고 기록표를 작성한 후 감독위원에게 제출한다.

섀시 5 주어진 자동차의 자동변속기에서 자기진단기(스캐너)를 이용하여 각종 센서 및 시스템 작동상태를 점검하고 기록표에 기록하시오.

1 입력축 속도 센서, 브레이크 스위치 커넥터가 탈거된 경우

항목	① 자동차 번호 :		② 비번호		③ 감독위원 확 인	
항목	**측정(또는 점검)**		**⑥ 정비 및 조치할 사항**			**⑦ 득점**
	④ 고장 부분	**⑤ 내용 및 상태**				
자기진단	입력축 속도 센서	커넥터 탈거	입력축 속도 센서 및 브레이크 스위치 커넥터 체결, ECU 과거 기억 소거 후 재점검			
	브레이크 스위치	커넥터 탈거				

① **자동차 번호** : 측정하는 자동차 번호를 기록한다(측정 차량이 1대인 경우 생략할 수 있다).
② **비번호** : 책임관리위원(공단 본부)이 배부한 등번호(비번호)를 기록한다.
③ **감독위원 확인** : 시험 전 또는 시험 후 감독위원이 채점 후 확인한다(날인).
④ **고장 부분** : 스캐너 자기진단으로 확인된 고장 부분을 기록한다.
　　　　　• 고장 부분 : **입력축 속도 센서, 브레이크 스위치**
⑤ **내용 및 상태** : 고장 부분으로 확인된 내용 및 상태를 기록한다.
　　　　　• 내용 및 상태 : **커넥터 탈거**
⑥ **정비 및 조치할 사항** : 입력축 속도 센서, 브레이크 스위치 커넥터가 탈거되었으므로 **입력축 속도 센서 및 브레이크 스위치 커넥터 체결, ECU 과거 기억 소거 후 재점검**을 기록한다.
⑦ **득점** : 감독위원이 해당 문항을 채점하고 점수를 기록한다.

2 출력축 속도 센서 커넥터 탈거, A/T 릴레이 접촉 불량일 경우

항목	자동차 번호 :		비번호		감독위원 확 인	
항목	**측정(또는 점검)**		**정비 및 조치할 사항**			**득점**
	고장 부분	**내용 및 상태**				
자기진단	출력축 속도 센서	커넥터 탈거	출력축 속도 센서 커넥터 체결, A/T 릴레이 교체, ECU 과거 기억 소거 후 재점검			
	A/T 릴레이	접촉 불량 (접점 소손)				

13안 발전기 점검

전기 1 주어진 발전기를 분해한 후 정류 다이오드 및 로터 코일의 상태를 점검하여 기록표에 기록하고, 다시 본래대로 조립하여 작동상태를 확인하시오.

1 로터 코일 저항이 규정값보다 클 경우

측정 항목	① 엔진 번호 :		② 비번호		③ 감독위원 확 인		
	측정(또는 점검)		판정 및 정비(또는 조치) 사항				⑧ 득점
	④ 측정값	⑤ 규정(정비한계)값	⑥ 판정(□에 'V'표)		⑦ 정비 및 조치할 사항		
(+) 다이오드	(양 : 3개), (부 : 0개)						
(−) 다이오드	(양 : 3개), (부 : 0개)		□ 양호 ☑ 불량		로터 코일 교체 후 재점검		
로터 코일 저항	30 Ω	4.1~4.3 Ω					

① **엔진 번호** : 측정하는 엔진 번호를 기록한다(측정 엔진이 1대인 경우 생략할 수 있다).
② **비번호** : 책임관리위원(공단 본부)이 배부한 등번호(비번호)를 기록한다.
③ **감독위원 확인** : 시험 전 또는 시험 후 감독위원이 채점 후 확인한다(날인).
④ **측정값** : 측정 항목에서 측정한 값을 기록한다.   • (+) 다이오드 : 양 − 3개, 부 − 0개
     • (−) 다이오드 : 양 − 3개, 부 − 0개   • 로터 코일 저항 : 30 Ω
⑤ **규정값** : 감독위원이 제시한 값이나 정비지침서를 보고 규정값을 기록한다.
     • 로터 코일 저항 규정값 : 4.1~4.3 Ω
⑥ **판정** : 로터 코일 저항이 규정값 범위를 벗어났으므로 ☑ **불량**에 표시한다.
⑦ **정비 및 조치할 사항** : 판정이 불량이므로 **로터 코일 교체 후 재점검**을 기록한다.
⑧ **득점** : 감독위원이 해당 문항을 채점하고 점수를 기록한다.

2 로터 코일 저항 규정값

차 종	로터 코일 저항	차 종	로터 코일 저항
포텐샤	2~4 Ω	엘란트라/싼타페	3.1 Ω
아반떼 XD	2.5~3.0 Ω	세피아	3.5~4.5 Ω
EF 쏘나타/그랜저 XG	2.75±0.2 Ω	쏘나타	4~5 Ω

※ 로터 코일 저항 규정값은 4.1~4.3 Ω의 일반적인 값을 적용하거나 감독위원이 제시한 값을 적용한다.

전기 2 주어진 자동차에서 전조등 시험기로 전조등을 점검하여 기록표에 기록하시오.

1 광도와 광축이 기준값 범위 내에 있을 경우 (우측 전조등, 4등식)

① 자동차 번호 :			② 비번호		③ 감독위원 확　인	
측정(또는 점검)				⑥ 기준값	⑦ 판정 (□에 'V'표)	⑧ 득점
④ 구분	항목	⑤ 측정값				
(□에 'V'표) 위치 : □ 좌 ☑ 우 등식 : □ 2등식 ☑ 4등식	광도	18000 cd		12000 cd 이상	☑ 양호 □ 불량	
	광축	□ 상 ☑ 하 (□에 'V'표)	5 cm	30 cm 이하	☑ 양호 □ 불량	
		☑ 좌 □ 우 (□에 'V'표)	20 cm	30 cm 이하	☑ 양호 □ 불량	

① **자동차 번호** : 측정하는 자동차 번호를 기록한다(측정 차량이 1대인 경우 생략할 수 있다).
② **비번호** : 책임관리위원(공단 본부)이 배부한 등번호(비번호)를 기록한다.
③ **감독위원 확인** : 시험 전 또는 시험 후 감독위원이 채점 후 확인한다(날인).
④ **구분** : 감독위원이 지정한 위치와 등식에 ☑ 표시를 한다(운전석 착석 시 좌우 기준).
　　　• 위치 : ☑ 우　　• 등식 : ☑ 4등식
⑤ **측정값** : 광도와 광축을 측정한 값을 기록한다.
　　　• 광도 : 18000 cd　　• 광축 : 하 – 5 cm, 좌 – 20 cm
⑥ **기준값** : 기준값을 수험자가 암기하여 기록한다.
　　　• 광도 : 12000 cd 이상　　• 광축 : 하 – 30 cm 이하, 좌 – 30 cm 이하
⑦ **판정** : 광도 및 광축이 모두 기준값 범위 내에 있으므로 각각 ☑ **양호**에 표시한다.
⑧ **득점** : 감독위원이 해당 문항을 채점하고 점수를 기록한다.

※ 측정 위치는 감독위원이 지정하는 위치의 □에 'V' 표시한다.　　※ 자동차 검사기준 및 방법에 의하여 기록 · 판정한다.

전조등에서 좌 · 우측등이 상향과 하향으로 분리되어 작동되는 것은 4등식이며, 상향과 하향이 하나의 등에서 회로 구성이
되어 작동되는 것은 2등식이다(차종별 정비지침서, 전기 회로도 참고).

2 광도와 광축이 기준값 범위를 벗어난 경우(우측 전조등, 4등식)

자동차 번호 :			비번호		감독위원 확 인	
측정(또는 점검)					판정 (□에 'V'표)	득점
구분	항목	측정값		기준값		
(□에 'V'표) 위치 : □ 좌 ☑ 우 등식 : □ 2등식 ☑ 4등식	광도	11000 cd		<u>12000 cd 이상</u>	□ 양호 ☑ 불량	
	광축	□ 상 ☑ 하 (□에 'V'표)	16 cm	30 cm 이하	☑ 양호 □ 불량	
		☑ 좌 □ 우 (□에 'V'표)	33 cm	30 cm 이하	□ 양호 ☑ 불량	

3 전조등 광도, 광축 기준값

[자동차관리법 시행규칙 별표 15 적용]

구 분			기준값
광도	2등식		15000cd 이상
	4등식		12000 cd 이상
광축	좌·우측등	상향 진폭	10 cm 이하
	좌·우측등	하향 진폭	30 cm 이하
	좌측등	좌진폭	15 cm 이하
		우진폭	30 cm 이하
	우측등	좌진폭	30 cm 이하
		우진폭	30 cm 이하

전조등 광도 측정 시 유의사항

❶ 시험용 차량은 공회전상태(광도 측정 시 2000 rpm), 공차상태, 운전자(관리원) 1인이 승차하여 전조등 상향등(주행)을 점등시킨다.

❷ 시험장 여건에 따라 엔진 시동 OFF 후, DC 컨버터를 축전지에 연결한 다음 측정하기도 한다(엔진 rpm 무시).

열선 스위치 입력신호 점검

전기 3 주어진 자동차에서 열선 스위치 조작 시 편의장치(ETACS 또는 ISU) 커넥터에서 스위치 입력신호(전압)를 측정하고 이상 여부를 확인하여 기록표에 기록하시오.

1 열선 스위치 작동 시 출력 전압이 없을 경우(작동 스위치 OFF상태)

① 자동차 번호 :			② 비번호		③ 감독위원 확 인	
점검 항목	**측정(또는 점검)**		**판정 및 정비(또는 조치) 사항**			⑧ 득점
	④ 측정값	⑤ 내용 및 상태	⑥ 판정(□에 'V'표)	⑦ 정비 및 조치할 사항		
열선 스위치 작동 시 전압	ON : 0V OFF : 0V	열선 스위치 불량	□ 양호 ☑ 불량	열선 스위치 교체 후 재점검		

① **자동차 번호** : 측정하는 자동차 번호를 기록한다(측정 차량이 1대인 경우 생략할 수 있다).
② **비번호** : 책임관리위원(공단 본부)이 배부한 등번호(비번호)를 기록한다.
③ **감독위원 확인** : 시험 전 또는 시험 후 감독위원이 채점 후 확인한다(날인).
④ **측정값** : 열선 스위치 작동 시 출력 전압을 측정한 값을 기록한다.
　　　　　　 • ON : 0V　　 • OFF : 0V
⑤ **내용 및 상태** : 내용 및 상태를 기록한다.
　　　　　　　　 • 내용 및 상태 : **열선 스위치 불량**
⑥ **판정** : 열선 스위치 작동 시 출력 전압이 없으므로 ☑ **불량**에 표시한다.
⑦ **정비 및 조치할 사항** : 판정이 불량이므로 **열선 스위치 교체 후 재점검**을 기록한다.
⑧ **득점** : 감독위원이 해당 문항을 채점하고 점수를 기록한다.

2 열선 스위치 작동 시 출력 전압의 규정값

입출력 요소	항목	조건	전압
입력 요소	발전기 L단자	시동할 때 발전기 L단자 입력 전압	12 V
	열선 스위치	OFF	5 V
		ON	0 V
출력 요소	열선 릴레이	열선 작동 시작부터 열선 릴레이가 OFF될 때까지의 시간 측정	20분
		열선 작동 중 열선 스위치가 작동할 때의 현상	뒷유리 성애가 제거됨

자동차정비산업기사 실기 14안

답안지 작성법

파트별		안별 문제	14안
엔진	1	엔진 분해 조립/측정	엔진 분해 조립/ 캠축 휨 측정
	2	엔진 시동/작업	1가지 부품 탈 · 부착/ 엔진 시동(시동, 점화, 연료)
	3	엔진 작동상태/측정	공회전 속도 점검/ 배기가스 측정
	4	파형 점검	산소 센서 파형 분석(공회전상태)
	5	부품 교환/측정	CRDI 연료압력 조절기 탈 · 부착/매연 측정
섀시	1	부품 탈 · 부착 작업	드라이브 액슬축 탈거/ 부트 탈 · 부착
	2	장치별 측정/부품 교환 조정	타이로드 엔드 탈 · 부착/ 최소회전반지름 측정
	3	브레이크 부품 교환/ 작동상태 점검	브레이크 라이닝 슈(패드) 교환/ 브레이크 작동상태 확인
	4	제동력 측정	전륜 또는 후륜 제동력 측정
	5	부품 탈 · 부착/ 이상 부위 측정	ABS 자기진단
전기	1	부품 탈 · 부착 작업/측정	시동모터 탈 · 부착/ 전류 소모, 전압 강하 점검
	2	전조등 점검	전조등 시험기 점검/광도, 광축
	3	편의 안전장치 점검	와이퍼 간헐 시간 조정 스위치 입력 신호 점검
	4	전기 회로 점검	미등, 제동등 회로 점검

14안 캠축 점검

엔진 1 주어진 엔진을 기록표의 측정 항목까지 분해하여 기록표의 요구사항을 측정 및 점검하고 본래 상태로 조립하시오.

1 캠축 휨 측정값이 규정값 범위 내에 있을 경우

측정 항목	① 엔진 번호 :		② 비번호		③ 감독위원 확 인	
측정 항목	측정(또는 점검)		판정 및 정비(또는 조치) 사항			⑧ 득점
	④ 측정값	⑤ 규정(정비한계)값	⑥ 판정(□에 'V'표)	⑦ 정비 및 조치할 사항		
캠축 휨	0.02 mm	0.02 mm 이하	☑ 양호 □ 불량	정비 및 조치할 사항 없음		

① **엔진 번호** : 측정하는 엔진 번호를 기록한다(측정 엔진이 1대인 경우 생략할 수 있다).
② **비번호** : 책임관리위원(공단 본부)이 배부한 등번호(비번호)를 기록한다.
③ **감독위원 확인** : 시험 전 또는 시험 후 감독위원이 채점 후 확인한다(날인).
④ **측정값** : 캠축 휨 측정값을 기록한다.
   • 측정값 : 0.02 mm
⑤ **규정(정비한계)값** : 감독위원이 제시한 값이나 정비지침서를 보고 규정값을 기록한다.
   • 규정값 : 0.02 mm 이하
⑥ **판정** : 측정값이 규정값 범위 내에 있으므로 ☑ 양호에 표시한다.
⑦ **정비 및 조치할 사항** : 판정이 양호이므로 **정비 및 조치할 사항 없음**을 기록한다.
⑧ **득점** : 감독위원이 해당 문항을 채점하고 점수를 기록한다.

2 캠축 휨 측정값이 규정값보다 클 경우

측정 항목	엔진 번호 :		비번호		감독위원 확 인	
측정 항목	측정(또는 점검)		판정 및 정비(또는 조치) 사항			득점
	측정값	규정(정비한계)값	판정(□에 'V'표)	정비 및 조치할 사항		
캠축 휨	0.04 mm	0.02 mm 이하	□ 양호 ☑ 불량	캠축 교체		

※ **판정** : 캠축 휨 측정값이 규정값 범위를 벗어났으므로 ☑ 불량에 표시하고, 캠축을 교체한다.

14
안

엔진

3 캠축 휨 규정값

차 종	규정값	차 종	규정값
그랜저	0.02 mm 이하	세피아	0.03 mm 이하
쏘나타	0.02 mm 이하	프라이드	0.03 mm 이하
엑센트	0.02 mm 이하	크레도스	0.03 mm 이하

4 캠축 휨 측정

1. V 블록의 캠축 중앙에 다이얼 게이지를 설치한다.

2. 다이얼 게이지를 직각으로 설치하고 0점 조정한 후 캠축을 1회전시킨다.

3. 측정값 0.08 mm를 확인한다. 측정값의 1/2인 0.04 mm가 실제 측정값이다.

캠축 휨 측정

❶ 캠축 측정 시 다이얼 게이지 스핀들을 캠축 중앙에 직각이 되도록 설치하고 측정한다.

❷ 캠축을 회전시킬 때 축이 측정부에서 이탈하지 않도록 천천히 회전시키며 측정한다.

❸ 캠축 휨 측정값은 다이얼 게이지 전체 측정값의 1/2이다.

캠 측정   캠축 기어 흡배기 캠 타이밍 마크

엔진 3   2항의 시동된 엔진에서 공회전 속도를 확인하고, 감독위원의 지시에 따라 공회전 시 배기가스를 측정하여 기록표에 기록하시오(단, 시동이 정상적으로 되지 않은 경우 본 항의 작업은 할 수 없다).

1 HC 배출량이 기준값보다 높게 측정될 경우

측정 항목	① 자동차 번호 :		② 비번호		③ 감독위원 확 인	
	측정(또는 점검)				⑥ 판정 (□에 'V'표)	⑦ 득점
	④ 측정값	⑤ 기준값				
CO	0.6%	1.0% 이하			☐ 양호	
HC	560 ppm	120 ppm 이하			☑ 불량	

> ① **자동차 번호** : 측정하는 자동차 번호를 기록한다(측정 차량이 1대인 경우 생략할 수 있다).
> ② **비번호** : 책임관리위원(공단 본부)이 배부한 등번호(비번호)를 기록한다.
> ③ **감독위원 확인** : 시험 전 또는 시험 후 감독위원이 채점 후 확인한다(날인).
> ④ **측정값** : 배기가스를 측정한 값을 기록한다.
>   • CO : 0.6%   • HC : 560 ppm
> ⑤ **기준값** : 운행 차량의 배출 허용 기준값을 기록한다.
>   KM**H**SJ41BP**A**U753159(차대번호 3번째 자리 : H ➡ 승용차, 10번째 자리 : A ➡ 2010년식)
>   • CO : 1.0% 이하   • HC : 120 ppm 이하
> ⑥ **판정** : 측정값이 기준값 범위를 벗어났으므로 ☑ 불량에 표시한다.
> ⑦ **득점** : 감독위원이 해당 문항을 채점하고 점수를 기록한다.

※ 감독위원이 제시한 자동차등록증(또는 차대번호)을 활용하여 차종 및 연식을 적용한다.

※ HC 측정값은 소수 첫째 자리 이하를 버림하여 기입한다.   ※ CO 측정값은 소수 둘째 자리 이하를 버림하여 기입한다.

※ 자동차 검사기준 및 방법에 의하여 기록 · 판정한다.

2 CO와 HC 배출량이 기준값보다 높게 측정될 경우

측정 항목	자동차 번호 :		비번호		감독위원 확 인	
	측정(또는 점검)				판정 (□에 'V'표)	득점
	측정값	기준값				
CO	3.2%	1.0% 이하			☐ 양호	
HC	880 ppm	120 ppm 이하			☑ 불량	

3 배기가스 배출 허용 기준값(CO, HC)　[개정 2015.7.21.]

차 종		제작일자	일산화탄소	탄화수소	공기 과잉률
경자동차		1997년 12월 31일 이전	4.5% 이하	1200 ppm 이하	1±0.1 이내 기화기식 연료 공급장치 부착 자동차는 1±0.15 이내 촉매 미부착 자동차는 1±0.20 이내
		1998년 1월 1일부터 2000년 12월 31일까지	2.5% 이하	400 ppm 이하	
		2001년 1월 1일부터 2003년 12월 31일까지	1.2% 이하	220 ppm 이하	
		2004년 1월 1일 이후	1.0% 이하	150 ppm 이하	
승용자동차		1987년 12월 31일 이전	4.5% 이하	1200 ppm 이하	
		1988년 1월 1일부터 2000년 12월 31일까지	1.2% 이하	220 ppm 이하 (휘발유 · 알코올 자동차) 400 ppm 이하 (가스자동차)	
		2001년 1월 1일부터 2005년 12월 31일까지	1.2% 이하	220 ppm 이하	
		2006년 1월 1일 이후	1.0% 이하	120 ppm 이하	
승합 · 화물 · 특수 자동차	소형	1989년 12월 31일 이전	4.5% 이하	1200 ppm 이하	
		1990년 1월 1일부터 2003년 12월 31일까지	2.5% 이하	400 ppm 이하	
		2004년 1월 1일 이후	1.2% 이하	220 ppm 이하	
	중형 · 대형	2003년 12월 31일 이전	4.5% 이하	1200 ppm 이하	
		2004년 1월 1일 이후	2.5% 이하	400 ppm 이하	

4 배기가스 측정

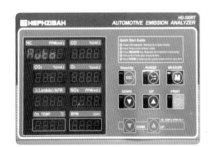

1. MEASURE(측정) : M(측정) 버튼을 누른다.

2. 측정한 배기가스를 확인한다.
   HC : 560 ppm, CO : 0.6%

3. 배기가스 측정 결과를 출력한다.

14안   산소 센서 파형 분석

엔진 4 주어진 자동차의 엔진에서 산소 센서 파형을 출력·분석하여 그 결과를 기록표에 기록하시오(측정 조건 : 공회전상태).

● 지르코니아 산소 센서 파형 분석

자동차 번호 :			비번호		감독위원 확 인	
측정 항목	**파형 상태**					**득점**
파형 측정	요구사항 조건에 맞는 파형을 프린트하여 아래 사항을 분석 후 뒷면에 첨부 • 출력된 파형에 불량 요소가 있는 경우에는 반드시 표기 및 설명되어야 함 • 파형의 주요 특징에 대하여 표기 및 설명되어야 함					

※ 공회전상태에서 측정하고 기준값은 정비지침서를 찾아 판정한다.

1 지르코니아 산소 센서 측정 파형 분석

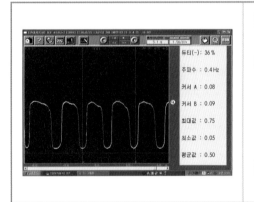

(1) 출력 전압
   ① 최솟값 : 0.05 V   ② 최댓값 : 0.75 V
(2) 배기가스 농후, 희박상태 판정
   ① 농후(오르막)구간 전압(0.2~0.6 V)의 시간 : 70 ms
      (규정값 : 100 ms 이내)
   ② 희박(내리막)구간 전압(0.6~0.2 V)의 시간 : 180 ms
      (규정값 : 300 ms 이내)
(3) 지르코니아 산소 센서 공연비 판정
   ① 희박 : 0~0.45 V   ② 농후 : 0.45~0.9 V

※ 농후, 희박 구간이 산소 센서 피드백 상태로 출력 전압이 작동되고 있는 파형이다.

2 분석 결과 및 판정

엔진 1500 rpm에서 측정된 지르코니아 산소 센서 출력 파형의 최솟값은 0.05 V이고 최댓값은 0.75 V이다. 오르막 파형에서 A와 B 투사간 전압 0.2~0.6 V에서의 측정값은 70 ms(규정값은 100 ms 이내)로 양호하며, 내리막 파형에서 A와 B 투사간 전압 0.6~0.2 V에서의 측정값도 180 ms(규정값 300 ms 이내)로 양호하다. 따라서 측정된 지르코니아 산소 센서 파형은 **양호**이다.

※ 불량일 경우 연료 및 흡기계통과 주요 센서(냉각수온 센서 및 흡입 공기 유량 센서)를 재점검한다.

● 티타니아(TiO$_2$) 산소 센서

측정 항목	파형 상태	득점
자동차 번호 :	비번호	감독위원 확 인		

측정 항목	파형 상태	득점
파형 측정	요구사항 조건에 맞는 파형을 프린트하여 아래 사항을 분석 후 뒷면에 첨부 • 출력된 파형에 불량 요소가 있는 경우에는 반드시 표기 및 설명되어야 함 • 파형의 주요 특징에 대하여 표기 및 설명되어야 함	

※ 공회전상태에서 측정하고 기준값은 지침서를 찾아 판정한다.

1 티타니아 산소 센서 파형

(1) 티타니아 산소 센서는 세라믹 절연체의 끝에 티타니아가 설치되어 있다.
(2) 티타니아가 주위의 산소 분압에 대응해서 산화, 환원되어 전기 저항이 변화하는 것을 이용하여 배기가스 중 산소 농도를 검출한다.
(3) 티타니아 산소 센서는 산소 농도에 따라 저항값이 변하는데, 그 값이 ECU에서 전압으로 바뀌므로 ECU는 배기가스 중 산소 농도를 감지하여 이론 공연비로 연료 분사량을 제어한다.

2 티타니아 산소 센서 측정 파형 분석

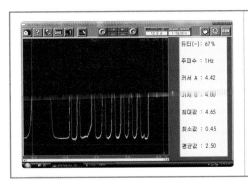

(1) 출력 전압
  ① 최솟값 : 0.45 V　　② 최댓값 : 4.65 V
(2) 규정값
  티타니아 산소 센서 출력 전압의 규정값은 0.2~4.5 V에서 주파수 약 1 Hz의 듀티 파형으로 출력된다.
(3) 티타니아 산소 센서 공연비 판정
  ① 희박 : 2.5 V 이하　　② 농후 : 2.5 V 이상

※ 공회전상태로 엔진을 약 3000 rpm으로 가속시킨 상태에서 출력 전압이 작동되고 있는 파형이다.

3 분석 결과 및 판정

엔진 3000 rpm에서 측정된 티타니아 산소 센서 출력 파형의 최솟값은 0.45 V이고 최댓값은 4.65 V이다. 측정된 파형은 희박(0.45 V), 농후(4.65 V), 주파수(1 Hz)가 정상 범위이므로 측정된 티타니아 산소 센서 파형은 **양호**이다.

※ 불량일 경우 연료 및 흡기계통과 주요 센서(냉각수온 센서 및 흡입 공기 유량 센서)를 재점검한다.

디젤 엔진 연료압력 점검

엔진 5 ▸ 주어진 전자제어 디젤 엔진에서 연료압력 조절 밸브를 탈거한 후(감독위원에게 확인), 다시 부착하여 시동을 걸고, 공회전 시 연료압력을 점검하여 기록표에 기록하시오.

1 연료압력이 규정값보다 클 경우

측정 항목	① 엔진 번호 :		② 비번호		③ 감독위원 확 인	
	측정(또는 점검)		판정 및 정비(또는 조치) 사항			⑧ 득점
	④ 측정값	⑤ 규정(정비한계)값	⑥ 판정(□에 'ᐯ'표)	⑦ 정비 및 조치할 사항		
연료압력	345 bar	220~320 bar	□ 양호 ☑ 불량	연료압력 조절기 교체 후 재점검		

① **엔진 번호** : 측정하는 엔진 번호를 기록한다(측정 엔진이 1대인 경우 생략할 수 있다).
② **비번호** : 책임관리위원(공단 본부)이 배부한 등번호(비번호)를 기록한다.
③ **감독위원 확인** : 시험 전 또는 시험 후 감독위원이 채점 후 확인한다(날인).
④ **측정값** : 연료압력 측정값을 기록한다.
   • 측정값 : 345 bar
⑤ **규정(정비한계)값** : 스캐너 내 기준값을 기록하거나 감독위원이 제시한 규정값을 기록한다.
   • 규정값 : 220~320 bar
⑥ **판정** : 측정값이 규정값 범위를 벗어났으므로 ☑ **불량**에 표시한다.
⑦ **정비 및 조치할 사항** : 판정이 불량이므로 **연료압력 조절기 교체 후 재점검**을 기록한다.
⑧ **득점** : 감독위원이 해당 문항을 채점하고 점수를 기록한다.

2 연료압력이 규정값보다 작을 경우

측정 항목	엔진 번호 :		비번호		감독위원 확 인	
	측정(또는 점검)		판정 및 정비(또는 조치) 사항			득점
	측정값	규정(정비한계)값	판정(□에 'ᐯ'표)	정비 및 조치할 사항		
연료압력	165 bar	220~320 bar	□ 양호 ☑ 불량	저압 펌프 교체 후 재점검		

※ 판정 : 연료압력 측정값이 규정값 범위를 벗어났으므로 ☑ 불량에 표시하고, 저압 펌프 교체 후 재점검한다.

3 **연료압력이 규정값 범위 내에 있을 경우**

측정 항목	측정(또는 점검)		판정 및 정비(또는 조치) 사항		득점
엔진 번호 :		비번호		감독위원 확 인	
	측정값	규정(정비한계)값	판정(□에 'ⅴ'표)	정비 및 조치할 사항	
디젤 엔진 연료압력	300 bar	220~320 bar	☑ 양호 □ 불량	정비 및 조치할 사항 없음	

4 **연료압력 규정값**(엔진 공회전상태)

차 종	연료압력	차 종	연료압력
아반떼 XD	270 bar	싼타페	220~320 bar
카렌스	220~320 bar	테라칸	220~320 bar

5 **디젤 엔진 연료압력 측정**

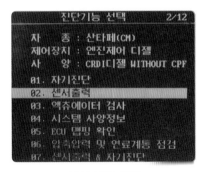

센서 출력 선택   레일 압력 측정(345 bar)

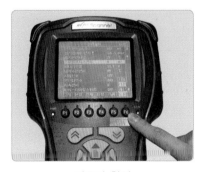

기준값 확인

연료압력이 규정값 범위를 벗어난 경우 정비 및 조치할 사항

❶ 연료압력 조절기 고장 → 연료압력 조절기 교체
❷ 연료 리턴 파이프 막힘 → 연료 리턴 파이프 교체
❸ 레일압력 센서 커넥터 탈거 → 레일압력 센서 커넥터 체결
❹ 저압 라인 연료압력이 규정값보다 낮을 때 → 저압 펌프 교체
❺ 연료압력 조절 밸브 커넥터 탈거 → 연료압력 조절 밸브 커넥터 체결

14
안

엔진

최소 회전 반지름 측정

샤시 2 주어진 자동차에서 최소회전반경을 측정하여 기록표에 기록하고, 타이로드 엔드를 탈거한 후(감독위원에게 확인), 다시 부착하여 토(toe)가 규정값이 되도록 조정하시오.

1 최소 회전 반지름이 기준값 범위 내에 있을 경우(우회전, $r = 0.3$ m일 때)

① 자동차 번호 :				② 비번호	③ 감독위원 확 인	
	측정(또는 점검)			산출 근거 및 판정		
④ 항목	⑤ 측정값		⑥ 기준값 (최소 회전 반지름)	⑦ 산출 근거	⑧ 판정 (□에 'ㅇ'표)	⑨ 득점
회전 방향 (□에 'ㅇ'표) □ 좌 ☑ 우	r	30 cm	12 m 이하	$\dfrac{3.2}{\sin 30°} + 0.3$ $= 6.7$	☑ 양호 □ 불량	
	축거	3.2 m				
	최대 조향 시 각도	좌(바퀴)	30°			
		우(바퀴)	35°			
	최소 회전 반지름	6.7 m				

① **자동차 번호** : 측정하는 자동차 번호를 기록한다(측정 차량이 1대인 경우 생략할 수 있다).

② **비번호** : 책임관리위원(공단 본부)이 배부한 등번호(비번호)를 기록한다.

③ **감독위원 확인** : 시험 전 또는 시험 후 감독위원이 채점 후 확인한다(날인).

④ **항목** : 감독위원이 제시하는 회전 방향에 ☑ 표시를 한다(운전석 착석 시 좌우 기준). ☑ 우

⑤ **측정값** : 측정한 값을 기록한다.
- r : 30 cm
- 축거 : 3.2 m
- 조향각도 : 좌 – 30°, 우 – 35°
- 최소 회전 반지름 : 6.7 m

⑥ **기준값** : 최소 회전 반지름의 기준값 12 m 이하를 기록한다.

⑦ **산출 근거** : $R = \dfrac{L}{\sin \alpha} + r$ $\therefore R = \dfrac{3.2}{\sin 30°} + 0.3 = 6.7$
- R : 최소 회전 반지름(m)
- $\sin \alpha$: 바깥쪽 앞바퀴의 조향각도($\sin 30° = 0.5$)
- L : 축거(m)
- r : 바퀴 접지면 중심과 킹핀과의 거리(0.3 m)

⑧ **판정** : 측정값이 기준값 범위 내에 있으므로 ☑ 양호에 표시한다.

⑨ **득점** : 감독위원이 해당 문항을 채점하고 점수를 기록한다.

※ 회전 방향 및 바퀴의 접지면 중심과 킹핀과의 거리(r)는 감독위원이 제시한다.

※ 자동차 검사기준 및 방법에 의하여 기록·판정한다.

※ 산출 근거에는 단위를 기록하지 않아도 된다.

14안 제동력 측정

샤시 4 3항의 작업 자동차에서 감독위원 지시에 따라 전(앞) 또는 후(뒤) 제동력을 측정하여 기록표에 기록하시오.

1 제동력 편차와 합이 기준값 범위 내에 있을 경우(앞바퀴)

① 자동차 번호 :					② 비번호		③ 감독위원 확 인		
측정(또는 점검)					산출 근거 및 판정				
④ 항목	구분	⑤ 측정값 (kgf)	⑥ 기준값 (□에 'V'표)		⑦ 산출 근거		⑧ 판정 (□에 'V'표)		⑨ 득점
제동력 위치 (□에 'V'표) ☑ 앞 □ 뒤	좌	220 kgf	☑ 앞 □ 뒤 축중의		편차	$\dfrac{250-220}{630} \times 100 = 4.76$	☑ 양호 □ 불량		
	우	250 kgf	편차	8.0% 이하	합	$\dfrac{250+220}{630} \times 100 = 74.60$			
			합	50% 이상					

① **자동차 번호** : 측정하는 자동차 번호를 기록한다(측정 차량이 1대인 경우 생략할 수 있다).

② **비번호** : 책임관리위원(공단 본부)이 배부한 등번호(비번호)를 기록한다.

③ **감독위원 확인** : 시험 전 또는 시험 후 감독위원이 채점 후 확인한다(날인).

④ **항목** : 감독위원이 지정하는 축에 ☑ 표시를 한다.　•위치 : ☑ 앞

⑤ **측정값** : 제동력을 측정한 값을 기록한다.　•좌 : 220 kgf　•우 : 250 kgf

⑥ **기준값** : 검사 기준에 따라 제동력 편차와 합의 기준값을 기록한다.

　　　•편차 : 앞 축중의 **8.0% 이하**　•합 : 앞 축중의 **50% 이상**

⑦ **산출 근거** : 공식에 대입하여 산출한 계산식을 기록한다.

　　　•편차 : $\dfrac{250-220}{630} \times 100 = 4.76$　•합 : $\dfrac{250+220}{630} \times 100 = 74.60$

⑧ **판정** : 앞바퀴 제동력의 편차와 합이 기준값 범위 내에 있으므로 ☑ 양호에 표시한다.

⑨ **득점** : 감독위원이 해당 문항을 채점하고 점수를 기록한다.

※ 측정 차량은 크루즈 1.5DOHC A/T의 공차 중량(1130 kgf)의 앞(전) 축중(630 kgf)으로 산출하였다.

■ **제동력 계산**

- 앞바퀴 제동력의 편차 $= \dfrac{\text{큰 쪽 제동력} - \text{작은 쪽 제동력}}{\text{해당 축중}} \times 100$ ➡ 앞 축중의 8.0% 이하이면 양호

- 앞바퀴 제동력의 총합 $= \dfrac{\text{좌우 제동력의 합}}{\text{해당 축중}} \times 100$ ➡ 앞 축중의 50% 이상이면 양호

※ 측정 위치는 감독위원이 지정하는 위치의 □에 'V' 표시한다.　※ 자동차 검사 기준 및 방법에 의하여 기록·판정한다.
※ 측정값의 단위는 시험장비 기준으로 기록한다.　※ 산출 근거에는 단위를 기록하지 않아도 된다.

2 제동력 편차가 기준값보다 클 경우(앞바퀴)

자동차 번호 :				비번호			감독위원 확 인	
측정(또는 점검)				산출 근거 및 판정				득점
항목	구분	측정값 (kgf)	기준값 (□에 '∨'표)		산출 근거		판정 (□에 '∨'표)	
제동력 위치 (□에 '∨'표) ☑ 앞 □ 뒤	좌	260 kgf	☑ 앞 축중의 □ 뒤	편차	$\dfrac{260-130}{630} \times 100 = 20.63$		□ 양호 ☑ 불량	
			편차 8.0% 이하					
	우	130 kgf	합 50% 이상	합	$\dfrac{260+130}{630} \times 100 = 61.90$			

■ 제동력 계산

- 앞바퀴 제동력의 편차 $= \dfrac{260-130}{630} \times 100 = 20.63\% > 8\%$ ➡ 불량

- 앞바퀴 제동력의 총합 $= \dfrac{260+130}{630} \times 100 = 61.90\% \geq 50\%$ ➡ 양호

3 제동력 측정

제동력 측정

측정값(좌 : 220 kgf, 우 : 250 kgf)

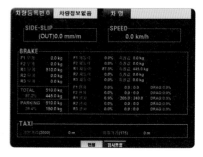

결과 출력

제동력 측정 시 유의사항

❶ 시험장 여건에 따라 감독위원이 임의의 측정값을 제시한 후 제동력 편차와 합을 계산하기도 한다.
❷ 제동력 측정 시 브레이크 페달 압력을 최대한 유지한 상태에서 측정값을 확인한다.
❸ 앞 축중 또는 뒤 축중 측정 시 측정 상태를 정확하게 확인한 후 제동력 시험기의 모니터 출력값을 확인한다.
❹ 측정이 끝나면 편차와 합을 계산하고 기록표를 작성한 후 감독위원에게 제출한다.

14안   ABS 자기진단

섀시 5   주어진 자동차의 ABS에서 자기진단기(스캐너)를 이용하여 각종 센서 및 시스템 작동상태를 점검하고 기록표에 기록하시오.

1 유온 센서, 인히비터 스위치 커넥터가 탈거된 경우

측정 항목	① 자동차 번호 :		② 비번호		③ 감독위원 확 인	
	측정(또는 점검)		⑥ 정비 및 조치할 사항			⑦ 득점
	④ 고장 부분	⑤ 내용 및 상태				
ABS 자기진단	유온 센서	커넥터 탈거	유온 센서 및 인히비터 스위치 커넥터 체결, ECU 과거 기억 소거 후 재점검			
	인히비터 스위치	커넥터 탈거				

① **자동차 번호** : 측정하는 자동차 번호를 기록한다(측정 차량이 1대인 경우 생략할 수 있다).
② **비번호** : 책임관리위원(공단 본부)이 배부한 등번호(비번호)를 기록한다.
③ **감독위원 확인** : 시험 전 또는 시험 후 감독위원이 채점 후 확인한다(날인).
④ **고장 부분** : 스캐너 자기진단으로 확인된 고장 부분을 기록한다.
        • 고장 부분 : **유온 센서, 인히비터 스위치**
⑤ **내용 및 상태** : 고장 부분으로 확인된 내용 및 상태를 기록한다.
        • 내용 및 상태 : **커넥터 탈거**
⑥ **정비 및 조치할 사항** : 유온 센서, 인히비터 스위치 커넥터가 탈거되었으므로 유온 센서 및 인히비터 스위치 커넥터 체결, ECU 과거 기억 소거 후 재점검을 기록한다.
⑦ **득점** : 감독위원이 해당 문항을 채점하고 점수를 기록한다.

2 앞 좌측, 뒤 우측 휠 스피드 센서 커넥터가 탈거된 경우

측정 항목	자동차 번호 :		비번호		감독위원 확 인	
	측정(또는 점검)		정비 및 조치할 사항			득점
	고장 부분	내용 및 상태				
ABS 자기진단	앞 좌측 휠 스피드 센서	커넥터 탈거	앞 좌측 및 뒤 우측 휠 스피드 센서 커넥터 체결, ECU 과거 기억 소거 후 재점검			
	뒤 우측 휠 스피드 센서	커넥터 탈거				

시동모터 점검

전기 1 주어진 자동차에서 시동모터를 탈거한 후(감독위원에게 확인), 다시 부착하여 작동상태를 확인하고, 크랭킹 시 전류 소모 및 전압 강하 시험하여 기록표에 기록하시오.

1 전압 강하 측정값은 규정값보다 작고 전류 소모는 규정값보다 클 경우

측정 항목	측정(또는 점검)		판정 및 정비(또는 조치) 사항		⑧ 득점
① 자동차 번호 :			② 비번호	③ 감독위원 확 인	
측정 항목	④ 측정값	⑤ 규정(정비한계)값	⑥ 판정(□에 'V'표)	⑦ 정비 및 조치할 사항	⑧ 득점
전압 강하	8 V	9.6 V 이상	□ 양호 ☑ 불량	엔진 점검 정비	
전류 소모	200 A	240 A 이하 (규정값 제시)			

① **자동차 번호** : 측정하는 자동차 번호를 기록한다(측정 차량이 1대인 경우 생략할 수 있다).
② **비번호** : 책임관리위원(공단 본부)이 배부한 등번호(비번호)를 기록한다.
③ **감독위원 확인** : 시험 전 또는 시험 후 감독위원이 채점 후 확인한다(날인).
④ **측정값** : 전압 강하, 전류 소모를 측정한 값을 기록한다.
   • 전압 강하 : 8 V   • 전류 소모 : 200 A
⑤ **규정(정비한계)값** : 감독위원이 제시한 값이나 정비지침서를 보고 규정값을 기록한다.
   • 전압 강하 : **9.6 V 이상** (축전지 전압 12 V의 80%(12 V $\times$ 0.8 = 9.6 V) 이상)
   • 전류 소모 : **240 A 이하** (규정값 제시)
⑥ **판정** : 전압 강하 측정값이 규정값 범위를 벗어났으므로 ☑ **불량**에 표시한다.
⑦ **정비 및 조치할 사항** : 판정이 불량이므로 **엔진 점검 정비**를 기록한다.
⑧ **득점** : 감독위원이 해당 문항을 채점하고 점수를 기록한다.

※ 규정값은 감독위원이 제시한 값으로 작성하고 측정 · 판단한다.

2 크랭킹 전압 강하, 전류 소모 규정값

항 목	전압 강하(V)	전류 소모(A)
일반적인 규정값	축전지 전압의 80% 이상	축전지 용량의 3배 이하
❸ (12 V, 80 AH) (측정 축전지 참고)	9.6 V 이상	240 A 이하 (감독위원이 제시할 수 있다.)

전조등 점검

전기 2 주어진 자동차에서 전조등 시험기로 전조등을 점검하여 기록표에 기록하시오.

1 광도와 광축이 기준값 범위 내에 있을 경우 (좌측 전조등, 2등식)

① 자동차 번호 :			② 비번호		③ 감독위원 확 인	
측정(또는 점검)					⑦ 판정 (□에 'V'표)	⑧ 득점
④ 구분	항목	⑤ 측정값		⑥ 기준값		
(□에 'V'표) 위치 : ☑ 좌 □ 우 등식 : ☑ 2등식 □ 4등식	광도	18000 cd		15000 cd 이상	☑ 양호 □ 불량	
	광축	☑ 상 □ 하 (□에 'V'표)	5 cm	10 cm 이하	☑ 양호 □ 불량	
		☑ 좌 □ 우 (□에 'V'표)	15 cm	15 cm 이하	☑ 양호 □ 불량	

① **자동차 번호** : 측정하는 자동차 번호를 기록한다(측정 차량이 1대인 경우 생략할 수 있다).
② **비번호** : 책임관리위원(공단 본부)이 배부한 등번호(비번호)를 기록한다.
③ **감독위원 확인** : 시험 전 또는 시험 후 감독위원이 채점 후 확인한다(날인).
④ **구분** : 감독위원이 지정한 위치와 등식에 ☑ 표시를 한다(운전석 착석 시 좌우 기준).
   • 위치 : ☑ 좌   • 등식 : ☑ 2등식
⑤ **측정값** : 광도와 광축을 측정한 값을 기록한다.
   • 광도 : 18000 cd   • 광축 : 상 – 5 cm, 좌 – 15 cm
⑥ **기준값** : 검사 기준값을 수험자가 암기하여 기록한다.
   • 광도 : 15000 cd 이상   • 광축 : 상 – 10 cm 이하, 좌 – 15 cm 이하
⑦ **판정** : 광도 및 광축이 모두 기준값 범위 내에 있으므로 각각 ☑ **양호**에 표시한다.
⑧ **득점** : 감독위원이 해당 문항을 채점하고 점수를 기록한다.

※ 측정 위치는 감독위원이 지정하는 위치의 □에 'V'표시한다.   ※ 자동차 검사기준 및 방법에 의하여 기록·판정한다.

전조등에서 좌·우측등이 상향과 하향으로 분리되어 작동되는 것은 4등식이며, 상향과 하향이 하나의 등에서 회로 구성이 되어 작동되는 것은 2등식이다(차종별 정비지침서, 전기 회로도 참고).

14안   에탁스 와이퍼 신호 점검

`전기 3` 주어진 자동차에서 와이퍼 간헐(INT)시간 조정 스위치 조작 시 편의장치(ETACS 또는 ISU) 커넥터에서 스위치 신호(전압)를 측정하고 이상 여부를 확인하여 기록표에 기록하시오.

1 와이퍼 신호 측정 전압이 규정값보다 클 경우

① 자동차 번호 :			② 비번호		③ 감독위원 확 인	
점검 항목	④ 측정(또는 점검)		판정 및 정비(또는 조치) 사항			⑦ 득점
			⑤ 판정(□에 '∨'표)	⑥ 정비 및 조치할 사항		
와이퍼 간헐 시간조정 스위치 위치별 작동신호	INT S/W 전압	ON : 0 V OFF : 8 V	□ 양호 ☑ 불량	에탁스 교체 후 재점검		
	INT 스위치 위치별 전압	FAST(빠름)~SLOW(느림) 전압 기록 : 0~3.5 V				

① **자동차 번호** : 측정하는 자동차 번호를 기록한다(측정 차량이 1대인 경우 생략할 수 있다).
② **비번호** : 책임관리위원(공단 본부)이 배부한 등번호(비번호)를 기록한다.
③ **감독위원 확인** : 시험 전 또는 시험 후 감독위원이 채점 후 확인한다(날인).
④ **측정(또는 점검)** : 와이퍼 간헐 시간 조정 스위치 위치별 작동신호를 측정한 값을 기록한다.
       • INT S/W 전압 : ON - 0 V, OFF - 8 V
       • INT 스위치 위치별 전압 : 0~3.5 V
⑤ **판정** : 측정값이 규정값 범위를 벗어났으므로 ☑ **불량**에 표시한다.
⑥ **정비 및 조치할 사항** : 판정이 불량이므로 **에탁스 교체 후 재점검**을 기록한다.
⑦ **득점** : 감독위원이 해당 문항을 채점하고 점수를 기록한다.

2 와이퍼 간헐시간 조정 작동 전압 규정값

입출력 요소	항목	조건	전압
입력	INT(간헐) 스위치	OFF	5 V
		INT 선택	0 V
출력	INT 가변 볼륨	FAST(빠름)	0 V
		SLOW(느림)	3.8 V

자동차정비산업기사

부록

실기시험문제

자동차정비산업기사 실기시험은

1~14안에서 엔진, 섀시, 전기 중 세부 항목을 조합하여 출제되며 일부 내용이 변경될 수 있습니다.

1~14안으로 충분한 시험 대비가 가능하므로 성실하게 실기시험을 준비하시기 바랍니다!!

국가기술자격 실기시험문제 1안

자격종목	자동차정비산업기사	과제명	자동차정비작업

비번호 : 시험시간 : 5시간 30분(엔진 : 140분, 섀시 : 120분, 전기 : 70분)

[시험 안 및 요구사항 일부 내용이 변경될 수 있음]

❶ 주어진 엔진을 기록표의 측정 항목까지 분해하여 기록표의 요구사항을 측정 및 점검하고 본래 상태로 조립하시오.

❷ 주어진 자동차의 전자제어 엔진에서 감독위원의 지시에 따라 1가지 부품을 탈거한 후(감독위원에게 확인), 다시 부착하고 시동에 필요한 관련 부분의 이상개소(시동회로, 점화회로, 연료장치 중 2개소)를 점검 및 수리하여 시동하시오.

❸ ❷항의 시동된 엔진에서 공회전 속도를 확인하고 감독위원의 지시에 따라 배기가스를 측정하여 기록표에 기록하시오(단, 시동이 정상적으로 되지 않은 경우 본 항의 작업은 할 수 없다).

❹ 주어진 자동차의 엔진에서 맵 센서의 파형을 분석하여 그 결과를 기록표에 기록하시오(측정 조건 : 급가감속 시).

❺ 주어진 전자제어 디젤 엔진에서 인젝터를 탈거한 후(감독위원에게 확인), 다시 부착하여 시동을 걸고, 공회전 시 연료압력을 점검하여 기록표에 기록하시오.

❶ 주어진 자동차에서 전륜 현가장치의 쇽업소버를 탈거한 후(감독위원에게 확인), 다시 부착하여 작동상태를 확인하시오.

❷ 주어진 종감속 장치에서 링 기어의 백래시와 런아웃을 측정하여 기록표에 기록한 후, 백래시가 규정값이 되도록 조정하시오.

❸ ABS가 설치된 주어진 자동차에서 브레이크 패드를 탈거한 후(감독위원에게 확인), 다시 부착하여 브레이크 작동상태를 점검하시오.

❹ ❸항의 작업 자동차에서 감독위원 지시에 따라 전(앞) 또는 후(뒤) 제동력을 측정하여 기록표에 기록하시오.

❺ 주어진 자동차의 자동변속기에서 자기진단기(스캐너)를 이용하여 각종 센서 및 시스템 작동상태를 점검하고 기록표에 기록하시오.

❶ 주어진 자동차에서 시동모터를 탈거한 후(감독위원에게 확인), 다시 부착하여 작동상태를 확인하고, 크랭킹 시 전류 소모 및 전압 강하를 시험하여 기록표에 기록하시오.

❷ 주어진 자동차에서 전조등 시험기로 전조등을 점검하여 기록표에 기록하시오.

❸ 주어진 자동차에서 감광식 룸램프 기능이 작동 시 편의장치(ETACS 또는 ISU) 커넥터에서 작동 전압의 변화를 측정하고 이상 여부를 확인하여 기록표에 기록하시오.

❹ 주어진 자동차에서 와이퍼 회로를 점검하여 이상개소(2곳)를 찾아서 수리하시오.

국가기술자격 실기시험 결과기록표 1안

자격종목	자동차정비산업기사	과제명	자동차정비작업

● 기록표는 문항별 구분 절단하여 배부하고, 각 문항별로 종료 시 회수합니다.

엔진 1 크랭크축 오일 간극 측정

측정 항목	엔진 번호 :		비번호		감독위원 확 인		득점
	측정(또는 점검)		판정 및 정비(또는 조치) 사항				
	측정값	규정(정비한계)값	판정(□에 'V'표)		정비 및 조치할 사항		
크랭크축 메인 저널 오일 간극			□ 양호 □ 불량				

엔진 3 배기가스 측정

측정 항목	자동차 번호 :		비번호		감독위원 확 인		득점
	측정(또는 점검)		판정(□에 'V'표)				
	측정값	기준값					
CO			□ 양호 □ 불량				
HC							

※ 감독위원이 제시한 자동차등록증(또는 차대번호)을 활용하여 차종 및 연식을 적용합니다.
※ 자동차 심사기준 및 방법에 의하여 기록·판정합니다.
※ HC 측정값은 소수 첫째 자리 이하를 버림하여 기입합니다.
※ CO 측정값은 소수 둘째 자리 이하를 버림하여 기입합니다.

엔진 4 맵 센서 파형 분석

측정 항목	자동차 번호 :	비번호		감독위원 확 인		득점
	파형 상태					
파형 측정	요구사항 조건에 맞는 파형을 프린트하여 아래 사항을 분석 후 뒷면에 첨부 • 출력된 파형에 불량 요소가 있는 경우에는 반드시 표기 및 설명되어야 함 • 파형의 주요 특징에 대하여 표기 및 설명되어야 함					

엔진 5 디젤 엔진 연료압력 점검

엔진 번호 :			비번호		감독위원 확　인	
측정 항목	측정(또는 점검)		판정 및 정비(또는 조치) 사항			득점
	측정값	규정(정비한계)값	판정(□에 'V' 표)	정비 및 조치할 사항		
연료압력			□ 양호 □ 불량			

섀시 2 링 기어 점검

엔진 번호 :			비번호		감독위원 확　인	
측정 항목	측정(또는 점검)		판정 및 정비(또는 조치) 사항			득점
	측정값	규정(정비한계)값	판정(□에 'V' 표)	정비 및 조치할 사항		
백래시			□ 양호 □ 불량			
런아웃						

섀시 4 제동력 측정

자동차 번호 :				비번호		감독위원 확　인	
측정(또는 점검)				산출 근거 및 판정			득점
항목	구분	측정값 (kgf)	기준값 (□에 'V' 표)	산출 근거		판정 (□에 'V' 표)	
제동력 위치 (□에 'V' 표) □ 앞 □ 뒤	좌		□ 앞 축중의 □ 뒤	편차		□ 양호 □ 불량	
			편차	합			
	우		합				

※ 측정 위치는 감독위원이 지정하는 위치의 □에 'V' 표시합니다.　　※ 자동차 검사기준 및 방법에 의하여 기록 · 판정합니다.
※ 측정값의 단위는 시험장비 기준으로 기록합니다.　　　　　　　　※ 산출 근거에는 단위를 기록하지 않아도 됩니다.

섀시 5 자동변속기 자기진단

자동차 번호 :			비번호		감독위원 확　인	
측정 항목	측정(또는 점검)		정비 및 조치할 사항			득점
	고장 부분	내용 및 상태				
자기진단						

전기 1 시동모터 점검

자동차 번호 :			비번호		감독위원 확　인	
측정 항목	측정(또는 점검)		판정 및 정비(또는 조치) 사항			득점
	측정값	규정(정비한계)값	판정(□에 'V' 표)	정비 및 조치할 사항		
전압 강하			□ 양호 □ 불량			
전류 소모						

※ 규정값은 감독위원이 제시한 값으로 작성하고 측정·판정합니다.

전기 2 전조등 점검

자동차 번호 :				비번호		감독위원 확　인	
측정(또는 점검)						판정 (□에 'V' 표)	득점
구분	항목	측정값		기준값			
(□에 'V' 표) 위치 : □ 좌 □ 우 등식 : □ 2등식 □ 4등식	광도			＿＿＿＿＿ 이상		□ 양호 □ 불량	
	광축	□ 상 □ 하 (□에 'V' 표)				□ 양호 □ 불량	
		□ 좌 □ 우 (□에 'V' 표)				□ 양호 □ 불량	

※ 측정 위치는 감독위원이 지정하는 위치의 □에 'V' 표시합니다.
※ 자동차 검사기준 및 방법에 의하여 기록·판정합니다.

전기 3 감광식 룸램프 점검

자동차 번호 :			비번호		감독위원 확　인	
점검 항목	측정(또는 점검)		판정 및 정비(또는 조치) 사항			득점
	감광 시간	전압(V) 변화	판정(□에 'V' 표)	정비 및 조치할 사항		
작동 변화		→	□ 양호 □ 불량			

국가기술자격 실기시험문제 2안

자격종목	자동차정비산업기사	과제명	자동차정비작업

비번호 :　　　　　　　　시험시간 : 5시간 30분(엔진 : 140분, 섀시 : 120분, 전기 : 70분)

[시험 안 및 요구사항 일부 내용이 변경될 수 있음]

1 엔진

❶ 주어진 엔진을 기록표의 측정 항목까지 분해하여 기록표의 요구사항을 측정 및 점검하고 본래 상태로 조립하시오.

❷ 주어진 자동차의 전자제어 엔진에서 감독위원의 지시에 따라 1가지 부품을 탈거한 후(감독위원에게 확인), 다시 부착하고 시동에 필요한 관련 부분의 이상개소(시동회로, 점화회로, 연료장치 중 2개소)를 점검 및 수리하여 시동하시오.

❸ ❷항의 시동된 엔진에서 공회전 속도를 확인하고 감독위원의 지시에 따라 인젝터 파형을 측정 및 분석하여 기록표에 기록하시오(단, 시동이 정상적으로 되지 않은 경우 본 항의 작업은 할 수 없다).

❹ 주어진 자동차의 엔진에서 맵 센서의 파형을 분석하여 그 결과를 기록표에 기록하시오(측정 조건 : 급가감속 시).

❺ 주어진 전자제어 디젤 엔진에서 연료압력 센서를 탈거한 후(감독위원에게 확인), 다시 부착하여 시동을 걸고, 매연을 측정하여 기록표에 기록하시오.

2 섀시

❶ 주어진 자동차에서 후륜 현가장치의 쇽업소버 스프링을 탈거한 후(감독위원에게 확인), 다시 부착하여 작동상태를 확인하시오.

❷ 주어진 자동차에서 최소회전반경을 측정하여 기록표에 기록하고, 타이로드 엔드를 탈거한 후(감독위원에게 확인), 다시 부착하여 토(toe)가 규정값이 되도록 조정하시오.

❸ ABS가 설치된 주어진 자동차에서 브레이크 패드를 탈거한 후(감독위원에게 확인), 다시 부착하여 브레이크 작동상태를 점검하시오.

❹ ❸항의 작업 자동차에서 감독위원 지시에 따라 전(앞) 또는 후(뒤) 제동력을 측정하여 기록표에 기록하시오.

❺ 주어진 자동차의 ABS에서 자기진단기(스캐너)를 이용하여 각종 센서 및 시스템의 작동상태를 점검하고 기록표에 기록하시오.

3 전기

❶ 주어진 자동차에서 발전기를 탈거한 후(감독위원에게 확인), 다시 부착하여 작동상태를 확인하고, 출력 전압 및 출력 전류를 점검하여 기록표에 기록하시오.

❷ 주어진 자동차에서 전조등 시험기로 전조등을 점검하여 기록표에 기록하시오.

❸ 주어진 자동차에서 센트롤 도어 록킹(도어 중앙 잠금장치) 스위치 조작 시 편의장치(ETACS 또는 ISU) 및 운전석 도어모듈(DDM) 커넥터에서 작동신호를 측정하고 이상 여부를 확인하여 기록표에 기록하시오.

❹ 주어진 자동차에서 에어컨 작동회로를 점검하여 이상개소(2곳)를 찾아서 수리하시오.

국가기술자격 실기시험 결과기록표 2안

자격종목	자동차정비산업기사	과제명	자동차정비작업

● 기록표는 문항별 구분 절단하여 배부하고, 각 문항별로 종료 시 회수합니다.

엔진 1　캠축 점검

측정 항목	엔진 번호 :		비번호		감독위원 확　인	
	측정(또는 점검)		판정 및 정비(또는 조치) 사항			득점
	측정값	규정(정비한계)값	판정(□에 'ｖ' 표)	정비 및 조치할 사항		
캠축 휨			□ 양호 □ 불량			

엔진 3　인젝터 점검

측정 항목	자동차 번호 :		비번호		감독위원 확　인	
	측정(또는 점검)		판정 및 정비(또는 조치) 사항			득점
	측정값	규정(정비한계)값	판정(□에 'ｖ' 표)	정비 및 조치할 사항		
분사 시간			□ 양호 □ 불량			
서지 전압						

※ 공회전상태에서 측정하고 기준값은 정비지침서를 찾아 판정합니다.

엔진 4　맵 센서 파형 분석

측정 항목	자동차 번호 :	비번호		감독위원 확　인	득점
	파형 상태				
파형 측정	요구사항 조건에 맞는 파형을 프린트하여 아래 사항을 분석 후 뒷면에 첨부 • 출력된 파형에 불량 요소가 있는 경우에는 반드시 표기 및 설명되어야 함 • 파형의 주요 특징에 대하여 표기 및 설명되어야 함				

엔진 5 매연 측정

엔진 번호 :					비번호		감독위원 확 인	
측정(또는 점검)					산출 근거 및 판정			득점
차종	연식	기준값	측정값	측정	산출 근거(계산) 기록	판정(□에 'ｖ' 표)		
				1회 : 2회 : 3회 :		□ 양호 □ 불량		

※ 감독위원이 제시한 자동차등록증(또는 차대번호)을 활용하여 차종 및 연식을 적용합니다.
※ 측정값은 매연 농도를 산술평균하여 소수점 이하는 버린 값으로 기입합니다.
※ 자동차 검사기준 및 방법에 의하여 기록·판정합니다.   ※ 측정 및 판정은 무부하 조건으로 합니다.

섀시 2 최소 회전 반지름 측정

자동차 번호 :				비번호		감독위원 확 인	
항목	측정(또는 점검) 및 기준값			산출 근거 및 판정			득점
	측정값		기준값 (최소 회전 반지름)	산출 근거		판정 (□에 'ｖ' 표)	
회전 방향 (□에 'ｖ'표) □ 좌 □ 우	*r*	cm				□ 양호 □ 불량	
	축거						
	최대 조향 시 각도	좌 (바퀴)					
		우 (바퀴)					
	최소 회전 반지름						

※ 회전 방향 및 바퀴의 접지면 중심과 킹핀과의 거리(*r*)는 감독위원이 제시합니다.
※ 자동차 검사기준 및 방법에 의하여 기록·판정합니다.   ※ 산출 근거에는 단위를 기록하지 않아도 됩니다.

섀시 4 제동력 측정

자동차 번호 :				비번호		감독위원 확 인	
측정(또는 점검)				산출 근거 및 판정			득점
항목	구분	측정값 (kgf)	기준값 (□에 'ｖ' 표)	산출 근거		판정 (□에 'ｖ' 표)	
제동력 위치 (□에 'ｖ' 표) □ 앞 □ 뒤	좌		□ 앞 축중의 □ 뒤	편차		□ 양호 □ 불량	
	우		편차	합			
			합				

※ 측정 위치는 감독위원이 지정하는 위치의 □에 'ｖ' 표시합니다.   ※ 자동차 검사기준 및 방법에 의하여 기록·판정합니다.
※ 측정값의 단위는 시험장비 기준으로 기록합니다.   ※ 산출 근거에는 단위를 기록하지 않아도 됩니다.

부록 ― 시험문제

섀시 5 ABS 자기진단

자동차 번호 :			비번호		감독위원 확 인	
항목	측정(또는 점검)		정비 및 조치할 사항			득점
	고장 부분	내용 및 상태				
ABS 자기진단						

전기 1 발전기 점검

자동차 번호 :			비번호		감독위원 확 인	
측정 항목	측정(또는 점검)		판정 및 정비(또는 조치) 사항			득점
	측정값	규정(정비한계)값	판정(□에 'V' 표)	정비 및 조치할 사항		
출력 전류			□ 양호 □ 불량			
출력 전압						

전기 2 전조등 점검

자동차 번호 :				비번호		감독위원 확 인	
		측정(또는 점검)				판정 (□에 'V' 표)	득점
구분	항목	측정값		기준값			
(□에 'V' 표) 위치 : □ 좌 □ 우 등식 : □ 2등식 □ 4등식	광도			＿＿＿＿＿ 이상		□ 양호 □ 불량	
	광축	□ 상 □ 하 (□에 'V' 표)				□ 양호 □ 불량	
		□ 좌 □ 우 (□에 'V' 표)				□ 양호 □ 불량	

※ 측정 위치는 감독위원이 지정하는 위치의 □에 'V' 표시합니다. ※ 자동차 검사기준 및 방법에 의하여 기록 · 판정합니다.

전기 3 센트럴 도어 록킹 스위치 회로 점검

자동차 번호 :				비번호		감독위원 확 인	
점검 항목		측정(또는 점검)		판정 및 정비(또는 조치) 사항			득점
		측정값	규정(정비한계)값	판정(□에 'V' 표)	정비 및 조치할 사항		
도어 중앙 잠금 장치 신호 (전압)	잠김	ON :		□ 양호 □ 불량			
		OFF :					
	풀림	ON :					
		OFF :					

국가기술자격 실기시험문제 3안

자격종목	자동차정비산업기사	과제명	자동차정비작업

비번호 :　　　　　　시험시간 : 5시간 30분(엔진 : 140분, 섀시 : 120분, 전기 : 70분)

[시험 안 및 요구사항 일부 내용이 변경될 수 있음]

❶ 주어진 엔진을 기록표의 측정 항목까지 분해하여 기록표의 요구사항을 측정 및 점검하고 본래 상태로 조립하시오.

❷ 주어진 자동차의 전자제어 엔진에서 감독위원의 지시에 따라 1가지 부품을 탈거한 후(감독위원에게 확인), 다시 부착하고 시동에 필요한 관련 부분의 이상개소(시동회로, 점화회로, 연료장치 중 2개소)를 점검 및 수리하여 시동하시오.

❸ ❷항의 시동된 엔진에서 공회전 속도를 확인하고, 감독위원의 지시에 따라 공회전 시 배기가스를 측정하여 기록표에 기록하시오(단, 시동이 정상적으로 되지 않은 경우 본 항의 작업은 할 수 없다).

❹ 주어진 자동차의 엔진에서 산소 센서의 파형을 출력 · 분석하여 그 결과를 기록표에 기록하시오. (측정 조건 : 공회전상태)

❺ 주어진 전자제어 디젤 엔진에서 연료압력 조절 밸브를 탈거한 후(감독위원에게 확인), 다시 부착하여 시동을 걸고, 공회전 시 연료압력을 점검하여 기록표에 기록하시오.

❶ 주어진 자동차에서 전륜 현가장치의 코일 스프링을 탈거한 후(감독위원에게 확인), 다시 부착하여 작동상태를 확인하시오.

❷ 주어진 자동차에서 휠 얼라인먼트 시험기로 캠버와 토(toe)값을 측정하여 기록표에 기록한 후, 타이로드 엔드를 탈거한 다음(감독위원에게 확인), 다시 부착하여 토(toe)가 규정값이 되도록 조정하시오.

❸ 주어진 자동차에서 브레이크 휠 실린더(또는 캘리퍼)를 탈거한 후(감독위원에게 확인), 다시 부착하여 브레이크 작동상태를 점검하시오.

❹ ❸항의 작업 자동차에서 감독위원 지시에 따라 전(앞) 또는 후(뒤) 제동력을 측정하여 기록표에 기록하시오.

❺ 주어진 자동차의 자동변속기에서 자기진단기(스캐너)를 이용하여 각종 센서 및 시스템의 작동상태를 점검하고 기록표에 기록하시오.

3 전기

❶ 주어진 자동차에서 시동모터를 탈거한 후(감독위원에게 확인), 다시 부착하여 작동상태를 확인하고, 크랭킹 시 전류 소모 및 전압 강하를 시험하여 기록표에 기록하시오.

❷ 주어진 자동차에서 전조등 시험기로 전조등을 점검하여 기록표에 기록하시오.

❸ 주어진 자동차의 에어컨 회로에서 외기온도 입력 신호값을 점검하고 이상 여부를 확인하여 기록표에 기록하시오.

❹ 주어진 자동차에서 전조등 회로를 점검하여 이상개소(2곳)를 찾아서 수리하시오.

국가기술자격 실기시험 결과기록표 3안

자격종목	자동차정비산업기사	과제명	자동차정비작업

● 기록표는 문항별 구분 절단하여 배부하고, 각 문항별로 종료 시 회수합니다.

엔진 1 크랭크축 축방향 유격 측정

측정 항목	엔진 번호 :		비번호		감독위원 확 인	
	측정(또는 점검)		판정 및 정비(또는 조치) 사항			득점
	측정값	규정(정비한계)값	판정(□에 'V'표)	정비 및 조치할 사항		
크랭크축 축방향 유격			□ 양호 □ 불량			

엔진 3 배기가스 측정

측정 항목	자동차 번호 :		비번호		감독위원 확 인	
	측정(또는 점검)		판정(□에 'V'표)			득점
	측정값	기준값				
CO			□ 양호 □ 불량			
HC						

※ 감독위원이 제시한 자동차등록증(또는 차대번호)을 활용하여 차종 및 연식을 적용합니다.
※ 자동차 검사기준 및 방법에 의하여 기록 · 판정합니다.
※ HC 측정값은 소수 첫째 자리 이하를 버림하여 기입합니다.
※ CO 측정값은 소수 둘째 자리 이하를 버림하여 기입합니다.

엔진 4 산소 센서 파형 분석

측정 항목	자동차 번호 :	비번호		감독위원 확 인	
	파형 상태				득점
파형 측정	요구사항 조건에 맞는 파형을 프린트하여 아래 사항을 분석 후 뒷면에 첨부 • 출력된 파형에 불량 요소가 있는 경우에는 반드시 표기 및 설명되어야 함 • 파형의 주요 특징에 대하여 표기 및 설명되어야 함				

엔진 5 연료압력 점검

측정 항목	엔진 번호 :		비번호		감독위원 확　인	
	측정(또는 점검)		판정 및 정비(또는 조치) 사항			득점
	측정값	규정(정비한계)값	판정(□에 '∨' 표)	정비 및 조치할 사항		
연료압력			□ 양호 □ 불량			

섀시 2 휠 얼라인먼트 점검

점검 항목	자동차 번호 :		비번호		감독위원 확　인	
	측정(또는 점검)		판정 및 정비(또는 조치) 사항			득점
	측정값	규정(정비한계)값	판정(□에 '∨' 표)	정비 및 조치할 사항		
캠버			□ 양호 □ 불량			
토(toe)						

섀시 4 제동력 측정

항목	구분	측정값 (kgf)	기준값 (□에 '∨' 표)	산출 근거		판정 (□에 '∨' 표)	득점
자동차 번호 :				비번호		감독위원 확　인	
측정(또는 점검)				산출 근거 및 판정			
제동력 위치 (□에 '∨' 표) □ 앞 □ 뒤	좌		□ 앞　축중의 □ 뒤	편차		□ 양호 □ 불량	
	우		편차	합			
			합				

※ 측정 위치는 감독위원이 지정하는 위치의 □에 '∨' 표시합니다.　※ 자동차 검사기준 및 방법에 의하여 기록ㆍ판정합니다.
※ 측정값의 단위는 시험장비 기준으로 기록합니다.　※ 산출 근거에는 단위를 기록하지 않아도 됩니다.

섀시 5 자동변속기 자기진단

측정 항목	자동차 번호 :		비번호	감독위원 확　인	
	측정(또는 점검)		정비 및 조치할 사항		득점
	고장 부분	내용 및 상태			
자기진단					

부록 ― 시험문제

전기 1 시동모터 점검

자동차 번호 :			비번호		감독위원 확 인	
측정 항목	측정(또는 점검)		판정 및 정비(또는 조치) 사항			득점
	측정값	규정(정비한계)값	판정(□에 'ˇ'표)	정비 및 조치할 사항		
전압 강하			□ 양호 □ 불량			
전류 소모						

※ 규정값은 감독위원이 제시한 값으로 작성하고 측정 · 판정합니다.

전기 2 전조등 점검

자동차 번호 :				비번호		감독위원 확 인	
측정(또는 점검)						판정 (□에 'ˇ'표)	득점
구분	항목	측정값		기준값			
(□에 'ˇ'표) 위치 : □ 좌 □ 우 등식 : □ 2등식 □ 4등식	광도			_____ 이상		□ 양호 □ 불량	
	광축	□ 상 □ 하 (□에 'ˇ'표)				□ 양호 □ 불량	
		□ 좌 □ 우 (□에 'ˇ'표)				□ 양호 □ 불량	

※ 측정 위치는 감독위원이 지정하는 위치의 □에 'ˇ' 표시합니다.
※ 자동차 검사기준 및 방법에 의하여 기록 · 판정합니다.

전기 3 전자동 에어컨 회로 점검

자동차 번호 :			비번호		감독위원 확 인	
측정 항목	측정(또는 점검)		판정 및 정비(또는 조치) 사항			득점
	측정값	규정(정비한계)값	판정(□에 'ˇ'표)	정비 및 조치할 사항		
외기 온도 입력 신호값			□ 양호 □ 불량			

국가기술자격 실기시험문제 4안

자격종목	자동차정비산업기사	과제명	자동차정비작업

비번호 :   시험시간 : 5시간 30분(엔진 : 140분, 섀시 : 120분, 전기 : 70분)

[시험 안 및 요구사항 일부 내용이 변경될 수 있음]

❶ 주어진 엔진을 기록표의 측정 항목까지 분해하여 기록표의 요구사항을 측정 및 점검하고 본래 상태로 조립하시오.

❷ 주어진 자동차의 전자제어 엔진에서 감독위원의 지시에 따라 1가지 부품을 탈거한 후(감독위원에게 확인), 다시 부착하고 시동에 필요한 관련 부분의 이상개소(시동회로, 점화회로, 연료장치 중 2개소)를 점검 및 수리하여 시동하시오.

❸ ❷항의 시동된 엔진에서 공회전상태를 확인하고, 감독위원의 지시에 따라 인젝터 파형을 분석하여 기록표에 기록하시오(단, 시동이 정상적으로 되지 않은 경우 본 항의 작업은 할 수 없다).

❹ 주어진 자동차의 엔진에서 스텝 모터(또는 ISA)의 파형을 출력·분석하여 그 결과를 기록표에 기록하시오(측정 조건 : 공회전상태).

❺ 주어진 전자제어 디젤 엔진에서 연료압력 센서를 탈거한 후(감독위원에게 확인), 다시 부착하여 시동을 걸고, 매연을 점검하여 기록표에 기록하시오.

❶ 주어진 전륜 구동 자동차에서 드라이브 액슬축을 탈거하고 액슬축 부트를 탈거한 후(감독위원에게 확인), 다시 부착하여 작동상태를 확인하시오.

❷ 주어진 자동차에서 휠 얼라인먼트 시험기로 셋백(setback)과 토(toe) 값을 측정하여 기록표에 기록하고, 타이로드 엔드를 탈거한 후(감독위원에게 확인), 다시 부착하여 토(toe)가 규정값이 되도록 조정하시오.

❸ 주어진 자동차에서 브레이크 라이닝 슈(또는 패드)를 탈거한 후(감독위원에게 확인), 다시 부착하여 브레이크 작동상태를 점검하시오.

❹ ❸항의 작업 자동차에서 감독위원 지시에 따라 전(앞) 또는 후(뒤) 제동력을 측정하여 기록표에 기록하시오.

❺ 주어진 자동차의 ABS에서 자기진단기(스캐너)를 이용하여 각종 센서 및 시스템의 작동상태를 점검하고 기록표에 기록하시오.

❶ 주어진 발전기를 분해한 후 정류 다이오드 및 로터 코일의 상태를 점검하여 기록표에 기록하고, 다시 본래대로 조립하여 작동상태를 확인하시오.

❷ 주어진 자동차에서 전조등 시험기로 전조등을 점검하여 기록표에 기록하시오.

❸ 주어진 자동차에서 열선 스위치 조작 시 편의장치(ETACS 또는 ISU) 커넥터에서 스위치 입력신호(전압)를 측정하고 이상 여부를 확인하여 기록표에 기록하시오.

❹ 주어진 자동차에서 파워윈도 회로를 점검하여 이상개소(2곳)를 찾아서 수리하시오.

국가기술자격 실기시험 결과기록표 4안

자격종목	자동차정비산업기사	과제명	자동차정비작업

● 기록표는 문항별 구분 절단하여 배부하고, 각 문항별로 종료 시 회수합니다.

엔진 1 피스톤 링 이음 간극 측정

엔진 번호 :			비번호		감독위원 확 인	
측정 항목	측정(또는 점검)		판정 및 정비(또는 조치) 사항			득점
	측정값	규정(정비한계)값	판정(□에 'V' 표)	정비 및 조치할 사항		
피스톤 링 이음 간극			□ 양호 □ 불량			

※ 감독위원이 지정하는 부위를 측정합니다.

엔진 3 인젝터 점검

엔진 번호 :			비번호		감독위원 확 인	
측정 항목	측정(또는 점검)		판정 및 정비(또는 조치) 사항			득점
			판정(□에 'V' 표)	정비 및 조치할 사항		
분사 시간			□ 양호 □ 불량			
서지 전압						

※ 공회전상태에서 측정하고 기준값은 정비지침서를 찾아 판정합니다.

엔진 4 스텝 모터 파형 분석

자동차 번호 :	비번호	감독위원 확 인	
측정 항목	파형 상태		득점
파형 측정	요구사항 조건에 맞는 파형을 프린트하여 아래 사항을 분석 후 뒷면에 첨부 • 출력된 파형에 불량 요소가 있는 경우에는 반드시 표기 및 설명되어야 함 • 파형의 주요 특징에 대하여 표기 및 설명되어야 함		

엔진 5 매연 측정

자동차 번호 :					비번호		감독위원 확　인		
측정(또는 점검)					산출 근거 및 판정				득점
차종	연식	기준값	측정값	측정	산출 근거(계산) 기록		판정(□에 'V' 표)		
				1회 : 2회 : 3회 :			□ 양호 □ 불량		

※ 자동차 감독위원이 제시한 자동차등록증(또는 차대번호)을 활용하여 차종 및 연식을 기재합니다.
※ 측정값은 매연 농도를 산술평균하여 소수점 이하는 버린 값으로 기입합니다.
※ 자동차 검사기준 및 방법에 의하여 기록 · 판정합니다.　　　　※ 측정 및 판정은 무부하 조건으로 합니다.

섀시 2 휠 얼라인먼트 점검

자동차 번호 :			비번호		감독위원 확　인	
점검 항목	측정(또는 점검)		판정 및 정비(또는 조치) 사항			득점
	측정값	규정(정비한계)값	판정(□에 'V' 표)	정비 및 조치할 사항		
셋백			□ 양호 □ 불량			
토(toe)						

섀시 4 제동력 측정

자동차 번호 :					비번호		감독위원 확　인		
측정(또는 점검)					산출 근거 및 판정				득점
항목	구분	측정값 (kgf)	기준값 (□에 'V' 표)		산출 근거		판정 (□에 'V' 표)		
제동력 위치 (□에 'V' 표) □ 앞 □ 뒤	좌		□ 앞 축중의 □ 뒤		편차		□ 양호 □ 불량		
	우		편차		합				
			합						

※ 측정 위치는 감독위원이 지정하는 위치의 □에 'V' 표시합니다.　※ 자동차 검사기준 및 방법에 의하여 기록 · 판정합니다.
※ 측정값의 단위는 시험장비 기준으로 기록합니다.　　　　　　　※ 산출 근거에는 단위를 기록하지 않아도 됩니다.

섀시 5 ABS 자기진단

자동차 번호 :			비번호		감독위원 확　인	
항목	측정(또는 점검)		정비 및 조치할 사항			득점
	고장 부분	내용 및 상태				
ABS 자기진단						

전기 1 발전기 점검

엔진 번호 :			비번호		감독위원 확 인	
측정 항목	측정(또는 점검)		판정 및 정비(또는 조치) 사항			득점
	측정값	규정(정비한계)값	판정(□에 'ㅇ' 표)	정비 및 조치할 사항		
(+) 다이오드	(양 : 개), (부 : 개)		□ 양호 □ 불량			
(–) 다이오드	(양 : 개), (부 : 개)					
로터 코일 저항						

전기 2 전조등 점검

자동차 번호 :				비번호		감독위원 확 인	
측정(또는 점검)						판정 (□에 'ㅇ' 표)	득점
구분	항목	측정값		기준값			
(□에 'ㅇ' 표) 위치 : □ 좌 □ 우 등식 : □ 2등식 □ 4등식	광도			_____ 이상		□ 양호 □ 불량	
	광축	□ 상 □ 하 (□에 'ㅇ' 표)				□ 양호 □ 불량	
		□ 좌 □ 우 (□에 'ㅇ' 표)				□ 양호 □ 불량	

※ 측정 위치는 감독위원이 지정하는 위치의 □에 'ㅇ' 표시합니다.
※ 자동차 검사기준 및 방법에 의하여 기록·판정합니다.

전기 3 열선 스위치 회로 점검

자동차 번호 :			비번호		감독위원 확 인	
측정 항목	측정(또는 점검)		판정 및 정비(또는 조치) 사항			득점
	측정값	내용 및 상태	판정(□에 'ㅇ' 표)	정비 및 조치할 사항		
열선 스위치 작동 시 전압	ON :		□ 양호 □ 불량			
	OFF :					

국가기술자격 실기시험문제 5안

자격종목	자동차정비산업기사	과제명	자동차정비작업

비번호 :　　　　　　　　　시험시간 : 5시간 30분(엔진 : 140분, 섀시 : 120분, 전기 : 70분)

[시험 안 및 요구사항 일부 내용이 변경될 수 있음]

1 엔진

❶ 주어진 엔진을 기록표의 측정 항목까지 분해하여 기록표의 요구사항을 측정 및 점검하고 본래 상태로 조립하시오.

❷ 주어진 자동차의 전자제어 엔진에서 감독위원의 지시에 따라 1가지 부품을 탈거한 후(감독위원에게 확인), 다시 부착하고 시동에 필요한 관련 부분의 이상개소(시동회로, 점화회로, 연료장치 중 2개소)를 점검 및 수리하여 시동하시오.

❸ ❷항의 시동된 엔진에서 공회전상태를 확인하고, 감독위원의 지시에 따라 배기가스를 측정하여 기록표에 기록하시오(단, 시동이 정상적으로 되지 않은 경우 본 항의 작업은 할 수 없다).

❹ 주어진 자동차의 엔진에서 점화코일의 1차 파형을 측정하고, 그 결과를 분석하여 출력물에 기록·판정하시오(측정 조건 : 공회전상태).

❺ 주어진 전자제어 디젤 엔진에서 연료압력 센서를 탈거한 후(감독위원에게 확인), 다시 부착하여 시동을 걸고, 인젝터 리턴(백리크)양을 측정하여 기록표에 기록하시오.

2 섀시

❶ 주어진 자동차의 유압클러치에서 클러치 마스터 실린더를 탈거한 후(감독위원에게 확인), 다시 부착하여 작동상태를 확인하시오.

❷ 주어진 자동차에서 휠 얼라인먼트 시험기로 캐스터와 토(toe) 값을 측정하여 기록표에 기록한 후, 타이로드 엔드를 교환하여 토(toe)가 규정값이 되도록 조정하시오.

❸ 주어진 자동차에서 후륜의 브레이크 휠 실린더를 교환(탈·부착)하고, 브레이크 및 허브 베어링 작동상태를 점검하시오.

❹ ❸항의 작업 자동차에서 감독위원 지시에 따라 전(앞) 또는 후(뒤) 제동력을 측정하여 기록표에 기록하시오.

❺ 주어진 자동차의 자동변속기에서 자기진단기(스캐너)를 이용하여 각종 센서 및 시스템의 작동상태를 점검하고 기록표에 기록하시오.

3 전기

❶ 자동차에서 에어컨 벨트와 블로어 모터를 탈거한 후(감독위원에게 확인), 다시 부착하여 작동상태를 확인하고, 에어컨 압력을 측정하여 기록표에 기록하시오.

❷ 주어진 자동차에서 전조등 시험기로 전조등을 점검하여 기록표에 기록하시오.

❸ 주어진 자동차에서 와이퍼 간헐(INT) 시간 조정 스위치 조작 시 편의장치(ETACS 또는 ISU) 커넥터에서 스위치 신호(전압)를 측정하고 이상 여부를 확인하여 기록표에 기록하시오.

❹ 주어진 자동차에서 미등 및 제동등(브레이크) 회로를 점검하여 이상개소(2곳)를 찾아서 수리하시오.

국가기술자격 실기시험 결과기록표 5안

자격종목	자동차정비산업기사	과제명	자동차정비작업

● 기록표는 문항별 구분 절단하여 배부하고, 각 문항별로 종료 시 회수하시오.

엔진 1 오일펌프 점검

엔진 번호 :			비번호		감독위원 확　인	
측정 항목	측정(또는 점검)		판정 및 정비(또는 조치) 사항			득점
	측정값	규정(정비한계)값	판정(□에 'V'표)	정비 및 조치할 사항		
오일 펌프 사이드 간극			□ 양호 □ 불량			

※ 감독위원이 지정하는 부위를 측정합니다.

엔진 3 배기가스 측정

자동차 번호 :			비번호		감독위원 확　인	
측정 항목	측정(또는 점검)		판정(□에 'V'표)			득점
	측정값	기준값				
CO			□ 양호 □ 불량			
HC						

※ 감녹위원이 제시한 자동차등록증(또는 차대번호)을 활용하여 차종 및 연식을 적용합니다.
※ 자동차 검사기준 및 방법에 의하여 기록·판정합니다.
※ HC 측정값은 소수 첫째 자리 이하를 버림하여 기입합니다.
※ CO 측정값은 소수 둘째 자리 이하를 버림하여 기입합니다.

엔진 4 점화 코일(DLIS) 1차 파형 분석

자동차 번호 :		비번호		감독위원 확　인	
측정 항목	파형 상태				득점
파형 측정	요구사항 조건에 맞는 파형을 프린트하여 아래 사항을 분석 후 뒷면에 첨부 • 파형에 불량 요소가 있는 경우에는 반드시 표기 및 설명 되어야 함 • 파형의 주요 특징에 대하여 표기 및 설명 되어야 함				

엔진 5 인젝터 리턴(백리크) 양 측정

자동차 번호 :						비번호		감독위원 확 인	
측정(또는 점검)						판정 및 정비(또는 조치) 사항			득점
측정값					규정(정비한계)값	판정(□에 'ㅇ' 표)	정비 및 조치할 사항		
1	2	3	4	5	6		□ 양호 □ 불량		

※ 실린더 수에 맞게 측정합니다.

섀시 2 휠 얼라인먼트 점검

자동차 번호 :			비번호		감독위원 확 인	
점검 항목	측정(또는 점검)		판정 및 정비(또는 조치) 사항			득점
	측정값	규정(정비한계)값	판정(□에 'ㅇ' 표)	정비 및 조치할 사항		
캐스터			□ 양호 □ 불량			
토(toe)						

섀시 4 제동력 측정

자동차 번호 :				비번호		감독위원 확 인	
측정(또는 점검)				산출 근거 및 판정			득점
항목	구분	측정값 (kgf)	기준값 (□에 'ㅇ' 표)	산출 근거		판정 (□에 'ㅇ' 표)	
제동력 위치 (□에 'ㅇ' 표) □ 앞 □ 뒤	좌		□ 앞 축중의 □ 뒤	편차		□ 양호 □ 불량	
			편차				
	우		합	합			

※ 측정 위치는 감독위원이 지정하는 위치의 □에 'ㅇ' 표시합니다.   ※ 자동차 검사기준 및 방법에 의하여 기록 · 판정합니다.
※ 측정값의 단위는 시험장비 기준으로 기록합니다.   ※ 산출 근거에는 단위를 기록하지 않아도 됩니다.

섀시 5 자동변속기 자기진단

자동차 번호 :			비번호		감독위원 확 인	
측정 항목	측정(또는 점검)		정비 및 조치할 사항			득점
	고장 부분	내용 및 상태				
자기진단						

전기 1 　 에어컨 라인 압력 점검

자동차 번호 :			비번호		감독위원 확　인	
측정 항목	측정(또는 점검)		판정 및 정비(또는 조치) 사항			득점
	측정값	규정(정비한계)값	판정(□에 'ᐯ' 표)	정비 및 조치할 사항		
저압			□ 양호 □ 불량			
고압						

전기 2 　 전조등 점검

자동차 번호 :				비번호		감독위원 확　인	
측정(또는 점검)						판정 (□에 'ᐯ' 표)	득점
구분	항목	측정값		기준값			
(□에 'ᐯ' 표) 위치 : □ 좌 □ 우 등식 : □ 2등식 □ 4등식	광도			＿＿＿＿＿＿ 이상		□ 양호 □ 불량	
	광축	□ 상 □ 하 (□에 'ᐯ' 표)				□ 양호 □ 불량	
		□ 좌 □ 우 (□에 'ᐯ' 표)				□ 양호 □ 불량	

※ 측정 위치는 감독위원이 지정하는 위치의 □에 'ᐯ' 표시합니다.
※ 자동차 검사기준 및 방법에 의하여 기록·판정합니다.

전기 3 　 와이퍼 스위치 시후 점검

자동차 번호 :			비번호		감독위원 확　인	
점검 항목	측정(또는 점검)		판정 및 정비(또는 조치) 사항			득점
			판정(□에 'ᐯ' 표)	정비 및 조치할 사항		
와이퍼 간헐 시간 조정 스위치 위치별 작동 신호	INT S/W 전압	ON : OFF :	□ 양호 □ 불량			
	IN 스위치 위치별 전압	FAST(빠름)~SLOW(느림) 전압 기록 : ＿＿＿＿＿				

국가기술자격 실기시험문제 6안

자격종목	자동차정비산업기사	과제명	자동차정비작업

비번호 :　　　　　　시험시간 : 5시간 30분(엔진 : 140분, 섀시 : 120분, 전기 : 70분)

[시험 안 및 요구사항 일부 내용이 변경될 수 있음]

❶ 주어진 엔진을 기록표의 측정 항목까지 분해하여 기록표의 요구사항을 측정 및 점검하고 본래 상태로 조립하시오.

❷ 주어진 자동차의 전자제어 엔진에서 감독위원의 지시에 따라 1가지 부품을 탈거한 후(감독위원에게 확인), 다시 부착하고 시동에 필요한 관련 부분의 이상개소(시동회로, 점화회로, 연료장치 중 2개소)를 점검 및 수리하여 시동하시오.

❸ ❷항의 시동된 엔진에서 공회전상태를 확인하고, 감독위원의 지시에 따라 연료 공급 시스템의 연료압력을 측정하여 기록표에 기록하시오(단, 시동이 정상적으로 되지 않은 경우 본 항의 작업은 할 수 없다).

❹ 주어진 자동차의 엔진에서 점화코일의 1차 파형을 측정하고, 그 결과를 분석하여 출력물에 기록·판정하시오(측정 조건 : 공회전상태).

❺ 주어진 전자제어 디젤 엔진에서 연료압력 조절 밸브를 탈거한 후(감독위원에게 확인), 다시 부착하여 시동을 걸고, 매연을 측정하여 기록표에 기록하시오.

❶ 주어진 자동변속기에서 밸브 보디의 변속 조절 솔레노이드 밸브, 오일펌프 및 필터를 탈거한 후(감독위원에게 확인), 다시 부착하고 자기진단기(스캐너)를 이용하여 변속 레버의 작동상태를 확인하시오.

❷ 주어진 자동차의 브레이크에서 페달 자유 간극을 측정하여 기록표에 기록한 후, 페달 자유 간극과 페달 높이가 규정값이 되도록 조정하시오.

❸ 주어진 자동차에서 전륜의 브레이크 캘리퍼를 탈거한 후(감독위원에게 확인), 다시 부착하여 브레이크 작동상태를 점검하시오.

❹ ❸항의 작업 자동차에서 감독위원 지시에 따라 전(앞) 또는 후(뒤) 제동력을 측정하여 기록표에 기록하시오.

❺ 주어진 자동차의 ABS에서 자기진단기(스캐너)를 이용하여 각종 센서 및 시스템의 작동상태를 점검하고 기록표에 기록하시오.

❶ 주어진 기동모터를 분해한 후 전기자 코일과 솔레노이드(풀인, 홀드인) 상태를 점검하여 기록표에 기록하고, 본래 상태로 조립하여 작동상태를 확인하시오.

❷ 주어진 자동차에서 전조등 시험기로 전조등을 점검하여 기록표에 기록하시오.

❸ 주어진 자동차에서 점화 키 홀 조명 기능이 작동 시 편의장치(ETACS 또는 ISU) 커넥터에서 출력신호(전압)를 측정하고 이상 여부를 확인하여 기록표에 기록하시오.

❹ 주어진 자동차에서 경음기 회로를 점검하여 이상개소(2곳)를 찾아서 수리하시오.

국가기술자격 실기시험 결과기록표 6안

자격종목	자동차정비산업기사	과제명	자동차정비작업

● 기록표는 문항별 구분 절단하여 배부하고, 각 문항별로 종료 시 회수합니다.

엔진 1　캠축 측정

엔진 번호 :			비번호		감독위원 확　인	
측정 항목	측정(또는 점검)		판정 및 정비(또는 조치) 사항			득점
	측정값	규정(정비한계)값	판정(□에 'ㅇ' 표)	정비 및 조치할 사항		
캠 높이			□ 양호 □ 불량			

※ 감독위원이 지정하는 부위를 측정합니다.

엔진 3　연료 공급 시스템 점검

자동차 번호 :			비번호		감독위원 확　인	
측정 항목	측정(또는 점검)		판정 및 정비(또는 조치) 사항			득점
	측정값	규정(정비한계)값	판정(□에 'ㅇ' 표)	정비 및 조치할 사항		
연료압력			□ 양호 □ 불량			

※ 공회전상태에서 측정합니다.

엔진 4　점화 코일(DLIS) 파형 분석

자동차 번호 :		비번호		감독위원 확　인	
측정 항목	파형 상태				득점
파형 측정	요구사항 조건에 맞는 파형을 프린트하여 아래 사항을 분석 후 뒷면에 첨부 • 출력된 파형에 불량 요소가 있는 경우에는 반드시 표기 및 설명되어야 함 • 파형의 주요 특징에 대하여 표기 및 설명되어야 함				

엔진 5 · 매연 측정

자동차 번호 :					비번호		감독위원 확 인	
측정(또는 점검)					산출 근거 및 판정			득점
차종	연식	기준값	측정값	측정	산출 근거(계산) 기록	판정(□에 'V' 표)		
				1회 : 2회 : 3회 :		□ 양호 □ 불량		

※ 감독위원이 제시한 자동차등록증(또는 차대번호)을 활용하여 차종 및 연식을 적용합니다.
※ 측정값은 매연 농도를 산술 평균하여 소수점 이하는 버린 값으로 기입합니다.
※ 자동차 검사기준 및 방법에 의하여 기록 · 판정합니다.
※ 측정 및 판정은 무부하 조건으로 합니다.

섀시 2 · 브레이크 페달 점검

자동차 번호 :					비번호		감독위원 확 인	
항목	측정(또는 점검)				판정 및 정비(또는 조치) 사항			득점
	측정값		규정(정비한계)값		판정(□에 'V' 표)		정비 및 조치 사항	
브레이크 페달 높이					□ 양호 □ 불량			
브레이크 페달 자유 간극								

섀시 4 · 제동력 측정

자동차 번호 :					비번호		감독위원 확 인	
측정(또는 점검)					산출 근거 및 판정			득점
항목	구분	측정값 (kgf)	기준값 (□에 'V' 표)		산출 근거		판정 (□에 'V' 표)	
제동력 위치 (□에 'V' 표) □ 앞 □ 뒤	좌		□ 앞 □ 뒤 축중의		편차		□ 양호 □ 불량	
			편차					
	우		합		합			

※ 측정 위치는 감독위원이 지정하는 위치의 □에 'V' 표시합니다.　　※ 자동차 검사기준 및 방법에 의하여 기록 · 판정합니다.
※ 측정값의 단위는 시험장비 기준으로 기록합니다.　　※ 산출 근거에는 단위를 기록하지 않아도 됩니다.

섀시 5 ABS 자기진단

자동차 번호 :		비번호		감독위원 확　인	
항목	측정(또는 점검)		정비 및 조치할 사항		득점
	고장 부분	내용 및 상태			
ABS 자기진단					

전기 1 기동모터 점검

엔진 번호 :			비번호		감독위원 확　인	
점검 항목		측정(또는 점검)	판정 및 정비(또는 조치) 사항			득점
			판정(□에 'V' 표)	정비 및 조치할 사항		
전기자 코일 (단선, 단락, 접지)			□ 양호 □ 불량			
솔레노이드	풀인					
	홀드인					

전기 2 전조등 점검

자동차 번호 :				비번호		감독위원 확　인	
측정(또는 점검)					판정 (□에 'V' 표)	득점	
구분	항목	측정값		기준값			
(□에 'V' 표) 위치 : □ 좌 □ 우 등식 : □ 2등식 □ 4등식	광도			＿＿＿＿＿＿ 이상	□ 양호 □ ~~불량~~		
	광축	□ 상 □ 하 (□에 'V' 표)			□ 양호 □ 불량		
		□ 좌 □ 우 (□에 'V' 표)			□ 양호 □ 불량		

※ 측정 위치는 감독위원이 지정하는 위치의 □에 'V' 표시합니다.　※ 자동차 검사기준 및 방법에 의하여 기록 · 판정합니다.

전기 3 점화키 홀 조명 회로 점검

자동차 번호 :		비번호		감독위원 확　인	
점검 항목	측정(또는 점검)	판정 및 정비(또는 조치) 사항			득점
		판정(□에 'V' 표)	정비 및 조치할 사항		
점화키 홀 조명 출력신호(전압)	작동 : 비작동 :	□ 양호 □ 불량			

국가기술자격 실기시험문제 7안

자격종목	자동차정비산업기사	과제명	자동차정비작업

비번호 :   시험시간 : 5시간 30분(엔진 : 140분, 섀시 : 120분, 전기 : 70분)

[시험 안 및 요구사항 일부 내용이 변경될 수 있음]

1 엔진

❶ 주어진 엔진을 기록표의 측정 항목까지 분해하여 기록표의 요구사항을 측정 및 점검하고 본래 상태로 조립하시오.

❷ 주어진 자동차의 전자제어 엔진에서 감독위원의 지시에 따라 1가지 부품을 탈거한 후(감독위원에게 확인), 다시 부착하고 시동에 필요한 관련 부분의 이상개소(시동회로, 점화회로, 연료장치 중 2개소)를 점검 및 수리하여 시동하시오.

❸ ❷항의 시동된 엔진에서 공회전상태를 확인하고, 감독위원의 지시에 따라 공회전 시 배기가스를 측정하여 기록표에 기록하시오(단, 시동이 정상적으로 되지 않은 경우 본 항의 작업은 할 수 없다).

❹ 주어진 자동차의 엔진에서 흡입 공기 유량 센서의 파형을 출력 · 분석하여 그 결과를 기록표에 기록하시오(측정 조건 : 공회전상태).

❺ 주어진 전자제어 디젤 엔진에서 연료압력 조절 밸브를 탈거한 후(감독위원에게 확인), 다시 부착하여 시동을 걸고, 인젝터 리턴(백리크) 양을 측정하여 기록표에 기록하시오.

2 섀시

❶ 주어진 엔진에서 클러치 어셈블리를 탈거한 후(감독위원에게 확인), 다시 부착하여 클러치 디스크의 장착상태를 확인하시오.

❷ 주어진 자동차에서 최소회전반경을 측정하여 기록표에 기록하고, 타이로드 엔드를 탈거한 후(감독위원에게 확인), 다시 부착하여 토(toe)가 규정값이 되도록 조정하시오.

❸ 주어진 자동차에서 감독위원의 지시에 따라 브레이크 마스터 실린더를 탈거한 후(감독위원에게 확인), 다시 부착하여 브레이크 작동상태를 점검하시오.

❹ ❸항의 작업 자동차에서 감독위원 지시에 따라 전(앞) 또는 후(뒤) 제동력을 측정하여 기록표에 기록하시오.

❺ 주어진 자동차의 자동변속기에서 자기진단기(스캐너)를 이용하여 각종 센서 및 시스템의 작동상태를 점검하고 기록표에 기록하시오.

3 전기

❶ 주어진 발전기를 분해한 후 다이오드 및 브러시의 상태를 점검하여 기록표에 기록하고, 다시 본래대로 조립하여 작동상태를 확인하시오.

❷ 주어진 자동차에서 전조등 시험기로 전조등을 점검하여 기록표에 기록하시오.

❸ 주어진 자동차의 에어컨 컴프레서가 작동 중일 때 이배퍼레이터(증발기) 온도 센서 출력값을 점검하여 이상 여부를 확인하여 기록표에 기록하시오.

❹ 주어진 자동차에서 방향지시등 회로를 점검하여 이상개소(2곳)를 찾아서 수리하시오.

국가기술자격 실기시험 결과기록표 7안

자격종목	자동차정비산업기사	과제명	자동차정비작업

● 기록표는 문항별 구분 절단하여 배부하고, 각 문항별로 종료 시 회수합니다.

엔진 1 실린더 헤드 변형도 측정

엔진 번호 :			비번호		감독위원 확 인	
항목	측정(또는 점검)		판정 및 정비(또는 조치) 사항			득점
	측정값	규정(정비한계)값	판정(□에 'ᐱ' 표)	정비 및 조치할 사항		
실린더 헤드 변형도			□ 양호 □ 불량			

※ 감독위원이 지정하는 부위를 측정합니다.

엔진 3 배기가스 측정

자동차 번호 :			비번호		감독위원 확 인	
측정 항목	측정(또는 점검)		판정(□에 'ᐱ'표)			득점
	측정값	기준값				
CO			□ 양호 □ 불량			
HC						

※ 감독위원이 제시한 자동차등록증(또는 차대번호)을 활용하여 차종 및 연식을 적용합니다.
※ 자동차 검사기준 및 방법에 의하여 기록·판정합니다.
※ HC 측정값은 소수 첫째 자리 이하를 버림하여 기입합니다.
※ CO 측정값은 소수 둘째 자리 이하를 버림하여 기입합니다.

엔진 4 공기 유량 센서 파형 분석

자동차 번호 :	비번호		감독위원 확 인	
측정 항목	파형 상태			득점
파형 측정	요구사항 조건에 맞는 파형을 프린트하여 아래 사항을 분석 후 뒷면에 첨부 • 출력된 파형에 불량 요소가 있는 경우에는 반드시 표기 및 설명되어야 함 • 파형의 주요 특징에 대하여 표기 및 설명되어야 함			

엔진 5 인젝터 리턴(백리크) 양 측정

엔진 번호 :							비번호		감독위원 확 인		
측정(또는 점검)							판정 및 정비(또는 조치) 사항				득점
측정값						규정(정비한계)값	판정(□에 'ㄴ' 표)		정비 및 조치할 사항		
1	2	3	4	5	6		□ 양호 □ 불량				

※ 실린더 수에 맞게 측정합니다.

섀시 2 최소 회전 반지름 측정

자동차 번호 :				비번호		감독위원 확 인	
항목	측정(또는 점검) 및 기준값			산출 근거 및 판정			득점
	측정값		기준값 (최소 회전 반지름)	산출 근거	판정 (□에 'ㄴ' 표)		
회전 방향 (□에 'ㄴ'표) □ 좌 □ 우	r	cm			□ 양호 □ 불량		
	축거						
	최대 조향 시 각도	좌 (바퀴)					
		우 (바퀴)					
	최소 회전 반지름						

※ 회전 방향 및 바퀴의 접지면 중심과 킹핀과의 거리(r)는 감독위원이 제시합니다.
※ 자동차 검사기준 및 방법에 의하여 기록·판정합니다.　　　　※ 산출 근거에는 단위를 기록하지 않아도 됩니다.

섀시 4 제동력 측정

자동차 번호 :					비번호		감독위원 확 인	
측정(또는 점검)				산출 근거 및 판정				득점
항목	구분	측정값 (kg)	기준값 (□에 'ㄴ' 표)	산출 근거		판정 (□에 'ㄴ' 표)		
제동력 위치 (□에 'ㄴ' 표) □ 앞 □ 뒤	좌		□ 앞　축중의 □ 뒤	편차		□ 양호 □ 불량		
			편차					
	우		합	합				

※ 측정 위치는 감독위원이 지정하는 위치의 □에 'ㄴ' 표시합니다.　　※ 자동차 검사기준 및 방법에 의하여 기록·판정합니다.
※ 측정값의 단위는 시험장비 기준으로 기록합니다.　　　　　　　　※ 산출 근거에는 단위를 기록하지 않아도 됩니다.

섀시 5　자동변속기 자기진단

자동차 번호 :			비번호		감독위원 확　인	
항목	측정(또는 점검)		정비 및 조치할 사항			득점
	고장 부분	내용 및 상태				
자기진단						

전기 1　발전기 점검

엔진 번호 :		비번호		감독위원 확　인	
점검 항목	측정(또는 점검)	판정 및 정비(또는 조치) 사항			득점
		판정(□에 'V' 표)	정비 및 조치할 사항		
다이오드 (+)	(양 :　개), (부 :　개)	□ 양호 □ 불량			
다이오드 (−)	(양 :　개), (부 :　개)				
다이오드 (여자)	(양 :　개), (부 :　개)				
브러시 마모					

전기 2　전조등 점검

자동차 번호 :				비번호		감독위원 확　인	
측정(또는 점검)					판정 (□에 'V' 표)	득점	
구분	항목	측정값		기준값			
(□에 'V' 표) 위치 : □ 좌 □ 우 등식 : □ 2등식 □ 4등식	광도			＿＿＿＿＿＿ 이상	□ 양호 □ 불량		
	광축	□ 상 □ 하 (□에 'V' 표)			□ 양호 □ 불량		
		□ 좌 □ 우 (□에 'V' 표)			□ 양호 □ 불량		

※ 측정 위치는 감독위원이 지정하는 위치의 □에 'V' 표시합니다.　　※ 자동차 검사기준 및 방법에 의하여 기록 · 판정합니다.

전기 3　에어컨 이배퍼레이터 회로 점검

자동차 번호 :			비번호		감독위원 확　인	
측정 항목	측정(또는 점검)		판정 및 정비(또는 조치) 사항			득점
	측정값	규정(정비한계)값	판정(□에 'V' 표)	정비 및 조치할 사항		
이배퍼레이터 온도 센서 출력값			□ 양호 □ 불량			

국가기술자격 실기시험문제 8안

자격종목	자동차정비산업기사	과제명	자동차정비작업

비번호 :　　　　　　　　시험시간 : 5시간 30분(엔진 : 140분, 섀시 : 120분, 전기 : 70분)

[시험 안 및 요구사항 일부 내용이 변경될 수 있음]

❶ 주어진 엔진을 기록표의 측정 항목까지 분해하여 기록표의 요구사항을 측정 및 점검하고 본래 상태로 조립하시오.

❷ 주어진 자동차의 전자제어 엔진에서 감독위원의 지시에 따라 1가지 부품을 탈거한 후(감독위원에게 확인), 다시 부착하고 시동에 필요한 관련 부분의 이상개소(시동회로, 점화회로, 연료장치 중 2개소)를 점검 및 수리하여 시동하시오.

❸ ❷항의 시동된 엔진에서 증발가스 제어장치의 퍼지 컨트롤 솔레노이드 밸브를 점검하여 기록표에 기록하시오(단, 시동이 정상적으로 되지 않은 경우 본 항의 작업은 할 수 없다).

❹ 주어진 자동차의 엔진에서 점화코일의 1차 파형을 측정하고, 그 결과를 분석하여 출력물에 기록ㆍ판정하시오(측정 조건 : 공회전상태).

❺ 주어진 전자제어 디젤 엔진에서 인젝터를 탈거한 후(감독위원에게 확인), 다시 부착하여 시동을 걸고 매연을 측정하여 기록표에 기록하시오.

❶ 주어진 자동차에서 파워 스티어링 오일펌프 및 벨트를 탈거한 후(감독위원에게 확인), 다시 부착하여 공기빼기 작업을 하고 작동상태를 확인하시오.

❷ 주어진 종감속 장치에서 링 기어의 백래시와 런아웃을 측정하여 기록표에 기록한 후, 백래시가 규정값이 되도록 조정하시오.

❸ 주어진 자동차에서 후륜의 주차 브레이크 레버(또는 브레이크 슈)를 탈거한 후(감독위원에게 확인), 다시 부착하여 작동상태를 점검하시오.

❹ ❸항의 작업 자동차에서 감독위원 지시에 따라 전(앞) 또는 후(뒤) 제동력을 측정하여 기록표에 기록하시오.

❺ 주어진 자동차의 ABS에서 자기진단기(스캐너)를 이용하여 각종 센서 및 시스템 작동상태를 점검하고 기록표에 기록하시오.

❶ 주어진 자동차에서 와이퍼 모터를 탈거한 후(감독위원에게 확인), 다시 부착하여 와이퍼 브러시의 작동상태를 확인하고, 와이퍼 작동 시 소모 전류를 점검하여 기록표에 기록하시오.

❷ 주어진 자동차에서 전조등 시험기로 전조등을 점검하여 기록표에 기록하시오.

❸ 주어진 자동차의 에어컨 회로에서 외기온도 입력 신호값을 점검하여 이상 여부를 확인하여 기록표에 기록하시오.

❹ 주어진 자동차에서 미등 및 번호등 회로를 점검하여 이상개소(2곳)를 찾아서 수리하시오.

국가기술자격 실기시험 결과기록표 8안

자격종목	자동차정비산업기사	과제명	자동차정비작업

● 기록표는 문항별 구분 절단하여 배부하고, 각 문항별로 종료 시 회수합니다.

엔진 1   실린더 마모량 점검

엔진 번호 :			비번호		감독위원 확 인	
측정 항목	측정(또는 점검)		판정 및 정비(또는 조치) 사항			득점
	측정값	규정(정비한계)값	판정(□에 'V' 표)	정비 및 조치할 사항		
실린더 마모량			□ 양호 □ 불량			

※ 감독위원이 지정하는 부위를 측정합니다.

엔진 3   증발가스 제어장치 점검

자동차 번호 :			비번호		감독위원 확 인	
측정 항목	측정(또는 점검)		판정 및 정비(또는 조치) 사항			득점
	공급 전압	진공유지 또는 진공해제 기록	판정(□에 'V' 표)	정비 및 조치할 사항		
퍼지 컨트롤 솔레노이드 밸브	작동 시 :		□ 양호 □ 불량			
	비작동 시 :					

엔진 4   점화 코일(DLIS) 파형 분석

자동차 번호 :		비번호		감독위원 확 인	
측정 항목	파형 상태				득점
파형 측정	요구사항 조건에 맞는 파형을 프린트하여 아래 사항을 분석 후 뒷면에 첨부 • 파형에 불량 요소가 있는 경우에는 반드시 표기 및 설명되어야 함 • 파형의 주요 특징에 대하여 표기 및 설명되어야 함				

엔진 5 매연 측정

자동차 번호 :					비번호		감독위원 확　인	
측정(또는 점검)					산출 근거 및 판정			득점
차종	연식	기준값	측정값	측정	산출 근거(계산) 기록	판정(□에 '∨' 표)		
				1회 : 2회 : 3회 :		□ 양호 □ 불량		

※ 감독위원이 제시한 자동차등록증(또는 차대번호)을 활용하여 차종 및 연식을 적용합니다.
※ 측정값은 매연 농도를 산술 평균하여 소수점 이하는 버린 값으로 기입합니다.
※ 자동차 검사기준 및 방법에 의하여 기록 · 판정합니다.
※ 측정 및 판정은 무부하 조건으로 합니다.

섀시 2 링 기어 점검

엔진 번호 :			비번호		감독위원 확　인	
측정 항목	측정(또는 점검)		판정 및 정비(또는 조치) 사항			득점
	측정값	규정(정비한계)값	판정(□에 '∨' 표)	정비 및 조치할 사항		
백래시			□ 양호 □ 불량			
런아웃						

섀시 4 제동력 측정

자동차 번호 :					비번호		감독위원 확　인	
측정(또는 점검)					산출 근거 및 판정			득점
항목	구분	측정값 (kgf)	기준값 (□에 '∨' 표)		산출 근거		판정 (□에 '∨' 표)	
제동력 위치 (□에 '∨' 표) □ 앞 □ 뒤	좌		□ 앞 □ 뒤　축중의		편차		□ 양호 □ 불량	
			편차					
	우		합		합			

※ 측정 위치는 감독위원이 지정하는 위치의 □에 '∨' 표시합니다.　※ 자동차 검사기준 및 방법에 의하여 기록 · 판정합니다.
※ 측정값의 단위는 시험장비 기준으로 기록합니다.　※ 산출 근거에는 단위를 기록하지 않아도 됩니다.

섀시 5 ABS 자기진단

자동차 번호 :			비번호		감독위원 확 인	
항목	측정(또는 점검)		정비 및 조치할 사항			득점
	고장 부분	내용 및 상태				
ABS 자기진단						

전기 1 와이퍼 모터 소모 전류 점검

자동차 번호 :				비번호		감독위원 확 인	
측정 항목		측정(또는 점검)		판정 및 정비(또는 조치) 사항			득점
		측정값	규정(정비한계)값	판정(□에 'V' 표)	정비 및 조치할 사항		
소모 전류	LOW			□ 양호 □ 불량			
	HIGH						

전기 2 전조등 점검

자동차 번호 :			비번호		감독위원 확 인	
측정(또는 점검)					판정 (□에 'V' 표)	득점
구분	항목	측정값		기준값		
(□에 'V' 표) 위치 : □ 좌 □ 누 등식 : □ 2등식 □ 4등식	광도			_____ 이상	□ 양호 □ 불량	
	광축	□ 상 □ 하 (□에 'V' 표)			□ 양호 □ 불량	
		□ 좌 □ 우 (□에 'V' 표)			□ 양호 □ 불량	

※ 측정 위치는 감독위원이 지정하는 위치의 □에 'V' 표시합니다.   ※ 자동차 검사기준 및 방법에 의하여 기록 · 판정합니다.

전기 3 전자동 에어컨 회로 점검

자동차 번호 :			비번호		감독위원 확 인	
측정 항목	측정(또는 점검)		판정 및 정비(또는 조치) 사항			득점
	측정값	규정(정비한계)값	판정(□에 'V' 표)	정비 및 조치할 사항		
외기 온도 입력 신호값			□ 양호 □ 불량			

국가기술자격 실기시험문제 9안

자격종목	자동차정비산업기사	과제명	자동차정비작업

비번호 :　　　　　　　　시험시간 : 5시간 30분(엔진 : 140분, 섀시 : 120분, 전기 : 70분)

[시험 안 및 요구사항 일부 내용이 변경될 수 있음]

❶ 주어진 엔진을 기록표의 측정 항목까지 분해하여 기록표의 요구사항을 측정 및 점검하고 본래 상태로 조립하시오.

❷ 주어진 자동차의 전자제어 엔진에서 감독위원의 지시에 따라 1가지 부품을 탈거한 후(감독위원에게 확인), 다시 부착하고 시동에 필요한 관련 부분의 이상개소(시동회로, 점화회로, 연료장치 중 2개소)를 점검 및 수리하여 시동하시오.

❸ ❷항의 시동된 엔진에서 공회전상태를 확인하고, 공회전 시 배기가스를 측정하여 기록표에 기록하시오(단, 시동이 정상적으로 되지 않은 경우 본 항의 작업은 할 수 없다).

❹ 주어진 자동차의 엔진에서 스텝 모터(또는 ISA)의 파형을 출력·분석하여 그 결과를 기록표에 기록하시오(측정 조건 : 공회전상태).

❺ 주어진 전자제어 디젤 엔진에서 연료압력 센서를 탈거한 후(감독위원에게 확인), 다시 부착하여 시동을 걸고, 공회전 속도를 점검하여 기록표에 기록하시오.

❶ 주어진 자동차에서 파워 스티어링 오일펌프 및 벨트를 탈거한 후(감독위원에게 확인), 다시 부착하고 공기빼기 작업을 하여 작동상태를 확인하시오.

❷ 주어진 종감속 장치에서 링 기어의 백래시와 런아웃을 측정하여 기록표에 기록한 후, 백래시가 규정값이 되도록 조정하시오.

❸ 주어진 자동차에서 전륜의 브레이크 캘리퍼를 탈거한 후(감독위원에게 확인), 다시 부착하고 브레이크 작동상태를 점검하시오.

❹ ❸항의 작업 자동차에서 감독위원 지시에 따라 전(앞) 또는 후(뒤) 제동력을 측정하여 기록표에 기록하시오.

❺ 주어진 자동차의 자동변속기에서 자기진단기(스캐너)를 이용하여 각종 센서 및 시스템 작동상태를 점검하고 기록표에 기록하시오.

❶ 주어진 자동차에서 다기능(컴비네이션) 스위치를 교환(탈·부착)하여 스위치 작동상태를 확인하고, 경음기 음량 상태를 점검하여 기록표에 기록하시오.

❷ 주어진 자동차에서 전조등 시험기로 전조등을 점검하여 기록표에 기록하시오.

❸ 주어진 자동차에서 센트럴 도어 록킹(도어 중앙 잠금장치) 스위치 조작 시 편의장치(ETACS 또는 ISU) 및 운전석 도어 모듈(DDM) 커넥터에서 작동신호를 측정하고 이상 여부를 확인하여 기록표에 기록하시오.

❹ 주어진 자동차에서 와이퍼 회로를 점검하여 이상개소(2곳)를 찾아서 수리하시오.

국가기술자격 실기시험 결과기록표 9안

자격종목	자동차정비산업기사	과제명	자동차정비작업

● 기록표는 문항별 구분 절단하여 배부하고, 각 문항별로 종료 시 회수합니다.

엔진 1 크랭크축 저널 측정

엔진 번호 :			비번호		감독위원 확 인	
측정 항목	측정(또는 점검)		판정 및 정비(또는 조치) 사항			득점
	측정값	규정(정비한계)값	판정(□에 'ⅴ' 표)	정비 및 조치할 사항		
메인 저널 마모량			□ 양호 □ 불량			

※ 감독위원이 지정하는 부위를 측정합니다.

엔진 3 배기가스 측정

자동차 번호 :			비번호		감독위원 확 인	
측정 항목	측정(또는 점검)		판정(□에 'ⅴ'표)			득점
	측정값	기준값				
CO			□ 양호 □ 불량			
HC						

※ 감독위원이 제시한 자동차등록증(또는 차대번호)을 활용하여 차종 및 연식을 적용합니다.
※ 자동차 검사기준 및 방법에 의하여 기록·판정합니다.
※ HC 측정값은 소수 첫째 자리 이하를 버림하여 기입합니다.
※ CO 측정값은 소수 둘째 자리 이하를 버림하여 기입합니다.

엔진 4 스텝 모터 파형 분석

자동차 번호 :		비번호		감독위원 확 인	
측정 항목	파형 상태				득점
파형 측정	요구사항 조건에 맞는 파형을 프린트하여 아래 사항을 분석 후 뒷면에 첨부 • 출력된 파형에 불량 요소가 있는 경우에는 반드시 표기 및 설명되어야 함 • 파형의 주요 특징에 대하여 표기 및 설명되어야 함				

엔진 5 공회전 속도 점검

측정 항목	측정(또는 점검)		판정 및 정비(또는 조치) 사항		득점
엔진 번호 :		비번호		감독위원 확　인	
측정 항목	측정값	규정(정비한계)값	판정(□에 'V' 표)	정비 및 조치할 사항	득점
공회전 속도			□ 양호 □ 불량		

섀시 2 링 기어 점검

측정 항목	측정(또는 점검)		판정 및 정비(또는 조치) 사항		득점
엔진 번호 :		비번호		감독위원 확　인	
측정 항목	측정값	규정(정비한계)값	판정(□에 'V' 표)	정비 및 조치할 사항	득점
백래시			□ 양호 □ 불량		
런아웃					

섀시 4 제동력 측정

자동차 번호 :				비번호		감독위원 확　인		
측정(또는 점검)				산출 근거 및 판정				득점
항목	구분	측정값 (kgf)	기준값 (□에 'V' 표)	산출 근거		판정 (□에 'V' 표)		득점
제동력 위치 (□에 'V' 표) □ 앞 □ 뒤	좌		□ 앞 축중의 □ 뒤	편차		□ 양호 □ 불량		
		편차						
	우	합		합				

※ 측정 위치는 감독위원이 지정하는 위치의 □에 'V' 표시합니다.　※ 자동차 검사기준 및 방법에 의하여 기록 · 판정합니다.
※ 측정값의 단위는 시험장비 기준으로 기록합니다.　※ 산출 근거에는 단위를 기록하지 않아도 됩니다.

섀시 5 자동변속기 자기진단

측정 항목	측정(또는 점검)		정비 및 조치할 사항	득점
자동차 번호 :		비번호	감독위원 확　인	
측정 항목	고장 부분	내용 및 상태	정비 및 조치할 사항	득점
자기진단				

전기 1 경음기 음량 점검

측정 항목	자동차 번호 :		비번호		감독위원 확 인	
	측정(또는 점검)		판정 및 정비(또는 조치) 사항			득점
	측정값	기준값	판정(□에 'V' 표)	정비 및 조치할 사항		
경음기 음량			□ 양호 □ 불량			

※ 감독위원이 제시한 자동차등록증(차대번호)을 활용하여 차종 및 연식을 적용합니다.
※ 자동차 검사기준 및 방법에 의하여 판정합니다.　　※ 암소음은 무시합니다.

전기 2 전조등 점검

자동차 번호 :			비번호		감독위원 확 인	
측정(또는 점검)				판정 (□에 'V' 표)		득점
구분	항목	측정값	기준값			
(□에 'V' 표) 위치 : □ 좌 □ 우 등식 : □ 2등식 □ 4등식	광도		_____ 이상	□ 양호 □ 불량		
	광축	□ 상 □ 하 (□에 'V' 표)		□ 양호 □ 불량		
		□ 좌 □ 우 (□에 'V' 표)		□ 양호 □ 불량		

※ 측정 위치는 감독위원이 지정하는 위치의 □에 'V' 표시합니다.　　※ 자동차 검사기준 및 방법에 의하여 기록 · 판정합니다.

전기 3 센트롤 록킹 스위치 회로 점검

점검 항목	자동차 번호 :			비번호		감독위원 확 인	
	측정(또는 점검)			판정 및 정비(또는 조치) 사항			득점
		측정값	규정(정비한계)값	판정(□에 'V' 표)	정비 및 조치할 사항		
도어 중앙 잠금 장치 신호(전압)	잠김	ON :	ON :	□ 양호 □ 불량			
		OFF :	OFF :				
	풀림	ON :	ON :				
		OFF :	OFF :				

국가기술자격 실기시험문제 10안

자격종목	자동차정비산업기사	과제명	자동차정비작업

비번호 :　　　　　　　시험시간 : 5시간 30분(엔진 : 140분, 섀시 : 120분, 전기 : 70분)

[시험 안 및 요구사항 일부 내용이 변경될 수 있음]

❶ 주어진 엔진을 기록표의 측정 항목까지 분해하여 기록표의 요구사항을 측정 및 점검하고 본래 상태로 조립하시오.

❷ 주어진 자동차의 전자제어 엔진에서 감독위원의 지시에 따라 1가지 부품을 탈거한 후(감독위원에게 확인), 다시 부착하고 시동에 필요한 관련 부분의 이상개소(시동회로, 점화회로, 연료장치 중 2개소)를 점검 및 수리하여 시동하시오.

❸ ❷항의 시동된 엔진에서 공회전상태를 확인하고, 감독위원의 지시에 따라 연료 공급 시스템의 연료압력을 측정하여 기록표에 기록하시오(단, 시동이 정상적으로 되지 않은 경우 본 항의 작업은 할 수 없다).

❹ 주어진 자동차의 엔진에서 TDC 센서(또는 캠각 센서)의 파형을 출력 · 분석하여 그 결과를 기록표에 기록하시오(측정 조건 : 공회전상태).

❺ 주어진 전자제어 디젤 엔진에서 인젝터를 탈거한 후(감독위원에게 확인), 다시 부착하여 시동을 걸고, 매연을 측정하여 기록표에 기록하시오.

❶ 주어진 자동차의 전륜에서 허브 및 너클을 탈거한 후(감독위원에게 확인), 다시 부착하여 작동상태를 확인하시오.

❷ 주어진 자동차에서 휠 얼라인먼트 시험기로 캠버와 토(toe) 값을 측정하여 기록표에 기록한 후, 타이로드 엔드를 탈거한 후(감독위원에게 확인), 다시 부착하여 토(toe)가 규정값이 되도록 조정하시오.

❸ 주어진 자동차에서 후륜의 브레이크 휠 실린더를 탈거한 후(감독위원에게 확인), 다시 부착하여 브레이크 작동상태를 점검하시오.

❹ ❸항의 작업 자동차에서 감독위원 지시에 따라 전(앞) 또는 후(뒤) 제동력을 측정하여 기록표에 기록하시오.

❺ 주어진 자동차의 ABS에서 자기진단기(스캐너)를 이용하여 각종 센서 및 시스템 작동상태를 점검하고 기록표에 기록하시오.

❶ 주어진 자동차에서 파워윈도 레귤레이터를 탈거한 후(감독위원에게 확인), 다시 부착하여 작동상태를 확인하고 윈도 모터의 작동 전류 소모 시험을 하여 기록표에 기록하시오.

❷ 주어진 자동차에서 전조등 시험기로 전조등을 점검하여 기록표에 기록하시오.

❸ 주어진 자동차의 편의장치(ETACS 또는 ISU) 커넥터에서 전원전압을 점검하여 기록표에 기록하시오.

❹ 주어진 자동차에서 실내등 및 도어 오픈 경고등 회로를 점검하여 이상개소(2곳)를 찾아서 수리하시오.

국가기술자격 실기시험 결과기록표 10안

자격종목	자동차정비산업기사	과제명	자동차정비작업

● 기록표는 문항별 구분 절단하여 배부하고, 각 문항별로 종료 시 회수합니다.

엔진 1　크랭크축 축방향 유격 측정

엔진 번호 :			비번호		감독위원 확　인	
측정 항목	측정(또는 점검)		판정 및 정비(또는 조치) 사항			득점
	측정값	규정(정비한계)값	판정(□에 'V' 표)	정비 및 조치할 사항		
크랭크축 축방향 유격			□ 양호 □ 불량			

※ 감독위원이 지정하는 부위를 측정합니다.

엔진 3　연료 공급 시스템 점검

자동차 번호 :			비번호		감독위원 확　인	
측정 항목	측정(또는 점검)		판정 및 정비(또는 조치) 사항			득점
	측정값	규정(정비한계)값	판정(□에 'V' 표)	정비 및 조치할 사항		
연료압력			□ 양호 □ 불량			

※ 공회전상태에서 측정합니다.

엔진 4　TDC 센서 파형 분석

자동차 번호 :		비번호		감독위원 확　인	
측정 항목	파형 상태				득점
파형 측정	요구사항 조건에 맞는 파형을 프린트하여 아래 사항을 분석 후 뒷면에 첨부 • 출력된 파형에 불량 요소가 있는 경우에는 반드시 표기 및 설명되어야 함 • 파형의 주요 특징에 대하여 표기 및 설명되어야 함				

엔진 5) 매연 측정

자동차 번호 :					비번호		감독위원 확 인		
측정(또는 점검)					산출 근거 및 판정				득점
차종	연식	기준값	측정값	측정	산출 근거(계산) 기록		판정(□에 'V'표)		
				1회 : 2회 : 3회 :			□ 양호 □ 불량		

※ 감독위원이 제시한 자동차등록증(또는 차대번호)을 활용하여 차종 및 연식을 기재합니다.
※ 측정값은 매연 농도를 산술 평균하여 소수점 이하는 버린 값으로 기입합니다.
※ 자동차 검사기준 및 방법에 의하여 기록 · 판정합니다.　　　※ 측정 및 판정은 무부하 조건으로 합니다.

섀시 2) 휠 얼라인먼트 점검

측정 항목	측정(또는 점검)		판정 및 정비(또는 조치) 사항		득점
자동차 번호 :			비번호	감독위원 확 인	
측정 항목	측정값	규정(정비한계)값	판정(□에 'V'표)	정비 및 조치할 사항	득점
캠버각			□ 양호 □ 불량		
토(toe)					

섀시 4) 제동력 측정

자동차 번호 :				비번호		감독위원 확 인		
측정(또는 점검)				산출 근거 및 판정				득점
항목	구분	측정값 (kgf)	기준값 (□에 'V'표)	산출 근거		판정 (□에 'V'표)		
제동력 위치 (□에 'V'표) □ 앞 □ 뒤	좌		□ 앞 축중의 □ 뒤	편차		□ 양호 □ 불량		
			편차					
	우		합	합				

※ 측정 위치는 감독위원이 지정하는 위치의 □에 'V' 표시합니다.　※ 자동차 검사기준 및 방법에 의하여 기록 · 판정합니다.
※ 측정값의 단위는 시험장비 기준으로 기록합니다.　　　　　※ 산출 근거에는 단위를 기록하지 않아도 됩니다.

섀시 5) ABS 자기진단

항목	측정(또는 점검)		정비 및 조치할 사항	득점
자동차 번호 :			비번호	감독위원 확 인
항목	고장 부분	내용 및 상태	정비 및 조치할 사항	득점
ABS 자기진단				

전기 1　파워윈도 모터 점검

자동차 번호 :			비번호		감독위원 확　인	
측정 항목	측정(또는 점검)		판정 및 정비(또는 조치) 사항			득점
	측정값	규정(정비한계)값	판정(□에 '∨' 표)	정비 및 조치할 사항		
전류 소모	올림 : 내림 :		□ 양호 □ 불량			

전기 2　전조등 점검

자동차 번호 :				비번호		감독위원 확　인	
측정(또는 점검)					판정 (□에 '∨' 표)	득점
구분	항목	측정값		기준값			
(□에 '∨' 표) 위치 : □ 좌 □ 우 등식 : □ 2등식 □ 4등식	광도			＿＿＿＿＿＿ 이상		□ 양호 □ 불량	
	광축	□ 상 □ 하 (□에 '∨' 표)				□ 양호 □ 불량	
		□ 좌 □ 우 (□에 '∨' 표)				□ 양호 □ 불량	

※ 측정 위치는 감독위원이 지정하는 위치의 □에 '∨' 표시합니다.
※ 자동차 검사기준 및 방법에 의하여 기록 · 판정합니다.

전기 3　컨트롤 유닛 회로 점검

자동차 번호 :			비번호		감독위원 확　인	
점검 항목	측정(또는 점검)		판정 및 정비(또는 조치) 사항			득점
	측정값	규정(정비한계)값	판정(□에 '∨' 표)	정비 및 조치할 사항		
컨트롤 유닛의 기본 입력전압	+		□ 양호 □ 불량			
	－					
	IG					

국가기술자격 실기시험문제 11안

자격종목	자동차정비산업기사	과제명	자동차정비작업

비번호 :　　　　시험시간 : 5시간 30분(엔진 : 140분, 섀시 : 120분, 전기 : 70분)

[시험 안 및 요구사항 일부 내용이 변경될 수 있음]

1 엔진

❶ 주어진 엔진을 기록표의 측정 항목까지 분해하여 기록표의 요구사항을 측정 및 점검하고 본래 상태로 조립하시오.

❷ 주어진 자동차의 전자제어 엔진에서 감독위원의 지시에 따라 1가지 부품을 탈거한 후(감독위원에게 확인), 다시 부착하고 시동에 필요한 관련 부분의 이상개소(시동회로, 점화회로, 연료장치 중 2개소)를 점검 및 수리하여 시동하시오.

❸ ❷항의 시동된 엔진에서 공회전 속도를 확인하고 감독위원의 지시에 따라 인젝터 파형을 측정 및 분석하여 기록표에 기록하시오(단, 시동이 정상적으로 되지 않은 경우 본 항의 작업은 할 수 없다).

❹ 주어진 자동차의 엔진에서 흡입 공기 유량 센서 파형을 출력 · 분석하여 그 결과를 기록표에 기록하시오(측정 조건 : 공회전상태).

❺ 주어진 전자제어 디젤 엔진에서 인젝터를 탈거한 후(감독위원에게 확인), 다시 조립하여 시동을 걸고, 매연을 측정하여 기록표에 기록하시오.

2 섀시

❶ 주어진 후륜 차량의 종감속기어 어셈블리에서 사이드 기어의 시임 및 스페이서를 탈거한 후(감독위원에게 확인), 다시 부착하여 링 기어 백래시와 접촉면 상태를 바르게 조정 및 확인하시오.

❷ 주어진 자동차에서 휠 얼라인먼트 시험기로 셋백(setback)과 토(toe) 값을 측정하여 기록표에 기록하고, 타이로드 엔드를 탈거한 후(감독위원에게 확인), 다시 부착하여 토(toe)가 규정값이 되도록 조정하시오.

❸ 주어진 자동차에서 전륜의 브레이크 캘리퍼를 탈거한 후(감독위원에게 확인), 다시 부착하여 브레이크 작동상태를 점검하시오.

❹ ❸항의 작업 자동차에서 감독위원 지시에 따라 전(앞) 또는 후(뒤) 제동력을 측정하여 기록표에 기록하시오.

❺ 주어진 자동차의 자동변속기에서 자기진단기(스캐너)를 이용하여 각종 센서 및 시스템 작동상태를 점검하고 기록표에 기록하시오.

3 전기

❶ 자동차에서 에어컨 벨트와 블로어 모터를 탈거한 후(감독위원에게 확인), 다시 부착하여 작동상태를 확인하고, 에어컨의 압력을 측정하여 기록표에 기록하시오.

❷ 주어진 자동차에서 전조등 시험기로 전조등을 점검하여 기록표에 기록하시오.

❸ 주어진 자동차에서 와이퍼 간헐(INT) 시간 조정 스위치 조작 시 편의장치(ETACS 또는 ISU) 커넥터에서 스위치 신호(전압)를 측정하고 이상 여부를 확인하여 기록표에 기록하시오.

❹ 주어진 자동차에서 파워윈도 회로를 점검하여 이상개소(2곳)를 찾아서 수리하시오.

국가기술자격 실기시험 결과기록표 11안

자격종목	자동차정비산업기사	과제명	자동차정비작업

● 기록표는 문항별 구분 절단하여 배부하고, 각 문항별로 종료 시 회수합니다.

엔진 1 크랭크축 오일 간극 측정

엔진 번호 :			비번호		감독위원 확 인	
측정 항목	측정(또는 점검)		판정 및 정비(또는 조치) 사항			득점
	측정값	규정(정비한계)값	판정(□에 'V' 표)	정비 및 조치할 사항		
크랭크축 핀 저널 오일 간극			□ 양호 □ 불량			

엔진 3 인젝터 점검

자동차 번호 :			비번호		감독위원 확 인	
측정 항목	측정(또는 점검)		판정 및 정비(또는 조치) 사항			득점
	측정값	규정(정비한계)값	판정(□에 'V' 표)	정비 및 조치할 사항		
분사 시간			□ 양호 □ 불량			
서지 전압						

※ 공회전상태에서 측정하고 규정값은 정비지침서를 찾아 판정합니다.

엔진 4 흡입 공기 유량 센서 파형 분석

자동차 번호 :		비번호		감독위원 확 인	
측정 항목	파형 상태				득점
파형 측정	요구사항 조건에 맞는 파형을 프린트하여 아래 사항을 분석 후 뒷면에 첨부 • 출력된 파형에 불량 요소가 있는 경우에는 반드시 표기 및 설명되어야 함 • 파형의 주요 특징에 대하여 표기 및 설명되어야 함				

엔진 5 매연 측정

자동차 번호 :					비번호		감독위원 확 인	
측정(또는 점검)					산출 근거 및 판정			득점
차종	연식	기준값	측정값	측정	산출 근거(계산) 기록	판정(□에 'ㅣ' 표)		
				1회 : 2회 : 3회 :		□ 양호 □ 불량		

※ 감독위원이 제시한 자동차등록증(또는 차대번호)을 활용하여 차종 및 연식을 적용합니다.
※ 측정값은 매연 농도를 산술 평균하여 소수점 이하는 버린 값으로 기입합니다.
※ 자동차 검사기준 및 방법에 의하여 기록 · 판정합니다.　　※ 측정 및 판정은 무부하 조건으로 합니다.

섀시 2 휠 얼라인먼트 점검

자동차 번호 :			비번호		감독위원 확 인	
점검 항목	측정(또는 점검)		판정 및 정비(또는 조치) 사항			득점
	측정값	규정(정비한계)값	판정(□에 'ㅣ' 표)	정비 및 조치할 사항		
셋백			□ 양호 □ 불량			
토(toe)						

섀시 4 제동력 측정

자동차 번호 :					비번호		감독위원 확 인	
측정(또는 점검)					산출 근거 및 판정			득점
항목	구분	측정값 (kgf)	기준값 (□에 'ㅣ' 표)		산출 근거		판정 (□에 'ㅣ' 표)	
제동력 위치 (□에 'ㅣ' 표) □ 앞 □ 뒤	좌		□ 앞 □ 뒤 축중의		편차		□ 양호 □ 불량	
			편차					
	우		합		합			

※ 측정 위치는 감독위원이 지정하는 위치의 □에 'ㅣ' 표시합니다.　※ 자동차 검사기준 및 방법에 의하여 기록 · 판정합니다.
※ 측정값의 단위는 시험장비 기준으로 기록합니다.　　　　　　　※ 산출 근거에는 단위를 기록하지 않아도 됩니다.

섀시 5 ABS 자기진단

자동차 번호 :			비번호		감독위원 확 인	
항목	측정(또는 점검)		정비 및 조치할 사항			득점
	고장 부분	내용 및 상태				
ABS 자기진단						

전기 1 에어컨 라인 압력 점검

점검 항목	측정(또는 점검)		판정 및 정비(또는 조치) 사항		득점
	측정값	규정(정비한계)값	판정(□에 'ㄥ' 표)	정비 및 조치할 사항	
저압			□ 양호 □ 불량		
고압					

자동차 번호 : 　　비번호　　감독위원 확인

전기 2 전조등 점검

자동차 번호 : 　비번호　감독위원 확인

측정(또는 점검)				판정 (□에 'ㄥ' 표)	득점
구분	항목	측정값	기준값		
(□에 'ㄥ' 표) 위치 : □ 좌 □ 우 등식 : □ 2등식 □ 4등식	광도		＿＿＿＿＿ 이상	□ 양호 □ 불량	
	광축	□ 상 □ 하 (□에 'ㄥ' 표)		□ 양호 □ 불량	
		□ 좌 □ 우 (□에 'ㄥ' 표)		□ 양호 □ 불량	

※ 측정 위치는 감독위원이 지정하는 위치의 □에 'ㄥ' 표시합니다.
※ 자동차 검사기준 및 방법에 의하여 기록·판정합니다.

전기 3 와이퍼 스위치 심효 점검

자동차 번호 : 　비번호　감독위원 확인

측정 항목	측정(또는 점검)		판정 및 정비(또는 조치) 사항		득점
			판정(□에 'ㄥ' 표)	정비 및 조치할 사항	
와이퍼 간헐 시간 조정 스위치 위치별 작동 신호	INT S/W 전압	ON : OFF :	□ 양호 □ 불량		
	IN 스위치 위치별 전압	FAST(빠름)~SLOW(느림) 전압 기록 : ＿＿＿＿			

국가기술자격 실기시험문제 12안

자격종목	자동차정비산업기사	과제명	자동차정비작업

비번호 :　　　　　　　　　시험시간 : 5시간 30분(엔진 : 140분, 섀시 : 120분, 전기 : 70분)

[시험 안 및 요구사항 일부 내용이 변경될 수 있음]

❶ 주어진 엔진을 기록표의 측정 항목까지 분해하여 기록표의 요구사항을 측정 및 점검하고 본래 상태로 조립하시오.

❷ 주어진 자동차의 전자제어 엔진에서 감독위원의 지시에 따라 1가지 부품을 탈거한 후(감독위원에게 확인), 다시 부착하고 시동에 필요한 관련 부분의 이상개소(시동회로, 점화회로, 연료장치 중 2개소)를 점검 및 수리하여 시동하시오.

❸ ❷항의 시동된 엔진에서 공회전 속도를 확인하고, 감독위원의 지시에 따라 공회전 시 배기가스를 측정하여 기록표에 기록하시오(단, 시동이 정상적으로 되지 않은 경우 본 항의 작업은 할 수 없다).

❹ 주어진 자동차의 엔진에서 점화코일의 1차 파형을 측정하고, 그 결과를 분석하여 출력물에 기록ㆍ판정하시오(측정 조건 : 공회전상태).

❺ 주어진 전자제어 디젤 엔진에서 연료압력 조절 밸브를 탈거한 후(감독위원에게 확인), 다시 부착하여 시동을 걸고, 공회전 시 연료압력을 점검하여 기록표에 기록하시오.

❶ 주어진 자동차에서 후륜 현가장치의 쇽업소버 스프링을 탈거한 후(감독위원에게 확인), 다시 부착하여 작동상태를 확인하시오.

❷ 주어진 자동차에서 휠 얼라인먼트 시험기로 캐스터와 토(toe) 값을 측정하여 기록표에 기록한 후, 타이로드 엔드를 교환하여 토(toe)가 규정값이 되도록 조정하시오.

❸ ABS가 설치된 주어진 자동차에서 브레이크 패드를 탈거한 후(감독위원에게 확인), 다시 부착하여 브레이크 작동상태를 점검하시오.

❹ ❸항의 작업 자동차에서 감독위원 지시에 따라 전(앞) 또는 후(뒤) 제동력을 측정하여 기록표에 기록하시오.

❺ 주어진 자동차의 ABS에서 자기진단기(스캐너)를 이용하여 각종 센서 및 시스템 작동상태를 점검하고 기록표에 기록하시오.

❶ 주어진 자동차에서 시동모터를 탈거한 후(감독위원에게 확인), 다시 부착하여 작동상태를 확인하고, 크랭킹 시 전류 소모 및 전압 강하 시험을 하여 기록표에 기록하시오.

❷ 주어진 자동차에서 전조등 시험기로 전조등을 점검하여 기록표에 기록하시오.

❸ 주어진 자동차에서 열선 스위치 조작 시 편의장치(ETACS 또는 ISU) 커넥터에서 스위치 입력신호(전압)를 측정하고 이상 여부를 확인하여 기록표에 기록하시오.

❹ 주어진 자동차에서 전조등 회로를 점검하여 이상개소(2곳)를 찾아서 수리하시오.

국가기술자격 실기시험 결과기록표 12안

자격종목	자동차정비산업기사	과제명	자동차정비작업

● 기록표는 문항별 구분 절단하여 배부하고, 각 문항별로 종료 시 회수합니다.

엔진 1　크랭크축 오일 간극 측정

엔진 번호 :		비번호		감독위원 확　인	
측정 항목	측정(또는 점검)		판정 및 정비(또는 조치) 사항		득점
	측정값	규정(정비한계)값	판정(□에 'V' 표)	정비 및 조치할 사항	
크랭크축 메인 저널 오일 간극			□ 양호 □ 불량		

엔진 3　배기가스 측정

자동차 번호 :		비번호		감독위원 확　인	
측정 항목	측정(또는 점검)		판정(□에 'V'표)		득점
	측정값	기준값			
CO			□ 양호 □ 불량		
HC					

※ 감독위원이 제시한 자동차등록증(또는 차대번호)을 활용하여 차종 및 연식을 적용합니다
※ 사용사 검사기준 및 방법에 의하여 기록 · 판정합니다.
※ HC 측정값은 소수 첫째 자리 이하를 버림하여 기입합니다.
※ CO 측정값은 소수 둘째 자리 이하를 버림하여 기입합니다.

엔진 4　점화 코일(DLIS) 1차 파형 분석

자동차 번호 :	비번호		감독위원 확　인	득점
측정 항목	파형 상태			득점
파형 측정	요구사항 조건에 맞는 파형을 프린트하여 아래 사항을 분석 후 뒷면에 첨부 • 출력된 파형에 불량 요소가 있는 경우에는 반드시 표기 및 설명되어야 함 • 파형의 주요 특징에 대하여 표기 및 설명되어야 함			

엔진 5 연료압력 점검

엔진 번호 :			비번호		감독위원 확 인		
측정 항목	측정(또는 점검)		판정 및 정비(또는 조치) 사항				득점
	측정값	규정(정비한계)값	판정(□에 'V' 표)		정비 및 조치할 사항		
연료압력			□ 양호 □ 불량				

섀시 2 휠 얼라인먼트 점검

자동차 번호 :			비번호		감독위원 확 인		
점검 항목	측정(또는 점검)		판정 및 정비(또는 조치) 사항				득점
	측정값	규정(정비한계)값	판정(□에 'V' 표)		정비 및 조치할 사항		
캐스터각			□ 양호 □ 불량				
토(toe)							

섀시 4 제동력 측정

자동차 번호 :				비번호		감독위원 확 인		
측정(또는 점검)				산출 근거 및 판정				득점
항목	구분	측정값 (kgf)	기준값 (□에 'V' 표)	산출 근거		판정 (□에 'V' 표)		
제동력 위치 (□에 'V' 표) □ 앞 □ 뒤	좌		□ 앞 축중의 □ 뒤	편차		□ 양호 □ 불량		
			편차					
	우		합	합				

※ 측정 위치는 감독위원이 지정하는 위치의 □에 'V' 표시합니다.   ※ 자동차 검사기준 및 방법에 의하여 기록 · 판정합니다.
※ 측정값의 단위는 시험장비 기준으로 기록합니다.   ※ 산출 근거에는 단위를 기록하지 않아도 됩니다.

섀시 5 ABS 자기진단

자동차 번호 :			비번호		감독위원 확 인		
항목	측정(또는 점검)		정비 및 조치할 사항				득점
	고장 부분	내용 및 상태					
ABS 자기진단							

전기1　시동모터 회로 점검

자동차 번호 :		비번호		감독위원 확 인	
측정 항목	측정(또는 점검)		판정 및 정비(또는 조치) 사항		득점
	측정값	규정(정비한계)값	판정(□에 ' V' 표)	정비 및 조치할 사항	
전압 강하			□ 양호 □ 불량		
소모 전류					

※ 규정값은 감독위원이 제시한 값으로 작성하고 측정 · 판정합니다.

전기2　전조등 점검

자동차 번호 :			비번호		감독위원 확 인	
측정(또는 점검)					판정 (□에 'V' 표)	득점
구분	항목	측정값		기준값		
(□에 'V' 표) 위치 : □ 좌 □ 우 등식 : □ 2등식 □ 4등식	광도			_____ 이상	□ 양호 □ 불량	
	광축	□ 상 □ 하 (□에 'V' 표)			□ 양호 □ 불량	
		□ 좌 □ 우 (□에 'V' 표)			□ 양호 □ 불량	

※ 측정 위치는 감독위원이 지정하는 위치의 □에 'V' 표시합니다.
※ 자동차 검사기준 및 방법에 의하여 기록 · 판정합니다.

전기3　열선 스위치 회로 점검

자동차 번호 :		비번호		감독위원 확 인	
측정 항목	측정(또는 점검)		판정 및 정비(또는 조치) 사항		득점
	측정값	내용 및 상태	판정(□에 'V' 표)	정비 및 조치할 사항	
열선 스위치 작동 시 전압	ON :		□ 양호 □ 불량		
	OFF :				

국가기술자격 실기시험문제 13안

자격종목	자동차정비산업기사	과제명	자동차정비작업

비번호 :　　　　　　　　　시험시간 : 5시간 30분(엔진 : 140분, 섀시 : 120분, 전기 : 70분)

[시험 안 및 요구사항 일부 내용이 변경될 수 있음]

1 기관

❶ 주어진 엔진을 기록표의 측정 항목까지 분해하여 기록표의 요구사항을 측정 및 점검하고 본래 상태로 조립하시오.

❷ 주어진 자동차의 전자제어 엔진에서 감독위원의 지시에 따라 1가지 부품을 탈거한 후(감독위원에게 확인), 다시 부착하고 시동에 필요한 관련 부분의 이상개소(시동회로, 점화회로, 연료장치 중 2개소)를 점검 및 수리하여 시동하시오.

❸ ❷항의 시동된 엔진에서 공회전 속도를 확인하고 감독위원의 지시에 따라 인젝터 파형을 측정 및 분석하여 기록표에 기록하시오(단, 시동이 정상적으로 되지 않은 경우 본 항의 작업은 할 수 없다).

❹ 주어진 자동차의 엔진에서 맵 센서의 파형을 분석하여 그 결과를 기록표에 기록하시오(측정 조건 : 급가감속 시).

❺ 주어진 전자제어 디젤 엔진에서 연료압력 센서를 탈거한 후(감독위원에게 확인), 다시 부착하여 시동을 걸고, 매연을 측정하여 기록표에 기록하시오.

2 섀시

❶ 주어진 자동차에서 전륜 현가장치의 코일 스프링을 탈거한 후(감독위원에게 확인), 다시 부착하여 작동상태를 확인하시오.

❷ 주어진 자동차의 브레이크에서 페달 자유 간극을 측정하여 기록표에 기록한 후, 페달 자유 간극과 페달 높이가 규정값이 되도록 조정하시오.

❸ 주어진 자동차에서 브레이크 휠 실린더(또는 캘리퍼)를 탈거한 후(감독위원에게 확인), 다시 부착하여 브레이크 작동상태를 점검하시오.

❹ ❸항의 작업 자동차에서 감독위원 지시에 따라 전(앞) 또는 후(뒤) 제동력을 측정하여 기록표에 기록하시오.

❺ 주어진 자동차의 자동변속기에서 자기진단기(스캐너)를 이용하여 각종 센서 및 시스템 작동상태를 점검하고 기록표에 기록하시오.

3 전기

❶ 주어진 발전기를 분해한 후 정류 다이오드 및 로터 코일의 상태를 점검하여 기록표에 기록하고, 다시 본래대로 조립하여 작동상태를 확인하시오.

❷ 주어진 자동차에서 전조등 시험기로 전조등을 점검하여 기록표에 기록하시오.

❸ 주어진 자동차에서 열선 스위치 조작 시 편의장치(ETACS 또는 ISU) 커넥터에서 스위치 입력 신호(전압)를 측정하고 이상 여부를 확인하여 기록표에 기록하시오.

❹ 주어진 자동차에서 방향지시등 회로를 점검하여 이상개소(2곳)를 찾아서 수리하시오.

국가기술자격 실기시험 결과기록표 13안

자격종목	자동차정비산업기사	과제명	자동차정비작업

● 기록표는 문항별 구분 절단하여 배부하고, 각 문항별로 종료 시 회수합니다.

엔진 1 크랭크축 오일 간극 측정

측정 항목	엔진 번호 :		비번호		감독위원 확 인		
	측정(또는 점검)		판정 및 정비(또는 조치) 사항				득점
	측정값	규정(정비한계)값	판정(□에 'V'표)		정비 및 조치할 사항		
크랭크축 메인 저널 오일 간극			□ 양호 □ 불량				

엔진 3 인젝터 점검

측정 항목	자동차 번호 :		비번호		감독위원 확 인		
	측정(또는 점검)		판정 및 정비(또는 조치) 사항				득점
	측정값	규정(정비한계)값	판정(□에 'V'표)		정비 및 조치할 사항		
분사 시간			□ 양호 □ 불량				
서지 전압							

※ 공회전상태에서 측정하고 규정값은 정비지침서를 찾아 판정합니다.

엔진 4 맵 센서 파형 분석

측정 항목	자동차 번호 :	비번호	감독위원 확 인	
	파형 상태			득점
파형 측정	요구사항 조건에 맞는 파형을 프린트하여 아래 사항을 분석 후 뒷면에 첨부 • 출력된 파형에 불량 요소가 있는 경우에는 반드시 표기 및 설명되어야 함 • 파형의 주요 특징에 대하여 표기 및 설명되어야 함			

엔진 5 매연 측정

자동차 번호 :					비번호		감독위원 확 인	
측정(또는 점검)					산출 근거 및 판정			득점
차종	연식	기준값	측정값	측정	산출 근거(계산) 기록	판정(□에 'ν' 표)		
				1회 : 2회 : 3회 :		□ 양호 □ 불량		

※ 감독위원이 제시한 자동차등록증(또는 차대번호)을 활용하여 차종 및 연식을 적용합니다.
※ 측정값은 매연 농도를 산술 평균하여 소수점 이하는 버린 값으로 기입합니다.
※ 자동차 검사기준 및 방법에 의하여 기록 · 판정합니다.
※ 측정 및 판정은 무부하 조건으로 합니다.

섀시 2 브레이크 페달 점검

자동차 번호 :			비번호		감독위원 확 인	
항목	측정(또는 점검)		판정 및 정비(또는 조치) 사항			득점
	측정값	규정(정비한계)값	판정(□에 'ν' 표)	정비 및 조치 사항		
브레이크 페달 높이			☑ 양호 □ 불량			
브레이크 페달 자유 간극						

섀시 4 제동력 측정

자동차 번호 :					비번호		감독위원 확 인	
측정(또는 점검)					산출 근거 및 판정			득점
항목	구분	측정값 (kgf)	기준값 (□에 'ν' 표)		산출 근거		판정 (□에 'ν' 표)	
제동력 위치 (□에 'ν' 표) □ 앞 □ 뒤	좌		□ 앞 축중의 □ 뒤		편차		□ 양호 □ 불량	
			편차					
	우		합		합			

※ 측정 위치는 감독위원이 지정하는 위치에 □에 'ν' 표시합니다.   ※ 자동차 검사기준 및 방법에 의하여 기록 · 판정합니다.
※ 측정값의 단위는 시험장비 기준으로 기록합니다.   ※ 산출 근거에는 단위를 기록하지 않아도 됩니다.

섀시 5　자동변속기 자기진단

자동차 번호 :			비번호		감독위원 확　인	
항목	측정(또는 점검)		정비 및 조치할 사항			득점
	고장 부분	내용 및 상태				
자기진단						

전기 1　발전기 점검

엔진 번호 :			비번호		감독위원 확　인	
측정 항목	측정(또는 점검)		판정 및 정비(또는 조치) 사항		득점
	측정값	규정(정비한계)값	판정(□에 'V'표)	정비 및 조치할 사항	
(+) 다이오드			□ 양호 □ 불량		
(−) 다이오드					
로터 코일 저항					

전기 2　전조등 점검

자동차 번호 :				비번호		감독위원 확　인	
측정(또는 점검)						판정 (□에 'V'표)	득점
구분	항목	측정값		기준값			
(□에 'V'표) 위치 : □ 좌 □ 우 등식 : □ 2등식 □ 4등식	광도			＿＿＿＿＿ 이상		□ 양호 □ 불량	
	광축	□ 상 □ 하 (□에 'V'표)				□ 양호 □ 불량	
		□ 좌 □ 우 (□에 'V'표)				□ 양호 □ 불량	

※ 측정 위치는 감독위원이 지정하는 위치의 □에 'V' 표시합니다.　※ 자동차 검사기준 및 방법에 의하여 기록 · 판정합니다.

전기 3　열선 스위치 회로 점검

자동차 번호 :			비번호		감독위원 확　인	
점검 항목	측정(또는 점검)		판정 및 정비(또는 조치) 사항		득점
	측정값	내용 및 상태	판정(□에 'V'표)	정비 및 조치할 사항	
열선 스위치 작동 시 전압	ON :		□ 양호 □ 불량		
	OFF :				

국가기술자격 실기시험문제 14안

자격종목	자동차정비산업기사	과제명	자동차정비작업

비번호 :   시험시간 : 5시간 30분(엔진 : 140분, 섀시 : 120분, 전기 : 70분)

[시험 안 및 요구사항 일부 내용이 변경될 수 있음]

1 기관

❶ 주어진 엔진을 기록표의 측정 항목까지 분해하여 기록표의 요구사항을 측정 및 점검하고 본래 상태로 조립하시오.

❷ 주어진 자동차의 전자제어 엔진에서 감독위원의 지시에 따라 1가지 부품을 탈거한 후(감독위원에게 확인), 다시 부착하고 시동에 필요한 관련 부분의 이상개소(시동회로, 점화회로, 연료장치 중 2개소)를 점검 및 수리하여 시동하시오.

❸ ❷항의 시동된 엔진에서 공회전 속도를 확인하고, 감독위원의 지시에 따라 공회전 시 배기가스를 측정하여 기록표에 기록하시오(단, 시동이 정상적으로 되지 않은 경우 본 항의 작업은 할 수 없다).

❹ 주어진 자동차의 엔진에서 산소 센서의 파형을 출력·분석하여 그 결과를 기록표에 기록하시오. (측정 조건 : 공회전상태)

❺ 주어진 전자제어 디젤 엔진에서 연료압력 조절 밸브를 탈거한 후(감독위원에게 확인), 다시 부착하여 시동을 걸고, 공회전 시 연료압력을 점검하여 기록표에 기록하시오.

2 섀시

❶ 주어진 전륜 구동 자동차에서 드라이브 액슬축을 탈거하여 액슬축 부트를 탈거한 후(감독위원에게 확인), 다시 부착하여 작동상태를 확인하시오.

❷ 주어진 자동차에서 최소회전반경을 측정하여 기록표에 기록하고, 타이로드 엔드를 탈거한 후(감독위원에게 확인), 다시 부착하여 토(toe)가 규정값이 되도록 조정하시오.

❸ 주어진 자동차에서 브레이크 라이닝 슈 및 패드를 탈거한 후(감독위원에게 확인), 다시 부착하여 브레이크 작동상태를 점검하시오.

❹ ❸항의 작업 자동차에서 감독위원 지시에 따라 전(앞) 또는 후(뒤) 제동력을 측정하여 기록표에 기록하시오.

❺ 주어진 자동차의 ABS에서 자기진단기(스캐너)를 이용하여 각종 센서 및 시스템 작동상태를 점검하고 기록표에 기록하시오.

3 전기

❶ 주어진 자동차에서 시동모터를 탈거한 후(감독위원에게 확인), 다시 부착하여 작동상태를 확인하고, 크랭킹 시 전류 소모 및 전압 강하 시험하여 기록표에 기록하시오.

❷ 주어진 자동차에서 전조등 시험기로 전조등을 점검하여 기록표에 기록하시오.

❸ 주어진 자동차에서 와이퍼 간헐(INT)시간 조정 스위치 조작 시 편의장치(ETACS 또는 ISU) 커넥터에서 스위치 신호(전압)를 측정하고 이상 여부를 확인하여 기록표에 기록하시오.

❹ 주어진 자동차에서 미등 및 제동등(브레이크) 회로를 점검하여 이상개소(2곳)를 찾아서 수리하시오.

국가기술자격 실기시험 결과기록표 14안

자격종목	자동차정비산업기사	과제명	자동차정비작업

● 기록표는 문항별 구분 절단하여 배부하고, 각 문항별로 종료 시 회수합니다.

엔진 1 캠축 점검

엔진 번호 :		비번호		감독위원 확 인	
측정 항목	측정(또는 점검)		판정 및 정비(또는 조치) 사항		득점
	측정값	규정(정비한계)값	판정(□에 'V' 표)	정비 및 조치할 사항	
캠축 휨			□ 양호 □ 불량		

엔진 3 배기가스 측정

자동차 번호 :		비번호		감독위원 확 인	
측정 항목	측정(또는 점검)		판정(□에 'V'표)		득점
	측정값	기준값			
CO			□ 양호 □ 불량		
HC					

※ 감독위원이 제시한 자동차등록증(또는 차대번호)을 활용하여 차종 및 연식을 적용합니다.
※ 자동차 검사기순 및 방법에 의하여 기록 · 판정합니다.
※ HC 측정값은 소수 첫째 자리 이하를 버림하여 기입합니다.
※ CO 측정값은 소수 둘째 자리 이하를 버림하여 기입합니다.

엔진 4 산소 센서 파형 분석

엔진 번호 :	비번호		감독위원 확 인	
측정 항목	파형 상태			득점
파형 측정	요구사항 조건에 맞는 파형을 프린트하여 아래 사항을 분석 후 뒷면에 첨부 • 출력된 파형에 불량 요소가 있는 경우에는 반드시 표기 및 설명되어야 함 • 파형의 주요 특징에 대하여 표기 및 설명되어야 함			

엔진 5 연료압력 점검

측정 항목	측정(또는 점검)		판정 및 정비(또는 조치) 사항		득점
엔진 번호 :			비번호	감독위원 확 인	
	측정값	규정(정비한계)값	판정(□에 '∨'표)	정비 및 조치할 사항	
연료압력			□ 양호 □ 불량		

섀시 2 최소 회전 반지름 측정

항목	측정(또는 점검) 및 기준값			산출 근거 및 판정		득점
	자동차 번호 :			비번호	감독위원 확 인	
	측정값		기준값 (최소 회전 반지름)	산출 근거	판정 (□에 '∨'표)	
회전 방향 (□에 '∨'표) □ 좌 □ 우	r	cm			□ 양호 □ 불량	
	축거					
	최대 조향 시 각도	좌 (바퀴)				
		우 (바퀴)				
	최소 회전 반지름					

※ 회전 방향 및 바퀴의 접지면 중심과 킹핀과의 거리(r)는 감독위원이 제시합니다.
※ 자동차 검사기준 및 방법에 의하여 기록 · 판정합니다.　　　※ 산출 근거에는 단위를 기록하지 않아도 됩니다.

섀시 4 제동력 측정

항목	구분	측정(또는 점검)			산출 근거 및 판정		득점
		자동차 번호 :			비번호	감독위원 확 인	
		측정값 (kgf)	기준값 (□에 '∨'표)		산출 근거	판정 (□에 '∨'표)	
제동력 위치 (□에 '∨'표) □ 앞 □ 뒤	좌		□ 앞 □ 뒤 축중의		편차	□ 양호 □ 불량	
			편차				
	우		합		합		

※ 측정 위치는 감독위원이 지정하는 위치에 □에 '∨' 표시합니다.　※ 자동차 검사기준 및 방법에 의하여 기록 · 판정합니다.
※ 측정값의 단위는 시험장비 기준으로 기록합니다.　　　　　　　※ 산출 근거에는 단위를 기록하지 않아도 됩니다.

섀시 5 자동변속기 자기진단

자동차 번호 :			비번호		감독위원 확 인	
항목	측정(또는 점검)		정비 및 조치할 사항			득점
	고장 부분	내용 및 상태				
자기진단						

전기 1 시동모터 점검

자동차 번호 :			비번호		감독위원 확 인	
측정 항목	측정(또는 점검)		판정 및 정비(또는 조치) 사항			득점
	측정값	규정(정비한계)값	판정(□에 'V' 표)	정비 및 조치할 사항		
전압 강하			□ 양호 □ 불량			
소모 전류						

※ 규정값은 감독위원이 제시한 값으로 작성하고 측정 · 판정합니다.

전기 2 전조등 점검

자동차 번호 :				비번호		감독위원 확 인	
측정(또는 점검)						판정 (□에 'V' 표)	득점
구분	항목	측정값		기준값			
(□에 'V' 표) 위치 : □ 좌 □ 우 등식 : □ 2등식 □ 4등식	광도			_____ 이상		□ 양호 □ 불량	
	광축	□ 상 □ 하 (□에 'V' 표)				□ 양호 □ 불량	
		□ 좌 □ 우 (□에 'V' 표)				□ 양호 □ 불량	

※ 측정 위치는 감독위원이 지정하는 위치의 □에 'V' 표시합니다.   ※ 자동차 검사기준 및 방법에 의하여 기록 · 판정합니다.

전기 3 와이퍼 스위치 신호 점검

자동차 번호 :			비번호		감독위원 확 인	
점검 항목	측정(또는 점검)		판정 및 정비(또는 조치) 사항			득점
			판정(□에 'V' 표)	정비 및 조치할 사항		
와이퍼 간헐 시간 조정 스위치 위치별 작동 신호	INT S/W 전압	ON : OFF :	□ 양호 □ 불량			
	IN 스위치 위치별 전압	FAST(빠름)~SLOW(느림) 전압 기록 :				

생생한
자동차정비산업기사 실기
답안지작성법

2020년 2월 10일 인쇄
2020년 2월 15일 발행

저자 : 임춘무 · 이정호 · 함성훈
펴낸이 : 이정일

펴낸곳 : 도서출판 **일진사**
www.iljinsa.com

(우)04317 서울시 용산구 효창원로 64길 6

대표전화 : 704-1616, 팩스 : 715-3536
등록번호 : 제1979-000009호(1979.4.2)

값 22,000원

ISBN : 978-89-429-1613-9